生物数学丛书　17

时滞神经网络的稳定性与同步控制

甘勤涛　徐　瑞　著

科学出版社

北　京

内 容 简 介

时滞神经网络是高度非线性的动力学系统，具有丰富的动态行为，在模式识别、信号处理、联想记忆、保密通信和全局优化等领域得到了广泛应用.

本书主要介绍时滞神经网络的基本理论知识，平衡状态的局部稳定性与分支分析、全局鲁棒稳定性，周期解的存在性与稳定性，以及具有不同时间尺度的竞争神经网络、具有 leakage 时滞的神经网络和广义反应扩散神经网络的同步控制. 本书内容丰富、方法实用，理论分析与数值模拟相结合，写作时注重系统性与简洁性，由浅入深，使读者能够尽快了解和掌握时滞神经网络稳定性和同步控制的研究方法及前沿动态.

本书适合应用数学、非线性科学、控制科学、计算机科学、信息技术等相关专业的高年级本科生、研究生和教师使用，也可供从事相关研究工作的科研人员借鉴和参考.

图书在版编目（CIP）数据

时滞神经网络的稳定性与同步控制/甘勤涛，徐瑞著. —北京：科学出版社，2016.2

生物数学丛书；17

ISBN 978-7-03-047188-8

Ⅰ. ①时⋯　Ⅱ. ①甘⋯　②徐⋯　Ⅲ. ① 时滞系统-人工神经网络-研究

Ⅳ. ①TP183

中国版本图书馆 CIP 数据核字 (2016) 第 014104 号

责任编辑：李静科 / 责任校对：张凤琴
责任印制：张　伟 / 封面设计：陈　敬

科学出版社 出版

北京东黄城根北街 16 号
邮政编码：100717
http://www.sciencep.com

北京教图印刷有限公司 印刷

科学出版社发行　各地新华书店经销

*

2016 年 2 月第 一 版　开本：720 × 1000 B5
2016 年 2 月第一次印刷　印张：16 1/2　插页：2
字数：315 000

定价：**98.00** 元

(如有印装质量问题，我社负责调换)

《生物数学丛书》序

传统的概念：数学、物理、化学、生物学，人们都认定是独立的学科，然而在 20 世纪后半叶开始，这些学科间的相互渗透、许多边缘性学科的产生，各学科之间的分界已渐渐变得模糊了，学科的交叉更有利于各学科的发展，正是在这个时候数学与计算机科学逐渐地形成生物现象建模，模式识别，特别是在分析人类基因组项目等这类拥有大量数据的研究中，数学与计算机科学成为必不可少的工具．到今天，生命科学领域中的每一项重要进展，几乎都离不开严密的数学方法和计算机的利用，数学对生命科学的渗透使生物系统的刻画越来越精细，生物系统的数学建模正在演变成生物实验中必不可少的组成部分．

生物数学是生命科学与数学之间的边缘学科，早在 1974 年就被联合国教科文组织的学科分类目录中作为与 "生物化学" "生物物理" 等并列的一级学科."生物数学" 是应用数学理论与计算机技术研究生命科学中数量性质、空间结构形式、分析复杂的生物系统的内在特性，揭示在大量生物实验数据中所隐含的生物信息. 在众多的生命科学领域，从 "系统生态学" "种群生物学" "分子生物学" 到 "人类基因组与蛋白质组即系统生物学" 的研究中，生物数学正在发挥巨大的作用，2004 年 *Science* 杂志在线出了一期特辑，刊登了题为 "科学下一个浪潮 —— 生物数学" 的特辑，其中英国皇家学会院士 Lan Stewart 教授预测，21 世纪最令人兴奋、最有进展的科学领域之一必将是 "生物数学".

回顾 "生物数学" 我们知道已有近百年的历史：从 1798 年 Malthus 人口增长模型，1908 年遗传学的 Hardy-Weinberg"平衡原理"，1925 年 Voltera 捕食模型，1927 年 Kermack-Mckendrick 传染病模型到今天令人注目的 "生物信息论"，"生物数学" 经历了百年迅速的发展，特别是 20 世纪后半叶，从那时期连续出版的杂志和书籍就足以反映出这个兴旺景象；1973 年左右，国际上许多著名的生物数学杂志相继创刊，其中包括 Math Biosci, J. Math Biol 和 Bull Math Biol；1974 年左右，由 Springer-Verlag 出版社开始出版两套生物数学丛书：*Lecture Notes in Biomathermatics* (二十多年共出书 100 部) 和 *Biomathematics* (共出书 20 册)；新加坡世界科学出版社正在出版 *Book Series in Mathematical Biology and Medicine* 丛书.

"丛书" 的出版，既反映了当时 "生物数学" 发展的兴旺，又促进了 "生物数学" 的发展，加强了同行间的交流，加强了数学家与生物学家的交流，加强了生物数学学科内部不同分支间的交流，方便了对年轻工作者的培养.

从 20 世纪 80 年代初开始，国内对 "生物数学" 发生兴趣的人越来越多，他 (她)

们有来自数学、生物学、医学、农学等多方面的科研工作者和高校教师, 并且从这时开始, 关于 "生物数学" 的硕士生、博士生不断培养出来, 从事这方面研究、学习的人数之多已居世界之首. 为了加强交流, 为了提高我国生物数学的研究水平, 我们十分需要有计划、有目的地出版一套 "生物数学丛书", 其内容应该包括专著、教材、科普以及译丛, 例如: ① 生物数学、生物统计教材; ② 数学在生物学中的应用方法; ③ 生物建模; ④ 生物数学的研究生教材; ⑤ 生态学中数学模型的研究与使用等.

中国数学会生物数学学会与科学出版社经过很长时间的商讨, 促成了 "生物数学丛书" 的问世, 同时也希望得到各界的支持, 出好这套丛书, 为发展 "生物数学" 研究, 为培养人才作出贡献.

陈兰荪

2008 年 2 月

前　　言

神经网络模型, 更精确地说, 人工神经网络模型是生物神经网络系统高度简化后的一种近似, 在不同程度上模拟了人脑神经系统的结构及其信息处理、存储和检索等功能, 已成为脑科学、神经科学、认知科学、心理学、计算机科学、数学和物理学等共同关注的热点问题.

在神经网络的硬件实现中, 由于神经网络系统中神经元之间有限的信息传输速度以及电路系统中放大器的有限开关速度, 在神经网络中时滞是不可避免的, 而时滞意味着当前神经网络的状态应该与过去时间的神经元状态有关, 这也正反映了大脑本身的特点. 具有时滞的神经网络系统是复杂的非线性系统, 它能更精确地描述现实世界的客观规律.

动力学性态的定性研究是设计和应用神经网络不可或缺的步骤. 近年来, 具有时滞的神经网络系统的动力学性态问题, 特别是时滞神经网络的局部稳定性、全局稳定性 (包括渐近稳定性、指数稳定性、绝对稳定性等) 以及分岔和混沌等动力学现象, 都引起了学术界的广泛关注并取得了一系列深刻而有实际意义的理论成果.

在作者近年来学习和研究成果的基础上, 本书系统地介绍时滞神经网络的稳定性与同步控制理论. 具体而言, 全书共 6 章:

第 1 章主要介绍神经网络的历史背景、基本结构、发展动态和基础理论知识;

第 2 章通过分析特征方程根的分布情况, 讨论时滞对神经网络的局部稳定性和分支的影响, 利用规范型理论和中心流形定理确定周期解的稳定性和分支方向;

第 3 章针对神经网络的训练、应用和动态特性研究中表现出来的判据保守性、应用困难、动态特性不丰富等问题, 对时滞神经网络的鲁棒稳定性进行全面的、深入的研究, 特别是在传输延时、扩散、不确定性、随机扰动和脉冲作用等情况下进行针对性的分析, 给出保证系统稳定性和鲁棒性能的条件;

第 4 章介绍具有不同时间尺度的时滞竞争神经网络的混沌同步控制方法;

第 5 章系统介绍具有 leakage 时滞的神经网络的同步控制研究进展, 分析 leakage 时滞对系统混沌特性的影响, 提出线性误差反馈控制、自适应控制、样本点控制、周期间歇控制等同步控制策略;

第 6 章将静态神经网络和局域神经网络相结合建立广义反应扩散神经网络模型, 分别介绍其在 Dirichlet 和 Neumann 边界条件下的混沌同步控制方法, 探索神经网络的演化机制和内在规律, 揭示静态神经网络和局域神经网络在数学建模和同步控制等方面的相似性和不同点.

　　本书的特点是透彻的性能分析、严谨的理论证明以及直观的数值模拟, 能为神经网络的实际应用奠定坚实的理论基础, 对推动神经网络的发展和完善具有重要的理论意义和实用价值.

　　本书的研究工作得到国家自然科学基金 (项目编号:61305076,11371368,11071254) 及河北省自然科学基金 (项目编号:A2014506015, A2013506012) 的支持, 也得到国内外同行的帮助和鼓励, 特别是在本书的写作过程中, 山西大学靳祯教授、燕山大学武怀勤教授、南京师范大学朱全新教授、军械工程学院杜艳可博士等提出了许多宝贵的意见并给予了热情支持; 研究生吕天石、田晓红、王丽丽等在书稿的整理和校对过程中做了大量的工作. 在此, 作者谨向他们表示衷心的感谢!

　　感谢科学出版社的李静科编辑为本书出版给予的热心支持和付出的辛勤劳动!

　　近几十年来, 国内外学术界有关神经网络的研究成果层出不穷; 由于作者才疏学浅, 尽管毕其全力, 以求全面、系统、深入, 却仍然难免挂一漏万, 出现不妥之处, 敬请广大读者批评指正!

作　者
2015 年 9 月

目　　录

彩图

第1章 绪 论

人脑是由复杂的神经元网络组成的, 正是由于这些神经元网络的作用, 人才能够以很高的速度理解感觉器官传来的信息. 神经网络, 更精确地说, 人工神经网络, 是以人脑的生理研究成果为基础的, 是生物神经网络系统高度简化后的一种近似, 它在不同程度、不同层次上模拟人脑神经系统的结构及其信息处理、存储和检索等功能, 其目的在于模拟人脑的某些机理与机制, 实现某些方面的功能. 虽然人类对自身脑神经系统的认识还非常有限, 但人工神经网络却具有非常高的智能水平和实用价值, 在众多领域得到了广泛应用.

1.1 神经网络概述

非线性科学的深入研究改变了人们对自然、社会的基本观点. 例如, 曾经被人们认为是有害的 "混沌" 现象, 现已被广泛地应用于数学、物理、医学、通信、生物工程等领域[1]. 尽管非线性科学的研究已经取得了长足的进展, 但是, 人们对非线性问题和现象的研究和认识还远远没有达到成熟的程度, 非线性科学正逐步成为跨学科的研究前沿和热点.

神经网络系统是高度非线性的超大规模连续时间动力学系统, 具备大规模的并行处理和分布式的信息存储能力, 拥有良好的自适应、自组织性以及很强的学习功能、联想功能和容错功能. 神经网络突破了传统的以线性处理为基础的数字电子计算机的局限, 标志着人类智能信息处理能力和模拟人脑智能行为能力的一大飞跃. 与当今的冯·诺依曼式计算机相比, 神经网络系统更加接近人脑的信息处理模式, 主要表现为[2]: 神经网络能够处理连续的模拟信号, 能够处理混沌的、不完全的、模糊的信息; 与传统的计算机给出精确解相比, 神经网络可以给出次最优的逼近解; 神经网络并行分布工作, 各组成部分同时参与运算, 各个神经元的动作速度不高, 但总体的处理速度极快; 神经网络信息存储分布于全网络各个权重变换之中, 某些单元阻碍并不影响信息的完整, 具有鲁棒性; 传统计算机要求有准确的输入条件, 才能给出精确解, 而神经网络只要求部分条件, 甚至对于包含有部分错误的输入, 也能进行求解, 具有容错性; 神经网络在处理自然语言理解、图像模式识别、景象理解、不完整信息、智能机器人控制等方面具有明显优势.

目前, 关于神经网络的定义尚不统一, 按美国神经网络学家 Hecht Nielsen 的观点, "神经网络是由多个非常简单的处理单元彼此按某种方式相互连接而形成的计算机系统, 该系统靠其状态对外部输入信息的动态响应来处理信息". 综合神经网络的来源、特点和各种解释, 可简单地表述为: "人工神经网络是一种旨在模仿人脑结构及其功能的信息处理系统. "

人工神经网络的发展历史可以追溯到 20 世纪 40 年代初. 1943 年, 美国神经生物学家 McCulloch 与数理逻辑学家 Pitts 在数学生物物理学会刊 *Bulletion of Mathematical Biophysics* 上发表文章[3], 从人脑信息处理的观点出发, 利用数理模型的方法研究了脑细胞的动作和结构及其生物神经元的一些基本生理特性, 提出了第一个神经计算模型, 即神经元的阈值元件模型, 简称 M-P 型:

$$\begin{cases} v_i(k+1) = \mathrm{sgn}\,(u_i(k)) \\ u_i(k) = \sum_{j=1}^{n} T_{ij} v_j(k) + I_i \end{cases}$$

其中

$$\mathrm{sgn}(\theta) = \begin{cases} 1, & \theta > 0 \\ -1, & \theta < 0 \end{cases}$$

u_i 表示第 i 个神经元的输入; v_i 表示第 i 个神经元的输出; T_{ij} 表示第 i 个神经元和第 j 个神经元的连接强度; I_i 表示第 i 个神经元的外部输入. 他们从原理上证明了人工神经网络可以计算任何算术和逻辑函数, 迈出了人工神经网络研究的第一步. 这种模型有兴奋和抑制两种状态, 可以完成有限的逻辑运算, 虽然模型简单, 却为以后人工神经网络模型的建立以及理论研究奠定了基础.

人工神经网络第一次实际应用出现在 20 世纪 50 年代后期. 1958 年, 计算机科学家 Frank Rosenblatt 提出了著名的 "感知器 (perception)" 模型[4], 它由阈值型神经元组成, 用以模拟动物和人脑的感知和学习能力. 感知器的学习过程是改变神经元之间的连接强度, 适用于模式识别、联想记忆等人们感兴趣的实用技术. 感知器模型包含了现代神经计算机的基本原理, 在结构上大体符合神经生理学知识, 它的提出掀起了人工神经网络的第一次研究热潮[5].

1960 年, Bernard Widrow 和 Ted Hoff 发表了题为《自适应开关电路》的论文[6]. 在该文献中, 他们提出了自适应线性元件网络, 简称 ADALINE(Adaptive Linear Element), 这是一种连续取值的线性加权求和阈值网络. 为了训练该网络, 他们还提出了 Widrow-Hoff 算法, 该算法后来被称为 LMS(Least Mean Square) 算法, 即数学上俗称的最速下降法. 这种算法在后来的误差反向传播 (Back-Propagation) 及自适应信号处理系统中得到了广泛应用.

然而, 在 1969 年, 人工智能的先驱 Marvin Minsky 和 Seymour Papert 出版了名为 *Perceptrons* 的专著[7], 论证了简单的线性感知器功能是有限的, 并指出单层感知器只能进行线性分类, 不能解决 "异或 (XOR)" 这样的基本问题, 更不能解决非线性问题. 于是, Minsky 断言这种感知器无科学研究价值可言, 包括多层的感知器也没有什么实际意义. 当时, 由于没有功能强大的数字计算机来支持各种实验, 使得许多研究人员对于神经网络的研究前景失去了信心, 以至于神经网络在随后的十年左右一直处于萧条的状态.

尽管如此, 在这一时期, 仍然有不少学者在极端艰难的条件下致力于人工神经网络的研究. 例如, 美国学者 Stephen Grossberg 等[8] 提出了自适应共振理论 (Adaptive Resonance Theory, ART 模型), 并在之后的若干年发展了 ART1, ART2 和 ART3 三种神经网络模型; 芬兰学者 Kohonen[9] 提出了自适应映射 (Self-Organizing Map, SOM) 理论模型, 这是一种无监督学习型人工神经网络; Anderson 和 Coworkers[10] 提出了盒中脑 (Brain-State-in-a-Box, BSB) 神经网络, 这是一种节点之间存在横向连接和节点自反馈的单层网络, 可以用作自联想最邻近分类器, 并可存储任何模拟向量模式等, 这些工作都为以后的神经网络研究和发展奠定了理论基础.

进入 20 世纪 80 年代, 随着个人计算机和工作站计算能力的急剧增强和广泛应用, 以及新概念的不断引入, 人们对于神经网络的研究热情空前高涨, 人工神经网络迎来了第二次研究热潮.

神经网络研究的重新兴起, 在很大程度上归功于美国加州理工学院 (California Institute of Technology) 生物物理学家 John J. Hopfield 的工作. 1982 年, 他提出了一种全连接神经网络 (即 Hopfield 神经网络) 的动力学模型, 设计与研制了该神经网络模型的电路, 并利用它成功地解决了旅行商 (Traveling Salesman Problem, TSP) 优化问题, 这种连续神经网络可以用如下微分方程描述[11]:

$$C_i \frac{\mathrm{d}u_i}{\mathrm{d}t} = -\frac{u_i}{R_i} + \sum_{j=1}^{n} T_{ij} V_j + I_i, \quad i = 1, 2, \cdots, n$$

其中, 电阻 R_i 和电容 C_i 并联, 模拟生物神经元的延时特性; 电阻 $R_{ij} = 1/T_{ij}$ 模拟突触特性; 电压 u_i 为第 i 个神经元的输入; 运算放大器 $V_i = g_i(u_i)$ 为其输出, 是一个非线性、连续可微、严格单调递增的函数, 模拟生物神经元的非线性饱和特性. Hopfield 通过能量函数及 LaSalle 不变性原理给出了网络模型的状态 (即动力学模型中的流量) 最终收敛于平衡点集这一重要的动力学分析结果. 这为联想记忆及优化的性能与功效的提高提供了强有力的理论基础, 对神经网络研究的复兴起到了重大的影响和推动作用.

1983 年, Michael A. Cohen 和 Stephen Grossberg 合作提出了一类新型神经网络模型[12](Cohen-Grossberg 神经网络):

$$\dot{x}_i(t) = -a_i(x_i(t)) \left[b_i(x_i(t)) - \sum_{j=1}^{n} t_{ij} S_j(x_j(t)) \right]$$

式中, x_j 是第 j 个神经元的状态, $a_i(x_i(t))$ 是系数, $b_i(x_i(t))$ 是自激项, $t_{ij}S_j(x_j(t))$ 是第 j 个神经元到第 i 个神经元的加权抑制输入. Cohen-Grossberg 神经网络是一种更为广义的神经网络模型, 在形式上描述了来自神经生物学、人口生态和进化理论等一大类模型, 以及著名的 Hopfield 神经网络模型.

1988 年, 美国加利福尼亚大学伯克利分校的华裔科学家蔡少棠 (Leon O. Chua) 教授受细胞自动机 (Cellular Automata) 的启发, 在 Hopfield 神经网络的基础上提出了一种新颖的神经网络模型, 即细胞神经网络模型[13,14]:

$$\begin{cases} \dot{x}_{ij}(t) = -x_{ij}(t) + \sum_{k,l \in N_{ij}(r)} a_{kl}f(x_{kl}) + \sum_{k,l \in N_{ij}(r)} b_{kl}f(u_{kl}) + z_{ij} \\ y_{ij} = f(x_{ij}) = \frac{1}{2}\left(|x_{ij}+1| - |x_{ij}-1|\right) \end{cases}$$

与 Hopfield 神经网络和 Cohen-Grossberg 神经网络模型一样, 细胞神经网络是一个大规模非线性模拟系统. 细胞神经网络的每一个基本电路单元称为一个细胞 (Cell), 它包含了线性电容、线性电阻、线性和非线性控制电源及独立电源. 在网络中, 每一个细胞只与其邻近的细胞相连, 也就是说, 邻近的细胞直接相互影响, 而由于细胞神经网络的连续时间动力性的传递功能, 没有直接连接的细胞之间也可能产生间接的影响, 这样的连接模式使得细胞神经网络的每一个模块的连接线减少, 更便于实现大规模集成电路[15].

在同一时期, Kosko 提出了双向联想记忆 (Bi-Directional Associative Memory, BAM) 神经网络模型[16]:

$$\begin{cases} \dot{x}_i(t) = -a_ix_i(t) + \sum_{k=1}^{N} a_{ik}f_k(y_k(t)) + I_i, \quad i = 1,2,\cdots,N \\ \dot{y}_j(t) = -b_jy_j(t) + \sum_{l=1}^{P} a_{jl}g_l(x_l(t)) + J_j, \quad j = 1,2,\cdots,P \end{cases}$$

联想记忆神经网络模拟人脑, 把一些样本模式存储在神经网络的权值中, 通过大规模的并行计算, 使不完整的、受到噪声 "污染" 的畸变模式在网络中恢复到原来的模式本身. 例如, 听到一首歌曲的一部分便可以联想到整首曲子, 看到某人的名字会联想到他 (她) 的相貌、身形等特点. 前者称为自联想, 而后者称为异联想, 异联想也称为双向联想记忆. 如图 1-1 所示, BAM 存储器可以存储两组矢量 (N 维矢量 $A = (a_0, a_1, \cdots, a_{N-1})$ 和 P 维矢量 $B = (b_0, b_1, \cdots, b_{P-1})$), 给定 A 可经过联想得到对应的标准样本 B, 当有噪声或残缺时, 联想功能可使样本对复原.

目前, 大批学者围绕神经网络展开了进一步的研究工作, 大量神经网络模型相继被提出. 例如, 竞争神经网络模型、忆阻器神经网络模型、分数阶神经网络模型等. 正是由于神经网络独特的结构和处理信息的方法, 它们在诸如最优化计算、自动控制、信号处理、模式识别、故障诊断、海洋遥感、时间序列分析、机器人运动学等许多实际领域表现出了良好的智能特性和潜在的应用前景.

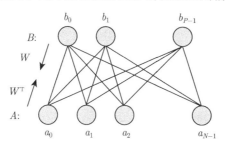

图 1-1   由矢量 A 和 B 组成的双向联想记忆神经网络

1.2   神经网络结构

神经网络由许多相互连接的神经元 (也称为单元或节点) 以及外部环境输入组成, 每一个神经元都执行两个功能: 把来自其他神经元的输入施以不同的连接权并对外部输入进行叠加, 同时对这个叠加的输入进行非线性变换产生一个输出, 该输出又通过连接权刺激其他神经元相连. 用下式可以表示第 i 个神经元所执行的这两个功能:

$$\begin{cases} y_i(t) = f_i(x_i(t) - \Gamma_i) \\ u_{ji}(t) = \omega_{ji} y_i(t - \tau_{ji}) \end{cases}$$

其中, x_i 为第 i 个神经元的状态变量; Γ_i 为第 i 个神经元的激励函数阈值; y_i 为该神经元把来自其他神经元的输入施以不同的连接权并对外部输入叠加, 同时对这个叠加的输入进行非线性变换后产生的输出; 该神经元的输出 y_i 又通过连接权 ω_{ji} 与第 j 个神经元相连; τ_{ji} 则为第 j 个神经元与第 i 个神经元之间的传输时滞.

要设计一个神经网络, 必须确定以下四个方面的内容:

(1) 神经元间的连接模式;

(2) 激励函数;

(3) 连接权值;

(4) 神经元个数.

这里, 我们主要讨论神经网络的连接模式和激励函数.

神经网络是一个复杂的互联系统, 单元之间的互联模式将对网络的性质和功能产生重要影响. 按照连接方式的不同, 神经网络可分为两种: 前馈神经网络和反馈 (递归) 神经网络. 前馈网络主要是函数映射, 前馈神经网络各神经元接收前一层的输入, 并输出到下一层, 没有反馈. 节点分为两类, 即输入节点和计算节点, 每一个计算节点可有多个输入, 但只有一个输出, 通常前馈型网络可分为不同的层, 第 i 层的输入只与第 $i-1$ 层的输出相连, 输入与输出节点与外界相连, 而其他中间层则称为隐层. 常见的前馈神经网络有 BP 网络、RBF 网络等, 可用于模式识别和函数逼近.

在无反馈的前馈神经网络中, 信号一旦通过某个神经元, 过程就结束了. 而在递归神经网络中, 信号要在神经元之间反复往返传递, 神经网络处在一种不断改变状态的动态过程中. 它将从某个初始状态开始, 经过若干次的变化, 才会达到某种平衡状态, 根据神经网络的结构和神经元的特性, 还有可能进入周期振荡或其他如混沌等平衡状态. 递归神经网络因为有反馈的存在, 所以它是一个非线性动力系统, 可用来实现联想记忆和求解优化等问题. 本书讨论的神经网络主要是递归神经网络.

从图 1-2[17] 可以看出, 激励函数模仿了生物神经元对外部刺激所产生的激活 (兴奋) 和抑制两种状态, 即如果对于外界刺激产生兴奋则神经元输出为高电平, 反之为低电平. 由于在每一个神经元中激励函数把来自其他神经元的外部输入的加权和作为函数的输入并作非线性变换, 并把该变换后的结果作为输出触及其他神经元. 激励函数的特性对神经网络性能至关重要, 如具有有界激励函数的神经网络总能保证平衡点的存在性, 而对于无界的激励函数, 神经网络则可能不存在平衡点[18-20].

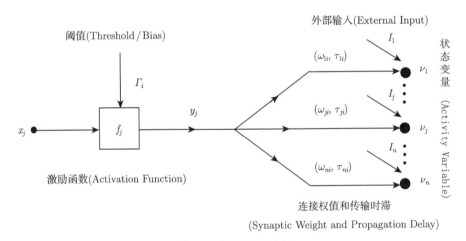

图 1-2 神经网络结构

激励函数形式多样, 利用它们的不同特性可以构成功能各异的神经网络. 典型的激励函数包括阶梯函数、线性作用函数和 Sigmoid 函数等.

阶梯函数如图 1-3 所示, 可以用下式表示:

$$f(v) = \begin{cases} 1, & v \geqslant 0 \\ 0, & v < 0 \end{cases}$$

例如, McCulloch-Pitts 模型的激励函数采用的就是阶梯函数.

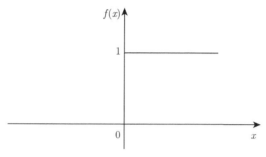

图 1-3　阶梯函数

分段线性函数可分为非对称分段线性函数和对称分段线性函数. 其中, 非对称分段线性函数可表示为

$$f(x) = \begin{cases} 0, & x \leqslant 0 \\ \beta x, & 0 < x < \dfrac{1}{\beta} \\ 1, & x \geqslant \dfrac{1}{\beta} \end{cases}$$

对称分段线性函数可表示为

$$f(x) = \begin{cases} -1, & x \leqslant -\dfrac{1}{\beta} \\ \beta x, & -\dfrac{1}{\beta} < x < \dfrac{1}{\beta} \\ 1, & x \geqslant \dfrac{1}{\beta} \end{cases}$$

如图 1-4 所示, 分段线性函数描述了神经元的非线性开关特征, β 为神经元增益参数, 当 β 取无穷大时, 分段线性函数退化为阶梯函数, 该函数广泛应用于细胞神经网络模型.

Sigmoid 函数也称为 S 型作用函数, 是目前应用最广的一种激励函数, 为严格单调增光滑有界函数[21]. Sigmoid 函数可分为非对称型和对称型, 其中非对称型 Sigmoid 函数可表达为

$$f(x) = \frac{1}{1 + \mathrm{e}^{-\beta x}}, \quad x \in \mathbb{R}$$

式中, $\beta = f'(0) > 0$ 为神经元增益参数, 如图 1-5 所示.

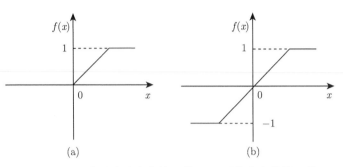

图 1-4　(a) 非对称分段线性函数, (b) 对称分段线性函数

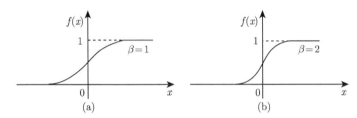

图 1-5　非对称型 Sigmoid 函数

如图 1-6 所示, 对称型 Sigmoid 函数可表达为

$$f(x) = \frac{1 - \mathrm{e}^{-\beta x}}{1 + \mathrm{e}^{-\beta x}}, \quad x \in \mathbb{R}$$

当 $\beta \to \infty$ 时, Sigmoid 函数退化为阶梯函数.

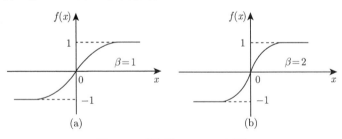

图 1-6　对称型 Sigmoid 函数

Sigmoid 函数是光滑、可微的函数, 将输入从负无穷到正无穷的范围映射到 $[0,1]$ 或 $[-1,1]$ 区间内, 具有非线性的放大功能, 在分类时比线性函数更精确, 容错性更好.

研究表明, 激励函数如果选择适当可以大大改善神经网络的性能. 比如, 激励函数的特性与神经网络的存储容量密切相关, 对联想记忆模型来说, 如果把通常的 Sigmoid 激励函数用非单调的激励函数代替时, 联想记忆模型的记忆容量可以大大改进, 而当神经网络用于优化时, 仅仅考虑有界性和可微性的激励函数并不能满足实际优化的需要 (为了简化理论推导, 在建立神经网络模型的时候经常会对激励函数做一些假设, 最常用的包括一般 Lipschitz 条件和非递减 Lipschitz 条件)[22]. 因此, 推广可使用的激励函数范围, 在更加广泛的意义下 (减弱有界性、可微性以及单调性的要求) 研究神经网络的稳定性与混沌同步不仅可以推动神经网络理论的完善与发展, 而且能为神经网络的实际应用奠定坚实的理论基础.

1.3 时滞神经网络的研究进展

动力学行为是神经网络成功应用的前提. 由于神经网络的非线性特征, 神经网络模型常常具有丰富的动力学性态, 如平衡点、周期解、分支、行波解和混沌等. 当神经元及其互连结构和连接强度确定后, 神经网络的动力学性态也就决定了. 当某一时刻神经元的状态确定后, 其状态将随动力学方程发生转移, 逐渐向某一状态靠近, 这种实际上可观测的状态称为吸引子. 如果吸引子随时间不发生变化, 则称其为系统的稳定平衡点. 针对不同应用领域的实际情况, 要求设计出具有相应动力学性态的神经网络. 例如, 对于执行联想记忆功能的神经网络, 要求平衡点的数目越多越好, 因为平衡点的数目越多, 网络的记忆储存量就越大. 而对于执行优化计算功能的神经网络, 则要求平衡点越少越好, 最理想的状况是具有唯一的平衡点, 该平衡点将是相关能量函数的最小值点, 也即问题的最优解. 另外, 神经网络还能以动态吸引子 (周期解、极限环、奇怪吸引子和混沌等) 的行为方式储存记忆, 因此动态吸引子的研究也是神经网络动力学的重要研究方面. 为了在初值给定的情况下, 模型的解能收敛到相应的吸引子, 使网络功能得以实现, 需要对神经网络进行稳定性分析.

1.3.1 时滞神经网络的稳定性

稳定与否是系统能否正常工作的先决条件. 因此, 判别系统的稳定性及如何改善其稳定性是系统分析与综合的首要问题. 稳定性是指当一个实际的系统处于一个平衡的状态时, 如果受到外来作用的影响时, 系统经过一个过渡过程仍然能够回到原来的平衡状态, 我们称这个系统就是稳定的, 否则称系统不稳定, 一个控制系统要想能够实现所要求的控制功能就必须是稳定的. 稳定性的重要性可想而知, 小至一个具体的控制系统, 大至一个社会系统、金融系统、生态系统、军事系统, 总是在各种偶然的或持续的干扰下进行的. 承受这种干扰之后, 系统能否保持运行或工作状态, 而不至于失控或摇摆不定, 至关重要.

对线性定常系统而言, 可采用劳斯 - 赫尔维茨 (Routh-Hurwitz) 代数判据和乃奎斯特频率 (Nyquist Frequency) 判据判断其稳定性, 这些方法不必求解方程和其特征值, 而直接由方程的系数或频率特性曲线来对稳定性进行判断. 对于时滞神经网络这种高度非线性的超大规模连续时间动力学系统, 通常难以直接求方程的解, 其稳定性分析相比于线性定常系统更为困难, 仅利用劳斯-赫尔维茨代数判据或乃奎斯特频率判据难以判断其稳定性.

1892 年, 俄国数学家 A.M. Lyapunov 在其博士学位论文《运动稳定性的一般问题》中利用平衡状态稳定与否的特征对系统或系统运动的稳定性给出了严格的定义, 提出了判断稳定性问题的一般理论, 即著名的 Lyapunov 稳定性理论. 该理论基于系统的状态空间描述法, 可对单变量、多变量、线性、非线性、定常、时变等系统进行稳定性的直接判别.

1. Lyapunov 稳定性的基本概念

Lyapunov 稳定性, 主要讨论系统在平衡状态下受到扰动后自由运动的性质, 其过程与外部输入无关. 设系统方程为

$$\dot{x} = f(x, t)$$

其中 x 是 n 维状态向量, 且显含时间变量 t; $f(x, t)$ 是线性或非线性、定常或时变的 n 维函数, 其展开形式为

$$\dot{x}_i = f_i(x_1, x_2, \cdots, x_n, t), \quad i = 1, 2, \cdots, n$$

假定方程的解为 $x(t; x_0, t_0)$, 式中 x_0 和 t_0 分别为初始状态变量和初始时刻, 则初始条件 x_0 必须满足 $x(t_0; x_0, t_0) = x_0$. 现对 Lyapunov 意义下的平衡状态、一致稳定性、渐近稳定性、全局渐近稳定性和不稳定性分别定义如下.

定义 1.3.1   Lyapunov 关于稳定性的研究均针对平衡状态而言. 对于所有 t, 满足

$$\dot{x}^* = f(x^*, t) = 0$$

的状态 x^* 称为平衡状态, 平衡状态的各个分量相对于时间不再变化. 若已知状态方程, 令 $\dot{x} = 0$ 所求得的解便是平衡状态. 对于非线性动力系统, 可能存在一个或多个平衡状态.

平衡状态只要无外力作用于系统, 系统将永远处于这种状态; 如果有外力作用于系统, 系统能否处在这种平衡状态附近? 还是离平衡状态越来越远? 这就是所谓平衡状态的稳定性问题, 它反映了系统在平衡状态附近的动态行为.

定义 1.3.2(Lyapunov 稳定性)   设系统初始状态位于以平衡状态 x^* 为球心、δ 为半径的闭球域 $S(\delta)$ 内, 即

$$\|x_0 - x^*\| < \delta, \quad t = t_0$$

若能使系统方程的解 $x(t; x_0, t_0)$ 在 $t \to \infty$ 的过程中, 都能位于以 x^* 为球心、任意规定半径 ε 的闭球域 $S(\varepsilon)$ 内, 即

$$\|x(t; x_0, t_0) - x^*\| \leqslant \varepsilon, \quad t \geqslant t_0$$

则称系统的平衡状态 x^* 在 Lyapunov 意义下是稳定的, 简称是稳定的. 向量 x 的 Euclid 范数 $\|x_0 - x^*\|$ 表示状态空间中 x_0 到 x^* 的距离, 其数学表达式为

$$\|x_0 - x^*\| = \sqrt{(x_{10} - x_1^*)^2 + (x_{20} - x_2^*)^2 + \cdots + (x_{n0} - x_n^*)^2}$$

式中 $x_0 = (x_{10}, x_{20}, \cdots, x_{n0})^{\mathrm{T}}$, $x^* = (x_1^*, x_2^*, \cdots, x_n^*)^{\mathrm{T}}$.

任何非零状态均可以通过坐标变换平移到坐标原点, 而坐标变换不会改变系统的稳定性. 按照 Lyapunov 意义下的稳定性定义, 当系统做不衰减的振荡运动时, 将在平面描述出一条封闭曲线, 只要不超过 $S(\varepsilon)$, 则认为是稳定的.

定义 1.3.3(一致稳定性)　通常实数 δ 与 ε 和 t_0 有关. 如果 δ 与 t_0 无关, 则称平衡状态 x^* 是一致稳定的.

定义 1.3.4(渐近稳定性)　若系统的平衡状态 x^* 不仅具有 Lyapunov 意义下的稳定性, 且有

$$\lim_{t \to \infty} \|x(t; x_0, t_0) - x^*\| = 0$$

则称平衡状态 x^* 是渐近稳定的. 此时, 从 $S(\delta)$ 出发的轨迹不仅不会超出 $S(\varepsilon)$, 且当 $t \to \infty$ 时收敛于 x^*. 如果 δ 与 t_0 无关, 且上述极限过程也与 t_0 无关, 则称平衡状态 x^* 是一致渐近稳定的.

定义 1.3.5(全局渐近稳定性)　如果系统的平衡状态 x^* 对所有初始状态 $x_0 \in \mathbb{R}^n$ 有

(1)x^* 具有 Lyapunov 意义下的稳定性;

(2)$\lim_{t \to \infty} \|x(t; x_0, t_0) - x^*\| = 0$,

则称 x^* 是全局渐近稳定的, 此时, $\delta \to \infty$, $S(\delta) \to \infty$.

定义 1.3.6(不稳定性)　无论 δ 取多小, 只要在 $S(\delta)$ 内有一条从 x_0 出发的轨迹跨出 $S(\varepsilon)$, 则称此平衡状态是不稳定的.

图 1-7 分别给出了 Lyapunov 意义下的稳定性、渐近稳定性和不稳定性的平面几何表示.

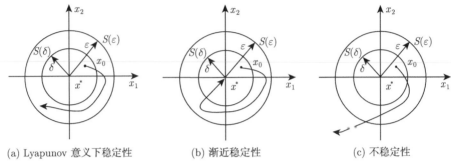

(a) Lyapunov 意义下稳定性　　　　(b) 渐近稳定性　　　　　　(c) 不稳定性

图 1-7　稳定性的几何表示

2. Lyapunov 稳定性直接判别法

Lyapunov 将判断系统稳定性的问题归纳为两种方法, 即依赖于线性系统微分方程的解来判断其稳定性的第一方法 (称为间接法) 和利用经验和技巧构造 Lyapunov 函数来判断其稳定性的第二方法 (称为直接法)[23].

间接法是通过解系统的微分方程, 然后根据解的性质来判断系统的稳定性, 其基本思路和分析方法与经典控制论一致. 对时滞神经网络而言, 需要采用线性化的方法处理, 即通过分析非线性微分方程的一次线性近似方程来判断其稳定性, 因此该方法只能判断系统在平衡状态附近很小范围内的稳定性状况 (即局部稳定性).

直接法建立在能量观点的基础上: 若系统的某个平衡状态是渐近稳定的, 则随着系统的运动, 其存储的能量将随着时间的推移而不断衰减, 直至 $t \to \infty$ 时, 系统运动趋于平衡状态而能量则趋于极小值. 由此, Lyapunov 创立了一个可模拟系统 "广义能量" 的函数, 根据这个标量函数的性质来判断系统的稳定性. 相比于其他稳定性分析的方法, 直接法具有如下主要优点[24]:

(1) 不必求解描述系统的微分方程, 借助于象征广义能量的 Lyapunov 函数 $V(t, x)$ 及其对时间导数 $\dot{V}(t, x)$ 的符号特征, 直接判断平衡状态的稳定性;

(2) 方法统一, 最后都可以转化为一个 Riccati(里卡茨) 方程或线性矩阵不等式的解;

(3) 处理范围广泛, 适用于时变时滞系统、参数摄动系统、反应扩散系统、随机动力系统、离散系统等.

因此, Lyapunov 直接法是目前进行非线性时变动力系统 (包括非线性时滞系统) 稳定性分析最为有效的一类方法. 用于时滞系统稳定性分析的 Lyapunov 直接法可分为两大类: 基于 Lyapunov-Razuminkhin 定理的方法 (一般简称为 Lyapunov-Razuminkhin 方法或 L-R 方法) 和基于 Lyapunov-Krasovskii 定理的方法 (一般简称为 Lyapunov-Krasovskii 方法或 L-K 方法), 这两种方法都实现了对时滞系统的判稳分析, 本章重点介绍 L-K 方法的相关理论.

根据古典力学中的振动现象, 若系统的能量随时间的推移而衰减, 系统迟早会达到平衡状态, 但要找到实际系统的能量函数表达式并非易事. Lyapunov 提出, 可虚构一个以状态变量描述的广义能量函数, 对于大多数系统, 它一般与 $x_1, x_2, \cdots, x_n$ 及 t 有关, 记以 $V(x, t)$ 且满足

$$\begin{cases} V(x, t) > 0, & x \neq 0 \\ V(x, t) = 0, & x = 0 \end{cases}$$

及

$$\dot{V}(x) < 0$$

则不需要知道系统方程的解就可以证明平衡状态的稳定性, 称 $V(x, t)$ 为 Lyapunov 函数. 遗憾的是, 至今仍未形成构造 Lyapunov 函数的通用方法, 需要凭借经验和技巧来进行构造. 实践表明, 对于大多数系统, 可先尝试用二次型函数 $x^{\mathrm{T}} P x$ 作为 Lyapunov 函数. 首先, 对函数正定、负定、半正定和半负定进行定义[25].

定义 1.3.7 若在 Ω 上, $W(x) \geqslant 0 (-W(x) \geqslant 0)$, 且 $W(x) = 0$ 仅有零解 $x = 0$, 则称函数 $W(x)$ 在 Ω 上正定 (负定).

定义 1.3.8 若在 Ω 上, $W(x) \geqslant 0 (-W(x) \geqslant 0)$, 且 $W(x) = 0$ 有非零解 $x = x^* \neq 0$, 则称函数 $W(x)$ 在 Ω 上半正定 (半负定).

通过 Lyapunov 函数, 对连续时间非线性时变自治系统进行稳定性计算推理, 得到下面一些稳定性判定定理[25].

定理 1.3.1 对连续时间非线性时变自治系统 $\dot{x} = f(x, t)$, 若可构造对 x 具有连续一阶偏导数的一个标量函数 $V(x, t)$, 且对整个状态空间中所有的非零状态点 x 满足如下条件:

(1) $V(x, t)$ 为正定;

(2) $\dot{V}(x, t) \triangleq \mathrm{d}V(x, t)/\mathrm{d}t \leqslant 0$,

则系统的原点平衡状态 $x = 0$ 是稳定的.

定理 1.3.2 若存在正定函数 $V(x, t)$ 使得其关于时间的导数 $\dot{V}(x, t) \triangleq \dfrac{\mathrm{d}V(x, t)}{\mathrm{d}t}$ 是负定函数, 则系统的原点平衡状态 $x = 0$ 是渐近稳定的.

定理 1.3.3 如果 $x = 0$ 是渐近稳定的, 且当 $\|x\| \to \infty$ 时, 有 $V(x, t) \to \infty$, 则系统的原点平衡状态 $x = 0$ 是全局渐近稳定的.

定理 1.3.4 若存在正定函数 $V(x, t)$ 使得其关于时间的导数 $\dot{V}(x, t) \triangleq \dfrac{\mathrm{d}V(x, t)}{\mathrm{d}t}$ 是正定函数, 则系统的原点平衡状态 $x = 0$ 是不稳定的.

Lyapunov 函数的选取并不唯一, 只要找到一个 $V(x, t)$ 满足定理条件, 便可对原点平衡状态的稳定性作出判断, 并不会因为选择的 $V(x, t)$ 不同而对系统的稳定性产生影响. 遗憾的是, 至今尚无构造 Lyapunov 函数的通用方法, 如果 $V(x, t)$ 选

择不当, 会导致 $\dot{V}(x,t)$ 不定号的结果, 此时则需要重新选择能量函数 $V(x,t)$, 这是运用 Lyapunov 稳定性理论研究系统稳定性的主要障碍.

以上四个定理都是按照 $\dot{V}(x,t)$ 连续单调衰减的要求来确定系统的稳定性, 并没有考虑实际稳定系统可能存在衰减振荡的情况, 因此给出的条件均是充分条件. 具体分析问题时, 首先通过选择二次型函数等方法构造一个 Lyapunov 函数 $V(x,t)$, 计算其对时间的导数 $\dot{V}(x,t)$, 并将系统的状态方程代入, 根据 $\dot{V}(x,t)$ 的定号性来判断系统的稳定性. 对于时滞系统而言也有类似的结论, 只不过所构造的一般是一个 Lyapunov 泛函.

根据是否包含时滞参数, 稳定性条件可以分为两类: 一类条件独立于时滞大小, 即与时滞大小无关, 被称为不依赖于时滞 (Delay-Independent) 的稳定性条件. 此时, Lyapunov 泛函可取为

$$V(t,x(t)) = x^{\mathrm{T}}(t)Px(t) + \int_{t-\tau}^{t} x^{\mathrm{T}}(s)Qx(s)\mathrm{d}s$$

其中 $P = P^{\mathrm{T}} > 0, Q = Q^{\mathrm{T}} > 0$ 均为正定对称矩阵. 早期的大多数研究基本上都局限于不依赖于时滞的稳定性研究, 但是在很多实际的系统中, 神经网络系统的时滞的取值范围往往是有界的, 此时, 应用以上结果会使其变得非常保守, 特别是时滞很小的时候. 于是另一类条件引起了人们的广泛关注, 即包含时滞大小信息的稳定性条件, 被称为依赖于时滞 (Delay-Dependent) 的稳定性条件. 此时, Lyapunov 泛函可取为

$$V(t,x(t)) = x^{\mathrm{T}}(t)Px(t) + \int_{t-\tau}^{t} x^{\mathrm{T}}(s)Qx(s)\mathrm{d}s + \int_{-\tau}^{0}\int_{t+\theta}^{t} x^{\mathrm{T}}(s)Rx(s)\mathrm{d}s\mathrm{d}\theta$$

其中 $P = P^{\mathrm{T}} > 0, Q = Q^{\mathrm{T}} > 0, R = R^{\mathrm{T}} > 0$ 均为正定对称矩阵. 已有研究表明, 在 Lyapunov 泛函列解适当情况下, 依赖于时滞的稳定性条件具有较小的保守性. 然而, 由于时滞神经网络稳定性问题的复杂性, 人们不可能针对一大类系统得到一组完美的稳定性判据. 因此, 为了实践上的应用和理论的完美, 人们不断提出新的判断规则来弥补理论上的这种欠缺[26].

1.3.2 时滞神经网络的混沌同步

20 世纪 60 年代, 美国气象学家 E. N. Lorenz 从长期关于天气预报的研究中悟出: 对于任何小块地区气候变化的误测, 都会导致全球天气预报的迅速失真. E.N. Lorenz 将这个现象非常形象地比喻成: 巴西亚马孙河丛林里一只蝴蝶扇动了几下翅膀, 三个月后在美国得克萨斯州引起了一场龙卷风. 人们把 E.N. Lorenz 的这个比喻戏称为 "蝴蝶效应", 这是人类发现的第一个混沌现象的例子, 为混沌理论的研究开辟了道路. 在之后的几十年间, 混沌在电子装置、激光系统、化学反应、生化

系统、生命系统、力学系统和神经网络等众多领域被相继观察到, 混沌的发现被称为继相对论与量子力学问世以来物理学的第三次大革命, 在许多领域得到了巨大而深远的发展, 是当今举世瞩目的前沿课题及学术热点.

由于混沌系统的奇异性和复杂性至今尚未被人们彻底了解, 因此还没有一个统一的定义. 一般认为, 混沌是指确定系统出现的一种貌似无规则的、类似随机的现象[27]. 不管对混沌的各种定义有何区别, 混沌的本质特征是相同的, 综合起来有如下六点.

1) 内在随机性

混沌现象是非线性动力系统中出现的一种貌似随机的行为, 是确定性系统内部随机性的反映. 这种随机性完全由系统内部自发产生, 而不由外部环境引起. 在描述系统行为状态的数学模型中不包括任何随机项, 是与外部因素毫无关联的 "确定随机性".

2) 对初始条件的敏感依赖性

"蝴蝶效应" 揭示了无序中存在有序, 看似毫不相干的事实存在着内在关联, 一些小扰动经过逐级放大后会变成大扰动, 甚至有可能导致跨越时空的灾变. 对于混沌系统而言同样存在 "蝴蝶效应", 即对初始条件的极端敏感性. 由于混沌系统吸引子的内部轨道不断互相排斥, 反复产生分离和折叠, 使得系统初始轨道的微小差异会随时间的演化呈指数增长. 换言之, 如果初始轨道间只有微小差异, 则随时间的增长, 其差异将会变得越来越大, 因此混沌系统的长期演化行为是不可预测的.

3) 奇异吸引子与分数维特性

轨道: 系统的某一特定状态, 在相空间中占据一个点. 当系统随时间变化时, 这些点便组成了一条线或一个面, 即轨道.

吸引子: 随着时间的流逝, 相空间中轨道占据的体积不断变化, 其极限集合即为吸引子. 吸引子可分为简单吸引子和奇异吸引子.

奇异吸引子: 是一类具有无穷嵌套层次的自相似几何结构.

维数: 对吸引子几何结构复杂度的一种定量描述.

分数维: 在欧氏空间中, 空间被看成三维, 平面或球面被看成二维, 而直线或曲面则被看成一维. 平衡点、极限环以及二维环面等吸引子具有整数维数, 而奇异吸引子具有自相似特性, 在维数上表现为非整数维数, 即分数维.

4) 有界性和遍历性

有界性: 混沌是有界的, 它的运动轨道始终局限于一个确定的区域, 即混沌吸引域. 无论混沌系统内部多么不稳定, 它的轨道都不会走出混沌吸引域. 所以从整体来说混沌系统是相对稳定的.

遍历性: 混沌运动在其混沌吸引域内是各态历经的, 即在有限时间内混沌轨道经过混沌区内的每一个状态点.

5) 连续的功率谱

混沌信号介于周期或准周期信号和完全不可预测的随机信号之间. 用 Fourier 分析混沌频谱发现, 混沌信号的频谱占据了很宽的带宽, 分布较均匀, 整个频谱由许多比较窄的尖峰构成.

6) 正的 Lyapunov 指数

为了对非线性映射产生的运动轨道相互间趋近或分离的整体效果进行定量刻画, 引入了 Lyapunov 指数.

当 Lyapunov 指数小于零时, 轨道间的距离按指数规律消失, 系统运动状态对应于周期运动或不动点.

当 Lyapunov 指数等于零时, 各轨道间距离不变, 迭代产生的点对应于分岔点.

当 Lyapunov 指数大于零时, 表示初值相邻的轨道以指数规律发散, 系统运动状态对应于混沌状态.

正的 Lyapunov 指数表明混沌运动轨道按指数分离, 值越大, 轨道分离越快, 其不可预测性越强, 应用时保密性也就越好. 但是由于吸引子的有界性, 轨道不能分离到无限远处, 所以混沌轨道只能在一个局限区域内反复折叠, 但又永远互不相交, 形成了混沌吸引子的特殊结构. 系统的 Lyapunov 指数有一个为正, 则系统中存在混沌行为; 有两个或两个以上为正, 则存在超混沌行为.

混沌不是简单的无序而是没有明显的周期和对称, 但是却具有丰富的内部层次的有序结构, 是非线性系统中的一种新的存在形式[27].

混沌同步是实现两个混沌系统的状态完全重构, 也就是说设计合适的控制器使得一个混沌系统的运动轨迹与另一个混沌系统的运动轨迹完全相同.

1665 年, 荷兰科学家惠更斯发现: 并排挂在墙上的两个摆钟不管从什么不同的初始位置出发, 经过一段时间以后会出现同步摆动的现象. 1680 年, 荷兰旅行家肯普弗在泰国旅行时观察到了一个奇特的现象: 停在同一棵树上的萤火虫有时候同时闪光又同时不闪光, 很有规律而且时间上很准确. 这两个例子表现的就是现实世界的同步现象. 同步现象是自然界中的非线性现象, 广泛存在于自然界和社会生活. 人们已观测到的同步现象除了上述两个例子以外, 还包括青蛙的齐鸣、剧场中观众鼓掌频率的逐渐同步、大脑神经网络的同步、心脏频率和呼吸频率的一致性、耦合激光同步等.

有些同步是有害的. 例如, 2000 年, 伦敦千年大桥落成, 当成千上万的人们开始通过大桥时, 脚步的同步使得大桥开始振动, 桥体的 S 形振动所引起的偏差甚至达到了 20cm, 桥上的人们开始恐慌, 大桥不得不临时关闭. Internet 上也有一些对网络性能不利的同步现象, 如 Internet 上的每个路由器都要周期性地发布路由消息, 尽管每个路由器都是自己决定它什么时候发布路由信息, 但是研究人员发现, 不同的路由器最终会以同步的方式发送路由信息, 从而引发网络交通阻塞.

对初始条件的敏感依赖性使人们一度认为混沌系统要达到同步几乎是完全不可能的. 直到 1990 年, 美国海军实验室的 Pecora 和 Carroll[28] 在电子学线路的设计实验中提出自混沌同步的方法, 首次利用驱动-响应方法实现了两个混沌系统的同步. 这里的两个系统同步, 是指一个系统的轨道将收敛于另一个系统的轨道的同一值, 并且这种同步是结构稳定的, 这一突破性的研究进展打破了混沌运动模式是不可控和危险的传统观念, 揭开了利用混沌的序幕. 研究表明, 混沌不仅是能控制和同步的, 而且还可以作为信息传输与处理的动力学基础, 从而使得混沌系统应用于信息保密通信领域成为了可能[29]. 从此, 对混沌同步的应用研究进入蓬勃发展的时期, 并且其应用领域从单一的物理学迅速扩大到化学、力学、光学、电子学、生物学、信息科学、动力系统保护和保密通信等领域.

混沌控制与混沌同步目前已经成为有着广泛应用前景的实用技术并被广泛关注. 因此分析自然系统和人工系统中的混沌控制与混沌同步问题, 最终力求对自然系统和人工系统中的混沌及系统间的同步加以控制和利用使之为人类服务就具有重大的应用价值. 虽然神经网络的理论模型主要要求网络具有稳定的或周期的动力学性态, 但是也有一些理论模型由于复杂的动态演化而出现了混沌现象. 大量的计算机模拟和理论分析证实一个简单的神经网络也可能是混沌的, 文献 [30] 对这个问题进行了讨论, 更多的例子可参阅文献 [31]–[37]. 由于混沌系统的动力学行为敏感依赖于系统的初始条件, 也就是说, 两个非常接近的初始条件也会使系统的轨迹在演化过程中以指数量级分离. 因此, 混沌系统的同步不是传统意义上的同步, 混沌系统从本质上排斥同步. 即使相同的两个混沌系统只要它们的初始条件有微小的差异, 它们就不会达到同步. 而在实际的实验中, 初始条件总是不能完全确定, 这就使得混沌同步的研究更加重要.

时滞神经网络是一种复杂的动态系统, 如果适当地选择系统的参数和时滞, 神经网络可能表现出复杂的动态行为, 甚至混沌特性. 目前, 时滞神经网络的混沌同步在保密通信、图像处理等应用方面取得了可喜的进展, 对于耦合混沌神经网络系统, 人们已经观察到许多不同的同步状态, 如完全同步、相同步、滞同步、广义同步、间歇滞同步、不完全相同步和期望同步等, 并通过大量的理论研究、数值模拟和电路实验, 提出了许多同步控制方案, 如线性状态误差反馈控制、自适应控制、脉冲控制、间歇控制、样本点控制、滑模变结构控制和牵制控制等. 这里, 我们主要介绍自适应控制、脉冲控制、间歇控制和牵制控制.

1) 自适应控制

自适应控制与传统的线性误差反馈控制和最优控制一样, 也是一种基于数学模型的控制方法, 所不同的只是自适应控制所依据的关于模型和扰动的先验知识比较少, 需要在系统的运行过程中去不断提取有关模型的信息, 使模型逐步完善. 因此, 自适应控制比较适用于研究具有不确定性的非线性动力系统的同步问题.

自适应同步控制方法具有许多优点, 如在噪声条件下具有很强的鲁棒性, 对于参数无法预知的实际系统, 自适应同步机制无须计算任何参数, 可以自适应地实现同步、可极大地节省同步所需的耦合代价等. 由于自适应控制理论的众多优势, 它在时滞神经网络的混沌同步问题中得到了广泛的应用[38−43].

在很多情况下, 时滞神经网络系统具有不同程度的不确定性, 这些不确定性有时表现在系统内部, 有时表现在系统的外部. 从系统内部来讲, 描述时滞神经网络的数学模型的结构和参数, 设计者事先并不一定能准确地知道. 作为外部环境对系统的影响, 可以等效地用许多扰动来表示, 这些扰动通常是不可预测的. 此外, 还有一些测量时产生的不确定因素进入系统. 这直接或间接影响着神经网络模型的准确性, 也增加了同步控制研究的困难. 面对这些客观存在的各式各样的不确定性, 如何设计适当的控制方法, 使得某一指定的性能指标达到并保持最优或者近似最优, 这就是自适应控制所要研究解决的问题.

对于具有不确定性尤其是参数未知的时滞神经网络系统的混沌同步问题, 可以利用自适应控制方法, 依据对象的输入输出数据, 不断辨识模型参数, 这个过程称为系统的在线辨识. 随着时间的不断推进, 通过在线辨识, 模型会变得越来越准确, 越来越接近于实际. 既然模型在不断地改进, 显然, 基于这种模型综合出来的控制作用也将随之不断地改进. 在这个意义下, 神经网络系统将具有一定的适应能力. 比如, 在神经网络的设计阶段, 由于其初始信息比较缺乏, 系统在刚开始投入运行时可能性能不理想, 但是经过一段时间的运行, 通过在线辨识和控制以后, 系统逐渐适应, 最终将自身调整到一个满意的工作状态.

传统的线性反馈控制方法对于神经网络内部特性的变化和外部扰动的影响都具有一定的抑制能力, 但是由于控制器参数是固定的, 所以当系统内部特性变化或者外部扰动的变化幅度很大时, 系统的性能常常会大幅度下降, 甚至不稳定. 所以对那些对象特性或扰动特性变化范围很大, 同时又要求经常保持高性能指标的一类系统, 采取自适应控制是合适的. 但是同时也应当指出, 自适应控制比线性反馈控制要复杂得多, 成本也高得多, 因此在用线性反馈达不到所期望的性能时, 才考虑采用.

2) 脉冲控制

在实际应用中, 使用连续控制消耗巨大, 实用性不强, 而脉冲控制与间歇控制则常常被用来降低成本, 减少消耗. 脉冲控制是仅仅在某些时点上施加控制. 由于使用脉冲控制方法时, 响应系统仅在离散时间接收驱动系统的信号, 因而传递信号的数量减少, 从而降低控制成本, 这在实际中是非常有用的.

脉冲控制是基于脉冲微分方程的控制方法, 在一个脉冲控制系统中, 至少一个状态变量在至少一个 (脉冲) 时刻要发生状态跳变.

与其他控制方法相比较, 脉冲控制具有如下突出特点:

(1) 自然界很多实际系统需要采用脉冲控制, 而其他连续控制方法已不再适用, 如银行利率调整、化学反应堆的实现、种群数量的调整等.

(2) 在某些情况下, 脉冲控制较连续控制更为有效. 例如, 假定某培养液中细菌数量与杀菌剂的密度为系统状态, 为控制菌群数量, 可以通过改善菌群抗药性的方法实现 (对应于连续控制), 显然, 这不如用瞬时改变杀菌剂密度的方法来得有效 (对应于脉冲控制).

(3) 脉冲控制系统的鲁棒性比较强, 适于解决强非线性、时变、纯滞后及噪声等问题.

(4) 脉冲控制器结构简单, 易于实现, 由状态信号的线性反馈构成的脉冲控制信号便可实现系统控制.

(5) 与连续控制相比, 脉冲控制响应速度快, 系统具有较好的收敛性能.

(6) 在基于混沌同步的保密通信应用中, 如采用脉冲控制策略, 则响应系统只需获取驱动系统脉冲时刻的状态信息即可实现同步控制, 这大大降低了传送信息被破译的可能性, 提高了保密性.

由于上述优点, 脉冲控制已经受到了研究者的普遍关注, 并在混沌控制、混沌同步、复杂网络同步、金融系统控制、随机系统控制等领域得到了越来越广泛的应用[44−46].

3) 间歇控制

1980 年, Deissenberg[47] 首次提出了间歇控制, 并利用它来控制线性计量经济学模型. 自此, 间歇控制被广泛地运用到制造业、运输业和通信等各个领域. 比如, 在神经网络的信号传输过程中, 由于传输时滞和扩散等原因, 信号将越来越弱甚至在到达传输终端之前消失. 为了弥补遗失的信号, 使得终端得到的信号能够满足我们的需求, 需要加入一定的外部控制直到信号达到一定的强度, 此时为了节约控制成本可以结束外部控制. 随后, 由于传输时滞和扩散等原因, 信号将再次变得越来越弱, 当信号再次弱到某一强度以后, 加入一定的外部控制. 不断重复这样的控制方式, 我们可以发现外部控制信号是间歇性的而不是连续的[48], 间歇控制的工作原理如图 1-8 所示. 很显然, 与连续控制相比, 这种不连续的控制方法可以以较低的代价获得预定的同步要求, 且简单易行.

由于间歇控制的自身特点和优势, 近年来, 它被成功地用于处理神经网络的混沌同步控制问题. 文献 [49] 利用周期间歇控制方法研究了无时滞神经网络的 2- 范数同步控制问题; 文献 [50]–[52] 利用周期间歇控制方法研究了具有常时滞的神经网络的 2- 范数同步控制问题, 但是它们均要求间歇控制的控制时间 (工作时间) 必须大于时滞, 而文献 [51] 更是要求间歇控制的非控制时间 (休息时间) 也必须大于时滞. 为了去除这些保守性使间歇控制能够被更广泛地运用于处理神经网络的同步控制问题, 文献 [53] 在假设时变时滞的导数不大于 1 这一前提下, 运用 Lyapunov 稳定性理论和数学分析技巧讨论了具有时变时滞的神经网络系统的 p-范数同步和 ∞-范数同步问题; 文献 [54] 研究了具有混合常时滞的神经网络系统的 2-范数时滞同步问题; 文献 [49] 分析了具有时变时滞的 Cohen-Grossberg 神经网络系统的 ∞-范数同步问题.

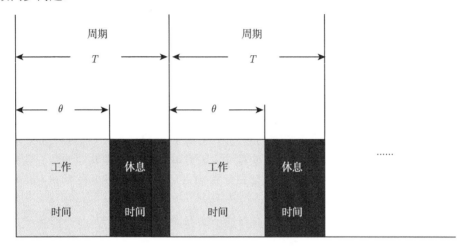

图 1-8   间歇控制的工作原理

4) 牵制控制

牵制控制是为了减少控制器数目所作的一种尝试, 其基本思想是只对网络中的部分节点进行控制, 即对网络中的少量节点施加控制作用以实现对整个网络的有效控制.

为了进一步理解这个概念, 不妨先看两个生物例子[55].

第一个例子是线虫, 这是一种寄生虫, 因为其体内的神经网络结构相当简单, 目前对它的认识比较清楚, 因而生物学研究中经常用它来做实验对象. 线虫的神经网络大约有 300 个神经元和 2400 条神经连接线. 通过刺激, 或者说是控制多少个神经元就可以影响到线虫全身的整个神经网络呢? 答案是平均约 49 个, 约占神经元总个数的 17%.

第二个例子是鱼群和蜂群. 它们经常因为食物来源的变化而到处迁移. 观察发现: "鱼群中只有很少的个体知道目标在哪里, 但它们能够影响到整个大鱼群的觅食迁移." 类似地, 蜂群中相当少的个体 (约 5%) 就能引导整个群体飞到新的巢穴去.

牵制控制问题: 给定一个以某种方式把多个高维非线性动力系统连接起来的网络, 给定一项控制任务 (例如, 实现网络同步), 设定一个控制目标 (例如, 时间最优), 并假定允许使用某类特定的控制器 (例如, 线性状态反馈控制器).

在此网络框架上, 牵制控制问题是: 需要设计和使用多少个指定类型的控制器? 应该把这些控制器放置在哪些节点上 (也就是, 对哪些节点进行牵制控制)?

为简单起见, 仅考虑一个由 N 个相同的节点构成的连通网络, 其中第 i 个状态节点的动力方程及耦合形式为

$$\dot{x}_i(t) = f(x_i) + c\sum_{j=1}^{N} a_{ij}\Gamma x_j, \quad i = 1, 2, \cdots, n$$

其中, x_i 为节点 i 的状态变量, $c > 0$ 为网络的耦合强度; Γ 为各个节点状态变量之间的内部耦合矩阵, $A = a_{ij}$ 为外部耦合矩阵.

对于无向网络, 如果节点 i 和节点 j 之间有连接, 则 $a_{ij} = a_{ji} = 1$, 否则 $a_{ij} = a_{ji} = 0$.

对于有向网络, 如果从节点 j 到节点 i 有直接的连接, 则 $a_{ij} = 1$, 否则 $a_{ij} = 0$.

交互点: 需要来自两个方面的牵制控制, 一个用于使相同组内的点进行同步; 另一个用于抵消来自外部组的点的影响.

入度为零的内部点: 对于入度为零的内部点, 由于它不能受到任何点的影响, 因此, 如果不能实施任何控制, 它自身很难达到自同步, 必须得到外部的控制.

在上述所有结果中, 如果网络的耦合强度 c 足够大时, 控制条件比较好满足. 从物理上看, 如果耦合强度 c 足够大, 整个网络可以看成一个刚性结构的框架, 因此很容易实现同步. 但是当耦合强度 c 限制得相对小时, 目前大多数的同步控制以及其他网络牵制控制问题还没有研究清楚.

2002 年, 汪小帆和陈关荣[56]首次将牵制控制的思想用于复杂网络控制, 他们对无标度网络中部分节点实施线性状态反馈牵制控制, 利用网络中节点的传播动力学行为达到控制整个网络的同步, 并指出进行牵制控制和节点可选择度大的节点. 文献 [57]–[61] 分别结合自适应控制、牵制控制等方法实现了时滞神经网络的同步.

1.3.3 反应扩散时滞神经网络

神经网络是通过电子电路实现的, 而模拟神经网络的电子电路一般是在磁场环境下工作的, 而且所处的磁场往往是不均匀的. 当模拟神经网络的电子电路在不均匀的磁场环境下工作时, 电子的扩散效应就不可避免. 因此, 在神经网络的理论研究中, 为了更真实地模拟现实, 必须考虑扩散效应对神经网络的影响. 也就是说, 除了时间变化以外, 在研究神经网络时, 我们还必须考虑空间的变化, 即研究反应扩散神经网络模型.

廖晓昕等[62,63] 在国内率先研究了无时滞的反应扩散神经网络模型, 揭开了反应扩散神经网络动力学行为研究的序幕; 王林山和徐道义[64] 讨论了具有时变时滞

的反应扩散 Hopfield 神经网络的全局指数稳定性; 梁金玲和曹进德[65] 分析了具有时变时滞的反应扩散递归神经网络的全局指数稳定性; 宋乾坤等[66] 给出了具有分布时滞的反应扩散双向联想记忆神经网络的全局指数稳定性条件; 罗毅平等[67] 利用同伦不变性原理、Dini 导数、格林公式研究了具有反应扩散的分布时滞神经网络的平衡点存在性和全局渐近稳定性. 这些工作对扩散项的处理都是在利用散度定理的基础上去掉一个负的含梯度的积分项, 这样导致所得的稳定性条件中不含有扩散算子项, 也就是说扩散算子在稳定性条件中没有起到作用, 获得的稳定性条件与不含反应扩散项的神经网络模型的结果是一样的, 具有很强的保守性.

W. Allegretto 和 D. Papini[68] 在不要求激励函数可微性、单调性等条件的情况下, 讨论了反应扩散 Hopfield 神经网络周期解的存在唯一性和全局指数稳定性; 卢俊国[69] 利用 Lyapunov 稳定性理论和不等式技术, 依赖于扩散算子项, 给出了在 Dirichlet 边界条件下具有常时滞的反应扩散递归神经网络的稳态解稳定性和周期解存在性条件; 王占山和张化光[70,71] 等利用线性矩阵不等式技术, 分别研究了在 Dirichlet 边界条件和 Neumann 边界条件下具有连续分布时滞的反应扩散 Cohen-Grossberg 神经网络的全局渐近稳定性; 朱全新和曹进德[72] 对具有混合时滞和随机扰动的反应扩散 Cohen-Grossberg 神经网络的指数稳定性进行了研究; Wang 等[73] 提出了具有时变时滞和 Markov 跳变的反应扩散 Hopfield 神经网络的指数稳定判据.

所有这些研究都大大推动了神经网络理论的发展, 并取得了一定的研究成果, 但是这些研究大部分集中在网络的稳定性和周期振荡等动力学性质的分析这一层面. 然而, 已有研究表明: 神经网络是一种复杂的动态系统, 如果适当地选择系统的参数, 神经网络可能表现出复杂的混沌特性. 混沌信号的非周期性连续宽带频谱, 类似噪声的特性, 使它具有天然的隐蔽性. 另外, 混沌信号对初始条件的高度敏感, 使得混沌信号具有长期不可预测性和抗截获能力. 同时混沌系统本身又是确定性的, 由非线性系统的方程、参数和初始条件所完全决定, 因此又使得混沌信号易于产生和复制. 混沌信号的隐蔽性、不可预测性和高复杂度等特性都使它特别适用于保密通信. 而如何有效地实现混沌系统的同步则是实现混沌保密通信的关键. 但就目前来看, 有关混沌反应扩散神经网络同步方面的研究很少(参见文献 [44], [73]–[82]), 而对具有 leakage 时滞的、未知参数的反应扩散神经网络的混沌同步, 异结构的反应扩散神经网络的混沌同步, 反应扩散神经网络的周期间歇同步控制和样本点同步控制等方面的研究还远远不够深入.

到目前为止, 时滞神经网络的稳定性与同步控制仍然是神经网络领域的一个热门研究课题, 每年仍有不少这方面的研究成果在国内外学术期刊和会议上发表. 近年来, 作者对时滞神经网络的动力学行为和控制进行了深入的研究, 取得了一系列研究成果. 例如, 针对异结构的神经网络的混沌同步问题, 利用滑模变结构控制方法实现了异结构的时滞神经网络的完全同步控制并应用于保密通信, 该研究证明了变结构控制具有快速响应、算法简单、鲁棒性好和可靠性高等特点, 但对影响控制性能的抖振现象没有进行深入的研究[83]; 针对具有未知参数和随机时变时滞的神经网络的混沌同步问题, 提出了将样本点控制和自适应控制相结合的同步控制策略并对未知的参数进行了识别[84]; 针对具有混合时变时滞的反应扩散神经网络的混沌同步问题, 分别给出了相应的线性状态反馈控制策略和间歇性控制策略[85,86], 它们对于反应扩散神经网络的低成本同步控制研究具有较强的启发性.

本书将系统介绍作者近年来在时滞神经网络领域取得的研究成果, 包括时滞神经网络的局部稳定性、全局稳定性与分支现象, 以及混沌同步控制, 旨在揭示神经网络动力学行为的复杂性, 探索神经网络的演化机制和内在规律, 进一步促进神经网络理论的发展与完善, 拓展神经网络的应用范围, 为神经网络的设计和应用奠定理论和技术基础.

1.4 常用引理和方法

1.4.1 几个常用引理

令 A^{T}, A^{-1}, $\lambda_{\max}(A)$, $\lambda_{\min}(A)$ 和 $\|A\| = \sqrt{\lambda_{\max}(A^{\mathrm{T}}A)}$ 分别表示方矩阵 A 的转置、矩阵的逆、矩阵的最大特征值、矩阵的最小特征值以及矩阵的 Euclid 范数. 令 $A \geqslant 0$ $(A > 0, A < 0)$ 表示半正定 (正定、负定) 矩阵. 令 I 和 0 分别表示具有适当维数的单位矩阵和零矩阵, $\mathbb{N}$ 表示全体自然数的集合, $\mathbb{R}$ 表示实数空间, $\mathbb{R}^+$ 表示非负实数集, $\mathbb{R}^n$ 表示 n 维 Euclid 空间, $\mathbb{R}^{n \times m}$ 表示由 $n \times m$ 维实矩阵所组成的集合, $|\cdot|$ 表示 $\mathbb{R}^n$ 空间的 Euclid 范数, $\dim(V)$ 表示 V 的维数, $\det|X|$ 表示方阵 X 的行列式, $\mathrm{trace}(X)$ 表示方阵 X 的迹或追迹 (X 的主对角元素之和), $\mathrm{diag}(\cdot)$ 表示对角矩阵, $\sup$ 表示上确界, int 表示向下取整函数, sgn 表示符号函数, $\mathbb{E}(\cdot)$ 表示数学期望, $\mathrm{Re}(\lambda)$ 表示复数 λ 的实部, $\mathrm{Im}(\lambda)$ 表示复数 λ 的虚部, $\begin{bmatrix} X & Y \\ * & Z \end{bmatrix}$ 表示对称矩阵 $\begin{bmatrix} X & Y \\ Y^{\mathrm{T}} & Z \end{bmatrix}$, $\mathcal{C}^{1,2}(\mathbb{R}^+ \times \mathbb{R}^n, \mathbb{R}^+)$ 表示定义在 $\mathbb{R}^n \times \mathbb{R}^+$ 上的非负函数 $V(t,x)$ 所构成的函数空间, 其中 $V(t,x)$ 关于 t 可微, 关于 x 二次可微.

引理 1.4.1 (Routh-Hurwitz 代数判据) 设 n 阶多项式方程

$$f(\lambda) = \det|\lambda E - A| = a_0\lambda^n + a_1\lambda^{n-1} + \cdots + a_{n-1}\lambda + a_n$$

仅有负实部, 则称 $f(\lambda)$ 为 Hurwitz 多项式. 若 $a_i > 0 (i = 0, 1, \cdots, n)$, 则 $f(\lambda)$ 为 Hurwitz 多项式 (也称 $A = (a_{ij})_{n \times n}$ 为 Hurwitz 矩阵) 的充要条件为

$$\Delta_1 = a_1 > 0$$

$$\Delta_2 = \begin{vmatrix} a_1 & a_0 \\ a_3 & a_2 \end{vmatrix} > 0$$

......

$$\Delta_n = \begin{vmatrix} a_1 & a_0 & \cdots & 0 \\ a_3 & a_2 & \cdots & 0 \\ \vdots & \vdots & & \vdots \\ a_{2n-1} & a_{2n-2} & \cdots & a_n \end{vmatrix}$$

引理 1.4.2 (Schur 引理)[87]   线性矩阵不等式

$$\begin{bmatrix} \Omega_1 & \Omega_2 \\ \Omega_3 & \Omega_4 \end{bmatrix} < 0$$

等价于

$$\Omega_2 < 0, \quad \Omega_1 - \Omega_3 \Omega_2^{-1} \Omega_3^{\mathrm{T}} < 0$$

或

$$\Omega_1 < 0, \quad \Omega_2 - \Omega_3 \Omega_1^{-1} \Omega_3^{\mathrm{T}} < 0$$

其中 $\Omega_1 = \Omega_1^{\mathrm{T}}$, $\Omega_2 = \Omega_2^{\mathrm{T}}$.

引理 1.4.3[87]   给定具有适当维数的常矩阵 Ω_1, Ω_2 和 Ω_3 满足 $\Omega_1 = \Omega_1^{\mathrm{T}}$ 和 $0 < \Omega_2 = \Omega_2^{\mathrm{T}}$, 则当且仅当

$$\begin{bmatrix} \Omega_1 & \Omega_3^{\mathrm{T}} \\ \Omega_3 & -\Omega_2 \end{bmatrix} < 0 \quad \text{或} \quad \begin{bmatrix} -\Omega_2 & \Omega_3 \\ \Omega_3^{\mathrm{T}} & \Omega_1 \end{bmatrix} < 0$$

有

$$\Omega_1 + \Omega_3^{\mathrm{T}} \Omega_2^{-1} \Omega_3 < 0$$

引理 1.4.4[88]   对给定的满足 $F^{\mathrm{T}} F \leqslant I$ 的矩阵 D, E 和 F 以及标量 $\varepsilon > 0$, 有

$$DFE + E^{\mathrm{T}} F^{\mathrm{T}} D^{\mathrm{T}} \leqslant \varepsilon D D^{\mathrm{T}} + \varepsilon^{-1} E^{\mathrm{T}} E$$

引理 1.4.5[89]   对任意正定矩阵 $M > 0$, 标量 $\gamma > 0$, 向量函数 $\omega : [0, \gamma] \to \mathbb{R}^n$, 则有

$$\left[\int_0^\gamma \omega(s) \mathrm{d}s \right]^{\mathrm{T}} M \left[\int_0^\gamma \omega(s) \mathrm{d}s \right] \leqslant \gamma \int_0^\gamma \omega^{\mathrm{T}}(s) M \omega(s) \mathrm{d}s^{\mathrm{T}}$$

下面将中心流形定理和规范型理论的思想简单表述如下[90−92].

1. 中心流形定理

随着系统维数的增加, 微分方程定性和稳定性研究中的复杂性和难度增大, 对这类方程, 能否降到较低的维数去研究呢? 中心流形定理就是降维的一种有效方法.

考虑

$$\dot{z}(t) = f(z_t) \tag{1.4.1}$$

其中 $z_t(\theta) = z(t+\theta) \in \mathcal{C} = \mathcal{C}\left([-\tau, 0]; \mathbb{R}^n\right)$. 假设 $f(0) = 0$, 即 $z_t \equiv 0$ 是方程 (1.4.1) 的平衡点, 则方程 (1.4.1) 可转化为

$$\dot{z}(t) = L(z_t) + F(z_t) \tag{1.4.2}$$

其中 $\dot{z}(t) = L(z_t)$ 为方程 (1.4.1) 关于零平衡点的线性化系统, $F(z_t) = f(z_t) - L(z_t)$. 方程 (1.4.1) 的特征方程为

$$\lambda - L(\mathrm{e}^{\lambda\theta}) = 0, \quad -\tau \leqslant \theta \leqslant 0 \tag{1.4.3}$$

称流形 $M \in U \subset \mathcal{C}$ $(0 \in M)$ 为局部不变的, 如果对每个 $z \in M$, 方程 (1.4.1) 满足初始条件 $\varphi_0(z) = z$ 的解 $\varphi_t(z)$ 都有 $\varphi_t(z) \in M$, $0 \leqslant t < \tau$(其中 $\tau = \tau(z) > 0$). 在线性算子 L 作用下, M 在 0 处的切空间 $T_0 M$ 是不变的.

定义 1.4.1 称局部不变流形 M 为中心流形, 如果 $T_0 M = V_c$, 其中 V_c 为方程 (1.4.1) 的具有零实部的特征根所对应的广义特征空间.

定理 1.4.1 假设下列谱条件成立:

(i) $\mathcal{C} = V_s \oplus V_c$, 其中 V_s 和 V_c 是两个闭的不变空间, 满足 $\mathrm{Re}(L|V_s) < \alpha < 0$, $\mathrm{Re}(L|V_c) = 0$;

(ii) 对所有的 $t > 0$, 满足 $\sigma(\mathrm{e}^{Lt}) = \mathrm{e}^{\sigma(L)t} \cup \{0\}$, 其中 e^{Lt} 表示 $\mathcal{C}^0$ 半群, 则:

(1) 方程 (1.4.1) 有一个 c^{r-1} $(r \geqslant 1)$ 的中心流形 M;

(2) 中心流形 M 局部吸引, 如果存在 0 的开邻域 U 使得对任意 $\varphi_t(z) \in U$ $(t \geqslant 0)$, 当 $t \to \infty$ 时, $\varphi_t(z)$ 趋向于 M.

2. 规范型理论

考虑系统

$$\dot{z} = \lambda(\mu)z + g(z, \bar{z}, \mu) \tag{1.4.4}$$

其中 $z = u_1 + \mathrm{i}u_2$ 为一复变量,

$$g(z, \bar{z}, \mu) = \sum_{2 \leqslant i+j \leqslant L} g_{ij} \frac{z^i \bar{z}^j}{i!j!} + o\left(|z|^{L+1}\right) \tag{1.4.5}$$

且

$$\lambda(\mu) = \alpha(\mu) + \mathrm{i}\omega(\mu)$$

其中 $\alpha(\mu)$, $\omega(\mu) \in \mathbb{R}$, $\alpha(0) = 0$, $\dot{\alpha}(0) \neq 0$.

方程 (1.4.4) 等价于

$$\begin{cases} \dot{u}_1(t) = f^1(u_1, u_2, \mu) \\ \dot{u}_2(t) = f^2(u_1, u_2, \mu) \end{cases}$$

设原点是系统的孤立平衡点, 则系统 (1.4.4) 在原点附近的雅可比矩阵 (Jacobi Matrix) 为

$$\begin{bmatrix} \alpha(\mu) & -\omega(\mu) \\ \omega(\mu) & \alpha(\mu) \end{bmatrix}$$

作变换

$$z = \xi + \chi(\xi, \bar{\xi}, \mu) \equiv \xi + \sum_{2 \leqslant i+j \leqslant L} \chi_{ij} \frac{\xi^i \bar{\xi}^j}{i! j!}$$

这里, 当 $i = j + 1$ 时, $\chi_{ij} = 0$. 于是方程 (1.4.4) 可化为下面的庞加莱 (Poincaré) 规范型:

$$\dot{\xi} = \lambda(\mu) + \sum_{j=1}^{[L/2]} C_j(\mu)\xi \, |\xi|^{2j} + O\left(|\xi| \, |(\xi, \mu)|^{L+1}\right) = \lambda(\mu) + \varphi(\xi, \bar{\xi}, \mu) \qquad (1.4.6)$$

利用中心流形定理和规范型理论, 可以给出所研究系统的 Hopf 分支特性, 即可以求出系统在平衡点附近分支出的 Hopf 分支周期解 $\nu(t, \mu(t))$ ($\varepsilon > 0$ 为一个很小的数) 的振幅 $\mu(\varepsilon)$, 周期 $T(\varepsilon)$ 和一个非零的 Floquet 指数 $\beta(\varepsilon)$, 具体如下

$$\mu(\varepsilon) = \mu_2 \varepsilon^2 + \mu_4 \varepsilon^4 + \cdots$$

$$T(\varepsilon) = T_2 \varepsilon^2 + T_4 \varepsilon^4 + \cdots$$

$$\beta(\varepsilon) = \beta_2 \varepsilon^2 + \beta_4 \varepsilon^4 + \cdots$$

其中

$$c_1(0) = \frac{\mathrm{i}}{2\omega_0}\left(g_{11}g_{20} - 2|g_{11}|^2 - \frac{|g_{02}|^2}{3}\right) + \frac{g_{21}}{2}$$

$$\mu_2 = -\frac{\mathrm{Re}\,(c_1(0))}{\mathrm{Re}\,(\lambda'(\tilde{\tau}))}$$

$$\beta_2 = 2\mathrm{Re}\,(c_1(0))$$

$$T_2 = -\frac{\mathrm{Im}\,(c_1(0)) + \mu_2 \mathrm{Im}\,(\lambda'(\tilde{\tau}))}{\omega_0}$$

以下预备知识是研究周期解的基本工具, 即重合度理论 (Coincidence Degree Theory)[93].

定义 1.4.2 设 X, Z 是实 Banach 空间, $L : \mathrm{Dom}L \subset X \to Y$ 为线性映射, 若 $\dim\mathrm{Ker}L = \mathrm{codim}\mathrm{Im}L < +\infty$, 且 $\mathrm{Im}\, L$ 为 Z 中闭子集, 则称映射 L 为指标为零的 Fredholm 映射.

引理 1.4.6 若 L 为指标为零的 Fredholm 映射, 且存在连续投影 $P : X \to X$ 及 $Q : Z \to Z$ 使得 $\mathrm{Im}P = \mathrm{Ker}L$, $\mathrm{Im}L = \mathrm{Ker}Q = \mathrm{Im}(I - Q)$, 则 $L|_{\mathrm{Dom}L \cap \mathrm{Ker}P} : (I - P)X \to \mathrm{Im}\, L$ 可逆, 记其逆映射为 K_P.

定义 1.4.3 设 X, Z 是实 Banach 空间, $N : X \to Y$ 为连续映射, 令 Ω 为 X 中的有界开集, 若 $QN(\overline{\Omega})$ 有界且 $K_P(I - Q)N : \overline{\Omega} \to X$ 是紧的, 则称 N 在 $\overline{\Omega}$ 上是 L-紧的.

由于 $\mathrm{Im}Q$ 与 $\mathrm{Ker}L$ 同构, 因而存在同构映射 $J : \mathrm{Im}Q \to \mathrm{Ker}L$.

引理 1.4.7(Mawhin 延拓定理) 设 L 为指标为零的 Fredholm 映射, N 在 $\overline{\Omega}$ 上是 L-紧的. 假设

(1) 对任意的 $\lambda \in (0, 1)$, 方程 $Lx = \lambda Nx$ 的解满足 $x \notin \partial\Omega$;

(2) 对任意的 $x \in \mathrm{Ker}L \cap \partial\Omega$, $QNx \neq 0$, 而且 $\deg\{JQN, \Omega \cap \mathrm{Ker}L, 0\} \neq 0$, 则方程 $Lx = Nx$ 在 $\mathrm{Dom}L \cap \overline{\Omega}$ 内至少存在一个解.

1.4.2 线性矩阵不等式方法

近 20 年来, 由于线性矩阵不等式 (Linear Matrix Inequality, LMI) 的优良性质以及数学规划解法的突破, 特别是内点法的提出以及 LMI 工具箱的推出, LMI 这一工具越来越受到人们的关注与重视, 使其在控制系统的分析和设计方面得到了重视和应用, 成为这一领域的研究热点.

LMI 工具箱是求解一般线性矩阵不等式问题的一个高性能软件包. 由于其面向结构的线性矩阵不等式表示方法, 使得各类线性矩阵不等式能够以自然块矩阵的形式加以描述, 一个线性矩阵不等式一旦确定, 就可以通过适当的线性矩阵不等式求解器来对这个问题进行数值求解. 这种统一标准、统一解法的线性系统分析方法, 使得人们能够更加方便和有效地处理、求解线性矩阵不等式, 从而进一步推动了线性矩阵不等式在系统和控制领域中的应用[94].

在此之前, 绝大多数的控制问题都是通过 Riccati 方程或不等式的方法来表示和求解的. 但是, 求解 Riccati 方程或不等式时, 有大量的参数和正定对称矩阵需要预先调整, 因此, 有时即使问题本身是有解的, 也不能找出问题的解, 这给实际问题的解决带来了很大的不便. 而线性矩阵不等式方法可以很好地弥补 Riccati 方程处理方法中存在的不足, 不需要调整任何参数, 便可以获得问题的解. 例如, 利用 Lyapunov 稳定性理论进行分析时, Lyapunov 函数通常都要放大, 比如, 对于进行了

平衡点转移的神经网络

$$\dot{x}(t) = -Ax(t) + Wg(x(t))$$

其中

$$0 \leqslant \frac{g(x(t))}{x} \leqslant K$$

构建 Lyapunov 函数 $V(x(t)) = x^{\mathrm{T}}(t)Px(t)$, 则有

$$\begin{aligned}
\dot{V}(x(t)) &= 2x^{\mathrm{T}}(t)P\dot{x}(t) \\
&= 2x^{\mathrm{T}}(t)P\left[-Ax(t) + Wg(x(t))\right] \\
&\leqslant -2x^{\mathrm{T}}(t)PAx(t) + 2x^{\mathrm{T}}(t)|W|Kx(t)
\end{aligned}$$

如果利用代数不等式, 则会对神经网络的连接权系数采用绝对值运算, 没有考虑神经元互联之间的抑制作用 (负的连接权系数), 导致神经元自身的稳定因素没有考虑进去 (神经元的抑制作用有利于网络的稳定), 进而增加了稳定性或混沌同步结果的保守性. 相比较而言, 线性矩阵不等式方法可以同时考虑神经元连接权系数之间的正负号问题, 可同时考虑神经元的外界和激励作用的同时, 内在的抑制作用也得到体现, 这在一定程度上降低了稳定性条件的保守性[95].

LMI 方法对系统参数的限制相对较少而且易于验证, 近年来在稳定性理论中得到了大量的应用. 线性矩阵不等式具有以下两个优点.

(1) 通用性. 一类系统分析与综合的问题可以通过线性矩阵不等式的形式来解决, 并且可以方便地添加约束条件.

(2) 可解性. 如果要计算的问题具有凸函数的形式, 可以有效地求解. 大量的系统分析与综合的问题都可以用线性矩阵不等式的形式来表示, 根据有界实引理, 最终转化为可解的凸问题.

早期 Lyapunov 函数方法的研究, 主要在于寻求能够降低保守性的 Lyapunov 函数. Cohen 和 Grossberg 等学者首先将线性矩阵不等式引入 Lyapunov 函数方法, 沿系统轨迹直接采用二次型方法列解 Lyapunov 函数, 再通过合理选择线性矩阵不等式以达到降低分析结果保守性的目的. 它有效解决了没有构造合适 Lyapunov 函数系统性方法的难题, 使得 L-K 方法得到了广泛应用, 并成为近期研究时滞系统稳定性问题的主流方法.

1.4.3 自由权矩阵法

L-K 方法在形成线性矩阵不等式条件时, 需要利用牛顿-莱布尼茨 (Newton-Leibniz) 公式, 实现对 Lyapunov 函数导函数的化简, 在此过程中需人为制定一些权矩阵 (Weighting Matrix), 当这些权矩阵选取不合适时, 会给分析结果带来较大的保

守性. 因此, 寻找优选牛顿-莱布尼茨公式权矩阵的系统性方法就成为了线性矩阵不等式方法的研究重点.

自由权矩阵 (Free-Weighting Matrix) 法通过在牛顿-莱布尼茨公式中引入自由权矩阵以表示式中各项系数间的相互关系, 再通过扩展后的线性矩阵不等式求解时滞系统最优的权矩阵系数. 自由权矩阵法为线性矩阵不等式中牛顿-莱布尼茨公式权矩阵的优选提供了系统的解决方案, 使 Lyapunov 稳定性理论在时滞系统的稳定性研究中变得更加方便有效.

以进行了平衡点转移的时滞神经网络系统 $\dot{x}(t) = -Ax(t) + Wf(x(t))$ 为例, 利用自由权矩阵法进行时滞系统稳定性分析的一般步骤为如下.

(1) 构建 Lyapunov 泛函 $V(x,t)$:

$$
\begin{aligned}
V(x,t) =& x^{\mathrm{T}}(t)Px(t) + \int_{t-\tau}^{t} x^{\mathrm{T}}(s)Qx(s)\mathrm{d}s + \int_{t-\tau}^{t} \dot{x}^{\mathrm{T}}(s)R\dot{x}(s)\mathrm{d}s\mathrm{d}\theta \\
& + \int_{-\tau}^{0}\int_{t+\theta}^{t} \dot{x}^{\mathrm{T}}(s)M\dot{x}(s)\mathrm{d}s\mathrm{d}\theta
\end{aligned}
$$

其中 $P = P^{\mathrm{T}} > 0$, $Q = Q^{\mathrm{T}} > 0$, $R = R^{\mathrm{T}} > 0$ 和 $M = M^{\mathrm{T}} > 0$ 均为正定对称矩阵.

(2) 沿系统轨迹求 Lyapunov 泛函对时间的导数:

$$
\begin{aligned}
\dot{V}(x,t) =& 2x^{\mathrm{T}}(t)P\dot{x}(t) + \left[x^{\mathrm{T}}(t)Qx(t) - x^{\mathrm{T}}(t-\tau)Qx(t-\tau) \right] \\
& + \left[\dot{x}^{\mathrm{T}}(t)R\dot{x}(t) - \dot{x}^{\mathrm{T}}(t-\tau)R\dot{x}(t-\tau) \right] \\
& + \left[\tau\dot{x}^{\mathrm{T}}(t)M\dot{x}(t) - \int_{t-\tau}^{t} \dot{x}^{\mathrm{T}}(s)M\dot{x}(s)\mathrm{d}s \right]
\end{aligned}
$$

采用牛顿-莱布尼茨公式可建立上式中 $x(t-\tau)$, $x(t)$ 和 $\int_{t-\tau}^{t} \dot{x}^{\mathrm{T}}(s)\mathrm{d}s$ 三者之间的关系:

$$
x(t-\tau) = x(t) - \int_{t-\tau}^{t} \dot{x}^{\mathrm{T}}(s)\mathrm{d}s
$$

(3) 在牛顿-莱布尼茨公式中引入待求自由权矩阵 X, Y 和 Z:

$$
\Gamma\left(X, Y, Z, x(t), \dot{x}(t), x(t-\tau)\right) \left[x(t) - x(t-\tau) - \int_{t-\tau}^{t} \dot{x}^{\mathrm{T}}(s)\mathrm{d}s \right] = 0
$$

其中 Γ 为适当维数的矩阵函数. 传统的线性矩阵不等式方法在此过程中, 需要人为指定上式中的权矩阵, 当所给权矩阵不恰当时, 往往会给分析结果带来较大的保守性.

(4) 构造用线性矩阵不等式表示的系统稳定性判断条件, 进一步采用线性矩阵不等式数值分析方法, 对判稳条件求解, 以确定最优的自由权矩阵系数和系统时滞的可接受范围.

通过上述讨论可以看出, 采用自由权矩阵法分析时滞非线性动力系统的稳定性具有如下优点.

(1) 自由权矩阵方法是一种改进的线性矩阵不等式方法, 它提供了列解 Lyapunov 泛函和求解最优牛顿-莱布尼茨公式权矩阵的系统性理论, 大大降低了原有方法的保守性.

(2) 适用范围广, 适用于具有分布时滞、随机多时滞、快时变时滞 (即只要求时滞函数随时间的变化率为有界即可, 不受慢时变时滞的界限 $\dot{\tau}(t) = 1$ 的限制) 的非线性动力学系统.

(3) 该方法利用了 Lyapunov 泛函二次型、泛函分析理论和线性矩阵不等式理论, 易于计算机数值实现, 有利于大规模时滞非线性动力系统相关问题的求解.

作为时滞非线性动力系统稳定性分析的有效工具, 自由权矩阵方法已经在机器人控制、神经网络分析、网络控制器设计、机器和航空领域得到了成功应用, 并展示出了良好的应用前景.

参 考 文 献

[1] 周尚波. 时延神经网络系统的 Hopf 分岔、混沌及其控制研究 [D]. 电子科技大学博士学位论文, 2003.

[2] 梁金玲. 时滞神经网络模型的动力学研究 [D]. 东南大学博士学位论文, 2006.

[3] McCulloch W S, Pitts W. A logical calculus of the ideas immanent in nervous activity [J]. Bulletin of Mathematical Biophysics, 1943, 5(4): 115–133.

[4] Rosenblatt F. The perception: a probabilistic model for information storage and organization in the brain [J]. Psychological Review, 1958, 65(6): 386–408.

[5] 郗强. 具有混合时滞和分段常数变元的脉冲神经网络的稳定性分析 [D]. 山东大学博士学位论文, 2014.

[6] Windrow B, Hoff M E. Adaptive switching circuits [J]. IRE Wecon Vertion Record, 1960, 4: 96–104.

[7] Minsky M, Papert S A. Perceptrons: An Introduction to Computational Geometry [M]. Cambridge: MIT Press, 1969.

[8] Grossberg S. Adaptive pattern classification and universal recording [J]. Biological Cybernetics, 1976, 23(3): 121–134.

[9] Kohonen T. Self-Organization and Associative Memory [M]. Berlin: Springer-Verlag, 1984.

[10] 飞思科技产品研发中心. 神经网络理论与 MATLAB 7 实现 [M]. 北京: 电子工业出版社, 2006: 150.

[11] Hopfield J J. Neural networks and physical systems with emergent collective compu-

tational abilities [J]. Proceedings of the National Academy of Sciences of the United States of America, 1982, 79: 2554–2558.

[12] Cohen M A, Grossberg S. Absolute stability of global pattern formation and parallel memory storage by competitive neural networks [J]. IEEE Transactions on Systems, Man, and Cybernetics, 1983, 13: 815–826.

[13] Chua L O, Yang L. Cellular neural networks: theory [J]. IEEE Transactions on Circuits and Systems I, 1988, 35: 1257–1272.

[14] Chua L O, Yang L. Cellular neural networks: applications [J]. IEEE Transactions on Circuits and Systems I, 1988, 35: 1273–1290.

[15] 黄立宏, 李雪梅. 细胞神经网络动力学 [M]. 北京: 科学出版社, 2007.

[16] Kosko B. Bidirectional associative memories [J]. IEEE Transactions on Systems, Man, and Cybernetics, 1988, 18(2-3): 49–60.

[17] Wu J. Introduction to Neural Dynamics and Signal Transmission Delay [M]. Berlin; New York: de Gruyter, 2001.

[18] Forti M. On global asymptotic stability of a class of nonlinear systems arising in neural networks theory [J]. Journal of Differential Equations, 1995, 113: 246–264.

[19] Forti M, Tesi A. New conditions for global stability of neural networks with applications to linear and quadratic programming problems [J]. IEEE Transactions on Circuits and Systems I, 1995, 42(7): 354–366.

[20] Nie X, Cao J. Existence and global stability of equilibrium point for delayed competitive neural networks with discontinuous activation functions [J]. International Journal of System Science, 2012, 43: 459–474.

[21] 钟守铭, 刘碧森, 王晓梅, 范小明. 神经网络稳定性理论 [M]. 北京: 科学出版社, 2008.

[22] Morita M. Associative memory with nonmonotone dynamics [J]. Neural Networks, 1993, 6(1): 115–126.

[23] 安海云. 基于自由权矩阵理论的电力系统时滞稳定性研究 [D]. 天津大学博士学位论文, 2011.

[24] 苏宏业, 褚健, 鲁仁全, 嵇小辅. 不确定时滞系统的鲁棒控制理论 [M]. 北京: 科学出版社, 2007.

[25] 廖晓昕. 稳定性的理论、方法与应用 [M]. 武汉: 华中科技大学出版社, 1999.

[26] 李传东. 时滞神经网络的稳定性与同步 [D]. 重庆大学博士学位论文, 2005.

[27] 廖晓峰, 李传东, 郭松涛. 时滞动力学系统的分岔与混沌 [M]. 北京: 科学出版社, 2015.

[28] Pecora L, Carroll T. Synchronization in chaotic systems [J]. Physical Review Letters, 1990, 64: 821–824.

[29] 吴先用. 混沌同步与混沌数字水印研究 [D]. 华中科技大学博士学位论文, 2007.

[30] Chapeau-Blondeau F, Chauvet G. Stable, chaotic and oscillatory regimes in the dynamics of small neural network with delay [J]. Neural Networks, 1992, 5: 735–743.

[31] Liao X, Li C, Wong K. Criteria for exponential stability of Cohen-Grossberg neural networks [J]. Neural Networks, 2004, 17: 1401–1414.

[32] Liao X, Wong K, Wu Z. Bifurcation analysis on a two-neuron system with distributed delays [J]. Physica D, 2001, 140: 123–141.

[33] Liu M. Optimal exponential synchronization of general chaotic delayed neural networks: an LMI approach [J]. Neural Networks, 2009, 2: 949–957.

[34] Lu J, Chen G. Global asymptotical synchronization of chaotic neural networks by output feedback impulsive control: an LMI approach [J]. Chaos, Solitons & Fractals, 2009, 41: 2290–2300.

[35] Posadas-Castillo C, Cruz-Hernández C, López-Gutiérrez R M. Synchronization of chaotic neural networks with delay in irregular networks [J]. Applied Mathematics and Computation, 2008, 205: 487–496.

[36] Yu W, Cao J. Synchronization control of stochastic delayed neural networks [J]. Physica A, 2007, 373: 252–260.

[37] Gan Q. Adaptive synchronization of Cohen-Grossberg neural networks with unknown parameters and mixed time-varying delays [J]. Communications in Nonlinear Science and Numerical Simulation, 2012, 17(7): 3040–3049.

[38] Guan H, Wang Z, Zhang H. Adaptive synchronization of different kinds of chaotic neural networks [J]. Journal of Control Theory and Applications, 2008, 6(2): 201–207.

[39] Xia Y, Yang Z, Han M. Lag synchronization of unknown chaotic delayed Yang-Yang-type fuzzy neural networks with noise perturbation based on adaptive control and parameter identification [J]. IEEE Transactions on Neural Networks, 2009, 20(7): 1165–1180.

[40] Tang Y, Fang J. Adaptive synchronization in an array of chaotic neural networks with mixed delays and jumping stochastically hybrid coupling [J]. Communications in Nonlinear Science and Numerical Simulation, 2009, 14: 3615–3628.

[41] Yang X, Cao J, Long Y, Rui W. Adaptive lag synchronization for competitive neural networks with mixed delays and uncertain hybrid perturbations [J]. IEEE Transactions on Neural Networks, 2010, 21(10): 1656–1667.

[42] Wang L, Ding W, Chen D. Synchronization schemes of a class of fuzzy cellular neural networks based on adaptive control [J]. Physica A, 2010, 374: 1440–1449.

[43] Mei J, Jiang M, Wang B, Long B. Finite-time parameter identification and adaptive synchronization between two chaotic neural networks [J]. Journal of the Franklin Institute, 2013, 350: 1617–1633.

[44] Hu C, Jiang H, Teng Z. Impulsive control and synchronization for delayed neural networks with reaction-diffusion terms [J]. IEEE Transactions on Neural Networks, 2010, 21(1): 67–81.

[45] Zhang Y, Sun J. Robust synchronization of coupled delayed neural networks under general impulsive control [J]. Chaos, Solitons & Fractals, 2009, 41: 1476–1480.

[46] Zhang H, Ma T, Huang G, Wang Z. Robust global exponential synchronization of uncertain chaotic delayed neural networks via dual-stage impulsive control [J]. IEEE Transactions on System, Man, and Cybernetics-Part B: Cybernetics, 2010, 40(3): 831–844.

[47] Deissenberg C. Optimal control of linear econometric models with intermittent controls [J]. Economics of Planning, 1980, 16: 49–56.

[48] Yu J, Hu C, Jiang H, Teng Z. Exponential synchronization of Cohen-Grossberg neural networks via periodically intermittent control [J]. Neurocomputing, 2011, 74: 1776–1782.

[49] Zhang W, Huang J, Wei P. Weak synchronization of chaotic neural networks with parameter mismatch via periodically intermittent control [J]. Applied Mathematical Modelling, 2011, 35: 612–620.

[50] Huang J, Li C, Han Q. Stabilization of delayed chaotic neural networks by periodically intermittent control [J]. Circuits Systems and Signal Processing, 2009, 28: 567–579.

[51] Xia W, Cao J. Pinning synchronization of delayed dynamical networks via periodically intermittent control [J]. Chaos, 2009, 19: 013120.

[52] Yang X, Cao J. Stochastic synchronization of coupled neural networks with intermittent control [J]. Physics Letters A, 2009, 373: 3259–3272.

[53] Hu C, Yu J, Jiang H, Teng Z. Exponential stabilization and synchronization of neural networks with time-varying delays via periodically intermittent control [J]. Nonlinearity, 2010, 23: 2369–2391.

[54] Hu C, Yu J, Jiang H, Teng Z. Exponential lag synchronization for neural networks with mixed delays via periodically intermittent control [J]. Chaos, 2010, 20: 023108.

[55] 陈关荣. 复杂动态网络环境下控制理论遇到的问题与挑战 [J]. 自动化学报, 2013, 39(4): 312–321.

[56] Wang X, Chen G. Pinning control of scale-free dynamical networks [J]. Physica A, 2002, 310: 521–531.

[57] Li L, Cao J. Cluster synchronization in an array of coupled stochastic delayed neural networks via pinging control [J]. Neurocomputing, 2011, 74(5): 846–856.

[58] Yang X, Cao J. Adaptive pinning synchronization of coupled neural networks with mixed delays and vector-form stochastic perturbations [J]. Acta Mathematica Scientia, 2012, 32(3): 955–977.

[59] Song Q, Cao J, Liu F. Pinning synchronization of linearly coupled delayed neural networks [J]. Mathematics and Computers in Simulation, 2012, 86: 39–51.

[60] Zhang C, Cao J. Robust synchronization of coupled neural networks with mixed delays and uncertain parameters by intermittent pinning control [J]. Neurocomputing, 2014, 141: 153–159.

[61] Yang X, Cao J, Yang Z. Synchronization of coupled reaction-diffusion neural networks with time-varying delays via pinning-impulsive controller [J]. SIAM Journal on Control and Optimization, 2013, 51(5): 3486–3510.

[62] 廖晓昕, 傅予力, 高键, 赵新泉. 具有反应扩散的 Hopfield 神经网络的稳定性 [J]. 电子学报, 2000, 28(1): 78–80.

[63] 廖晓昕, 杨叔子, 程时杰, 沈轶. 具有反应扩散的广义神经网络的稳定性 [J]. 中国科学 (E 辑), 2002, 32(1): 87–94.

[64] 王林山, 徐道义. 变时滞反应扩散 Hopfield 神经网络的全局指数稳定性 [J]. 中国科学 (E 辑), 2003, 33(6): 488–495.

[65] Liang J, Cao J. Global exponential stability of reaction-diffusion recurrent neural networks with time-varying delays [J]. Physics Letters A, 2003, 314(5-6): 434–442.

[66] Song Q, Zhao Z, Li Y. Global exponential stability of BAM neural networks with distributed delays and reaction diffusion terms [J]. Physics Letters A, 2005, 335(23): 213–225.

[67] 罗毅平, 邓飞其, 赵碧蓉. 具反映扩散无穷连续分布时滞神经网络的全局渐近稳定性 [J]. 电子学报, 2005, 33(2): 218–221.

[68] Allegretto W, Papini D. Stability for delayed reaction-diffusion neural networks [J]. Physics Letters A, 2007, 360(6): 669–680.

[69] Lu J. Global exponential stability and periodicity of reaction-diffusion delayed recurrent neural networks with Dirichlet boundary conditions [J]. Chaos, Solitons & Fractals, 2008, 35: 116–125.

[70] Wang Z, Zhang H, Li P. An LMI approach to stability analysis of reaction-diffusion Cohen-Grossberg neural networks concerning Dirichlet boundary conditions and distributed delays [J]. IEEE Transactions on Systems, Man, and Cybernetics-Part B: Cybernetics, 2010, 40(6): 1596–1606.

[71] Wang Z, Zhang H. Global asymptotic stability of reaction-diffusion Cohen-Grossberg neural networks with continuously distributed delays [J]. IEEE Transactions on Neural Networks, 2010, 21(1): 39–49.

[72] Zhu Q, Cao J. Exponential stability analysis of stochastic reaction-diffusion Cohen-Grossberg neural networks with mixed delays [J]. Neurocomputing, 2011, 74: 3084–3091.

[73] Wang Y, Cao J. Synchronization of a class of delayed neural networks with reaction-diffusion terms [J]. Physics Letters A, 2007, 369(3): 201–211.

[74] Lou X, Cui B. Asymptotic synchronization of a class of neural networks with reaction-diffusion terms and time-varying delays [J]. Computers & Mathematics with Applications, 2006, 52(6-7): 897–904.

[75] Sheng L, Yang H, Lou X. Adaptive exponential synchronization of fuzzy cellular neural networks with delays and reaction-diffusion terms [J]. Chaos, Solitons & Fractals, 2009, 40(2): 930–939.

[76] Wang K, Teng Z, Jiang H. Global exponential synchronization in delayed reaction-diffusion cellular neural networks with the Dirichlet boundary conditions [J]. Mathe-

matical and Computer Modelling, 2010, 52(1-2): 12–24.

[77] Yu F, Jiang H. Global exponential synchronization of fuzzy cellular neural networks with delays and reaction-diffusion terms [J]. Neurocomputing, 2011, 74 (4): 509–515.

[78] Wang K, Teng Z, Jiang H. Adaptive synchronization in an array of linear coupled cellular neural networks with reaction-diffusion terms and time delays [J]. Communications in Nonlinear Science and Numerical Simulation, 2012, 17(10): 3866–3875.

[79] Shi G, Ma Q. Synchronization of stochastic Markovian jump neural networks with reaction-diffusion terms [J]. Neurocomputing, 2012, 77(1): 275–280.

[80] Ma Q, Xu S, Zou Y, Shi G. Synchronization of stochastic chaotic neural networks with reaction-diffusion terms [J]. Nonlinear Dynamics, 2012, 67(3): 2183–2196.

[81] Wang L, Ding W. Synchronization of delayed non-autonomous reaction-diffusion fuzzy cellular neural networks [J]. Communications in Nonlinear Science and Numerical Simulation, 2012, 17(1): 170–182.

[82] Liu X. Synchronization of linear coupled neural networks with reaction-diffusion terms and unbounded time delays [J]. Neurocomputing, 2010, 73(13-15): 2681–2688.

[83] Gan Q, Liang Y. Synchronization of non-identical unknown chaotic delayed neural networks based on adaptive sliding mode control [J]. Neural Processing Letters, 2012, 35: 245–255.

[84] Gan Q. Synchronization of chaotic neural networks with unknown parameters and random time-varying delays based on adaptive sampled-data control and parameter identification [J]. IET Control Theory and Applications, 2012, 6(10): 1508–1515.

[85] Gan Q. Global exponential synchronization of generalized stochastic neural networks with mixed time-varying delays and reaction-diffusion terms [J]. Neurocomputing, 2012, 89: 96–105.

[86] Gan Q. Exponential synchronization of stochastic Cohen-Grossberg neural networks with mixed time-varying delays and reaction-diffusion via periodically intermittent control [J]. Neural Networks, 2012, 31: 12–21.

[87] Boyd S, Ghaoui L EI, Feron E, Balakrishnan V. Linear Matrix Inequalities in System and Control Theory [M]. Philadelphia: SIAM, PA, 1994.

[88] Wang Y, Xie L, de Souza C E. Robust control of a class of uncertain nonlinear system [J]. Systems & Control Letters, 1992, 19(2): 139–149.

[89] Gu K. An integral inequality in the stability problem of time-delay system [C]. Proceedings of 39th IEEE Conference on Decision and Control. Sydney, Australia, 2000: 2805–2810.

[90] Hassard B, Kazarinoff D, Wan Y. Theory and Applications of Hopf Bifurcation [M]. Cambridge: Cambridge University Press, 1981.

[91] 张芷芬, 李承治, 郑志明, 李伟国. 向量场的分岔理论基础 [M]. 北京: 高等教育出版社, 1995.

[92] 徐昌进. 时滞微分方程的 Hopf 分支的时域与频域分析 [D]. 中南大学博士学位论文, 2010.

[93] Gains R E, Mawhin J L. Coincidence Degree and Nonlinear Differential Function [M]. Berlin: Springer-Verlag, 1977.

[94] 张化光. 递归时滞神经网络的综合分析与动态特性研究 [M]. 北京: 科学出版社, 2008.

[95] 王占山. 复杂神经动力网络的稳定性与同步性 [M]. 北京: 科学出版社, 2014.

第2章　时滞神经网络的稳定性与分支

　　研究时滞神经网络局部稳定性的基本方法是考察其在平衡点处线性化系统的特征方程的根的变化情况. 线性时滞系统的特征方程是含有指数函数的超越方程, 通常具有无穷多个根, 对它们的判断并非易事. 早在 1942 年, 苏联数学家 Pontryagin 就开始研究超越方程问题, 但是所提出的原则性方法离实用很远. 此后, 许多学者对此展开了大量的研究工作. Stepan[1] 采用特征根法系统地研究了线性时滞系统的稳定性. 胡海岩等[2] 给出了高阶线性时滞系统的特征值受小时滞影响的摄动公式, 并构造了数值算法以跟踪具有最大实部的特征根随时滞增加的变化. 王在华和胡海岩[3] 基于广义 Sturm 序列理论, 对高维时滞动力系统的稳定性给出了一种简单而统一的处理方法, 该方法适用于含多个具有公约时滞的高阶时滞动力系统.

　　分支现象是由于平衡点稳定性的突然消失而产生周期解的现象, 是一种局部特性. 换句话说, 就是指当这个系统的参数经过某些特殊值时系统的平衡点的稳定性发生变化, 并在平衡点附近产生了周期解[4−9]. 1987 年, 基于人们通过生活经验会在大脑中存储一些五官感知信息的原理, 德国物理学家、协同学的创始人 Haken 对视觉感知中的非线性振动现象提出了一种模型和算法, 用 Hopf 分支现象从理论上解释了这种非线性振动现象. 这种非线性振动现象不仅与神经疲劳和抑制有关, 也与人的感知时滞有关. 因此, 神经网络的局部稳定性与分支分析的研究对开发模拟大脑工作原理的神经计算机有着必然的推动作用.

　　时滞神经网络系统的 Hopf 分支问题涉及 Hopf 分支存在的条件、分支的方向、分支周期解的稳定性等内容. 其常用的分析工具是中心流形定理和规范型理论, 这是一种经典方法, 具有严密的数学基础, 一直受到数学家的青睐. 中心流形定理主要起到降维的作用. 而规范型理论则是对所研究的问题, 尽可能在平衡点附近经过光滑变换把向量场化为在一定意义下尽可能简单的形式, 以便进行下一步研究. 该方法不但可以得到分支点邻域内解的分类动力学拓扑性质, 还可以得到近似周期解的解析形式.

　　本章在分析时滞神经网络局部稳定性的基础上, 讨论特征方程的根的分布情况, 选用时滞作为分支参数来确定系统的分支的存在性, 再根据中心流形定理将泛函微分方程写成抽象的常微分方程, 并结合规范型理论确定分支方向、分支周期解的稳定性以及分支周期解在中心流形上的投影的近似表达式.

2.1　具有混合时滞的连续神经网络模型

对于时滞神经网络而言, 人们关心的主要问题之一是平衡状态的稳定性, 尤其是时滞对系统动力学性态的影响. 近年来, 不同类型的时滞神经网络模型已经被广泛和深入地研究, 如 Song 等[10] 研究了一类具有两个常时滞和三个神经元的双向联想记忆神经网络模型:

$$
\begin{cases}
\dot{x}(t) = -\mu_1 x(t) + c_{21} f_1(y_1(t - \tau_2)) + c_{31} f_1(y_3(t - \tau_2)) \\
\dot{y}_1(t) = -\mu_2 y_1(t) + c_{12} f_2(x(t - \tau_1)) \\
\dot{y}_2(t) = -\mu_3 y_2(t) + c_{13} f_3(x(t - \tau_1))
\end{cases}
$$

其中 $f_i \in \mathcal{C}^1$, $f_i(0) = 0$, 通过分析其特征方程根的分布情况来判断神经网络平衡点的局部稳定性和分支现象的存在性, 然后利用规范型理论和中心流形定理的降维思想, 讨论了分支周期解的性质; Yu 和 Cao[11] 研究了一类具有四个常时滞和四个神经元且同步自连接的双向联想记忆神经网络模型

$$
\begin{cases}
\dot{x}_1(t) = -\mu_1 x(t) + c_{11} f_{11}(y_1(t - \tau_3)) + c_{12} f_{12}(y_2(t - \tau_3)) \\
\dot{x}_2(t) = -\mu_2 x(t) + c_{21} f_{22}(y_1(t - \tau_4)) + c_{22} f_{22}(y_2(t - \tau_4)) \\
\dot{y}_1(t) = -\mu_3 x(t) + d_{11} g_{11}(x_1(t - \tau_1)) + d_{12} g_{12}(x_2(t - \tau_2)) \\
\dot{y}_2(t) = -\mu_4 x(t) + d_{21} g_{21}(x_1(t - \tau_1)) + d_{22} g_{22}(x_2(t - \tau_2))
\end{cases}
$$

其中 $\tau_1 + \tau_2 = \tau_3 + \tau_4 = \tau$; Zhao 和 Wang[12] 研究了一类具有分布时滞和两个神经元的 Cohen-Grossberg 神经网络模型:

$$
\begin{cases}
\dot{x}_1(t) = -a_1(x_1(t)) \left[b_1(x_1(t)) - \sum_{j=1}^{2} t_{1j} \int_0^{+\infty} s_j(s) x_j(t - s)\mathrm{d}s + J_1 \right] \\
\dot{x}_2(t) = -a_2(x_2(t)) \left[b_2(x_2(t)) - \sum_{j=1}^{2} t_{2j} \int_0^{+\infty} s_j(s) x_j(t - s)\mathrm{d}s + J_2 \right]
\end{cases}
$$

通常, 由少量神经元构成的简单电路能够由具有固定时滞的时滞反馈系统来描述, 但是由于神经网络由大量的神经元构成, 许多神经元聚成球形或层状结构并相互作用, 且通过轴突又连接成各种复杂神经通路, 具有大量的并行通道, 具有时间和空间特性, 所以在神经网络模型中用连续分布时滞来替代常用的点时滞或离散时滞将更能准确描述网络状态的变化 (分布时滞表示整个网络的过去历史信息对当前状态的影响), 为此, 本节将考虑如下具有混合时滞 (离散常时滞和无穷分布时滞)

的神经网络模型:

$$
\begin{cases}
\dot{x}_1(t) = -\mu_1 x_1(t) + c_{21} f(x_2(t-\tau)) \\
\dot{x}_2(t) = -\mu_2 x_2(t) + c_{12} \displaystyle\int_{-\infty}^{t} \alpha(t-s) \mathrm{e}^{-\alpha(t-s)} x_1(s) \mathrm{d}s
\end{cases}
\tag{2.1.1}
$$

其中, c_{12} 和 c_{21} 为层间神经元的连接权值; μ_1 和 $\mu_2 > 0$ 为神经元的衰减时间常数; $F(s) = \alpha s \mathrm{e}^{-\alpha s}(\alpha > 0)$ 为时滞核函数, 用以确定和衡量分布时滞的作用效果, 它在积分式中起着 "加权" 的作用; τ 为信号沿神经元 $x_2(t)$ 的轴突传输给神经元 $x_1(t)$ 存在的时滞; f 为连续可微的神经元激励函数满足 $f(0) = 0$.

2.1.1 局部稳定性与 Hopf 分支

本小节主要利用特征方程法分四步来研究系统 (2.1.1) 平衡点的局部稳定性.

1. 求平衡点

为方便讨论, 引入两个新的变量:

$$
\begin{cases}
x_3(t) = \displaystyle\int_{-\infty}^{t} \alpha(t-s) \mathrm{e}^{-\alpha(t-s)} x_1(s) \mathrm{d}s \\
x_4(t) = \displaystyle\int_{-\infty}^{t} \alpha \mathrm{e}^{-\alpha(t-s)} x_1(s) \mathrm{d}s
\end{cases}
$$

利用线性链技巧, 可将具有分布时滞的神经网络 (2.1.1) 转化为如下具有常时滞的等价系统:

$$
\begin{cases}
\dot{x}_1(t) = -\mu_1 x_1(t) + c_{21} f(x_2(t-\tau)) \\
\dot{x}_2(t) = -\mu_2 x_2(t) + c_{12} x_3(t) \\
\dot{x}_3(t) = -\alpha x_3(t) + x_4(t) \\
\dot{x}_4(t) = -\alpha x_4(t) + \alpha x_1(t)
\end{cases}
\tag{2.1.2}
$$

寻求系统 (2.1.2) 的平衡点实际上就是求方程组的常数解, 即令 $x_1(t) = x_1^*$, $x_2(t) = x_2^*$, $x_3(t) = x_3^*$, $x_4(t) = x_4^*$, 代入 (2.1.2) 求解 $x^* = (x_1^*, x_2^*, x_3^*, x_4^*)$, 由假设 $f \in \mathcal{C}^1, f(0) = 0$ 可知 $x^* = (0,0,0,0)$ 为系统 (2.1.2) 的一个平衡点, 相应地, $(0,0)$ 为系统 (2.1.1) 的一个平衡点.

2. 求系统在平衡点 $x^* = (0,0,0,0)$ 处的线性近似方程

用泰勒公式将 $f(x_2(t-\tau))$ 在 x_2^* 展开:

$$
f(x_2) = f(x_2^*) + f'(x_2^*)(x_2 - x_2^*) + \frac{f''(x_2^*)}{2!}(x_2 - x_2^*)^2 + \cdots + \frac{f^{(n)}(x_2^*)}{n!}(x_2 - x_2^*)^n \tag{2.1.3}
$$

作变量代换 $\bar{x}_i(t) = x_i(t) - x_i^*$ 并用 $x_i(t)$ 代替 $\bar{x}_i(t)$, 代入系统 (2.1.2), 取其线性近似部分可得系统 (2.1.2) 在平衡点 $x^* = (0,0,0,0)$ 的线性近似系统为

$$\begin{cases} \dot{x}_1(t) = -\mu_1 x_1(t) + \beta x_2(t-\tau) \\ \dot{x}_2(t) = -\mu_2 x_2(t) + c_{12} x_3(t) \\ \dot{x}_3(t) = -\alpha x_3(t) + x_4(t) \\ \dot{x}_4(t) = -\alpha x_4(t) + \alpha x_1(t) \end{cases} \tag{2.1.4}$$

其中 $\beta = c_{21} f'(0)$.

3. 求特征方程

令 $x(t) = c e^{\lambda t}$ 代入系统 (2.1.4) 可得其特征方程为

$$\det \begin{vmatrix} \lambda + \mu_1 & -\beta e^{-\lambda\tau} & 0 & 0 \\ 0 & \lambda + \mu_2 & -c_{12} & 0 \\ 0 & 0 & \lambda + \alpha & -1 \\ -\alpha & 0 & 0 & \lambda + \alpha \end{vmatrix} = 0 \tag{2.1.5}$$

整理后可得

$$\lambda^4 + a\lambda^3 + b\lambda^2 + c\lambda + d + r e^{-\lambda\tau} = 0 \tag{2.1.6}$$

其中

$$\begin{aligned} a &= 2\alpha + \mu_1 + \mu_2 \\ b &= \mu_1\mu_2 + 2(\mu_1 + \mu_2) + \alpha^2 \\ c &= 2\alpha\mu_1\mu_2 + \alpha^2(\mu_1 + \mu_2) \\ d &= \alpha^2\mu_1\mu_2 \\ r &= -\alpha\beta c_{12} \end{aligned} \tag{2.1.7}$$

4. 判定特征方程根实部的符号

与常微分方程类似, 当所有特征根均具有负实部时, 平衡点局部渐近稳定; 若至少有一个特征根具有正实部, 则不稳定. 下面, 通过分离特征方程的实部和虚部来判断特征方程根实部的符号.

(1) 当 $\tau = 0$ 时, 式 (2.1.6) 可改写为

$$\lambda^4 + a\lambda^3 + b\lambda^2 + c\lambda + d + r = 0 \tag{2.1.8}$$

由引理 1.4.1(Routh-Hurwitz 代数判据) 可知: 当且仅当

$$\begin{aligned} \Delta_0 &= d + r > 0 \\ \Delta_1 &= 1 > 0 \\ \Delta_2 &= ab - c > 0 \\ \Delta_3 &= c(ab - c) - a^2(d + r) > 0 \end{aligned}$$

时, 式 (2.1.8) 的特征根均具有负实部.

(2) 当 $\tau > 0$ 时, 若方程 (2.1.6) 具有一对纯虚根 $\lambda = \pm i\omega$ ($\omega > 0$), 则

$$\omega^4 + ia\omega^3 - b\omega^2 + ic\omega + d + r(\cos\omega\tau - i\sin\omega\tau) = 0 \tag{2.1.9}$$

分离实部和虚部, 得

$$\begin{cases} \omega^4 - b\omega^2 + d = -r\cos\omega\tau \\ a\omega^3 - c\omega = -r\sin\omega\tau \end{cases} \tag{2.1.10}$$

求解方程组 (2.1.10), 有

$$\omega^8 + (a^2 - 2b)\omega^6 + (b^2 + 2d - 2ac)\omega^4 + (c^2 - 2bd)\omega^2 + d^2 - r^2 = 0 \tag{2.1.11}$$

设 $z = \omega^2$, $p = a^2 - 2b$, $q = b^2 + 2d - 2ac$, $u = c^2 - 2bd$ 和 $v = d^2 - r^2$, 则式 (2.1.11) 可变为

$$z^4 + pz^3 + qz^2 + uz + v = 0 \tag{2.1.12}$$

定义 $h(z) = z^4 + pz^3 + qz^2 + uz + v$, 则有 $h'(z) = 4z^3 + 3pz^2 + 2qz + u$. 设

$$4z^3 + 3pz^2 + 2qz + u = 0 \tag{2.1.13}$$

并令 $y = z + 3p/4$, 方程 (2.1.13) 变为

$$y^3 + p_1 y + q_1 = 0 \tag{2.1.14}$$

其中

$$p_1 = \frac{q}{2} - \frac{3}{16}p^2, \quad q_1 = \frac{p^3}{32} - \frac{pq}{8} + u$$

令

$$D = \left(\frac{q_1}{2}\right)^2 + \left(\frac{p_1}{3}\right)^3, \quad \sigma_0 = \frac{-1 + \sqrt{3}i}{2}$$

$$y_1 = \sqrt[3]{-\frac{q_1}{2} + \sqrt{D}} + \sqrt[3]{-\frac{q_1}{2} - \sqrt{D}}$$

$$y_2 = \sqrt[3]{-\frac{q_1}{2} + \sqrt{D}}\sigma_0 + \sqrt[3]{-\frac{q_1}{2} - \sqrt{D}}\sigma_0^2$$

$$y_3 = \sqrt[3]{-\frac{q_1}{2} + \sqrt{D}}\sigma_0^2 + \sqrt[3]{-\frac{q_1}{2} - \sqrt{D}}\sigma_0$$

$$z_i = y_i - \frac{3p}{4}, \quad i = 1, 2, 3$$

假设方程 (2.1.12) 存在正实根, 为不失一般性, 假设其有四个正实根, 分别为 $z_i^*(i = 1, 2, 3, 4)$. 相应地, 方程 (2.1.11) 也有四个正实根, 分别为 $\omega_i = \sqrt{z_i^*}(i = 1, 2, 3, 4)$.

令

$$\tau_k^{(j)} = \frac{1}{\omega_k}\left[\arcsin\left(\frac{c\omega_k - a\omega_k^3}{r}\right) + 2j\pi\right] \quad (k = 1,2,3,4; j = 0,1,\cdots)$$

则当 $\tau = \tau_k^{(j)}$ $(k = 1,2,3,4; j = 0,1,\cdots)$ 时, $\pm i\omega_k$ 是方程 (2.1.6) 的一对纯虚根. 显然

$$\lim_{j\to\infty}\tau_k^{(j)} = \infty, \quad k = 1,2,3,4$$

定义

$$\tau_0 = \tau_{k_0}^{(j_0)} = \min_{1\leqslant k\leqslant 4, j\geqslant 1}\{\tau_k^{(j)}\}, \quad \omega_0 = \omega_{k_0}, \quad z_0 = z_{k_0}^* \tag{2.1.15}$$

设

$$\lambda(\tau) = \alpha(\tau) + i\omega(\tau) \tag{2.1.16}$$

是方程 (2.1.6) 的一个根, 并满足

$$\alpha(\tau_0) = 0, \quad \omega(\tau_0) = \omega_0$$

引理 2.1.1 [13]　设 ω_0, z_0, τ_0 和 $\lambda(\tau)$ 分别由方程 (2.1.15) 和 (2.1.16) 确定. 假设 $\Delta_i > 0$ $(i = 0,1,2,3)$, 则

(1) 如果如下三个条件均不成立: (a)$v < 0$; (b)$v \geqslant 0, D \geqslant 0, z_1 > 0, h(z_1) \leqslant 0$; (c)$v \geqslant 0, D < 0$, 存在 $z^* \in \{z_1, z_2, z_3\}$ 使得 $z^* > 0$ 和 $h(z^*) < 0$, 则对任意 $\tau \geqslant 0$, 方程 (2.1.6) 的所有根均不存在负实部.

(2) 如果条件 (a), (b) 和 (c) 之一成立, 则当 $\tau \in [0, \tau_0)$ 时, 方程 (2.1.6) 的所有根均具有负实部; 当 $\tau = [0, \tau_0)$ 且 $h'(z_0) \neq 0$ 时, $\pm i\omega_0$ 是方程 (2.1.6) 的一对纯虚根, 且方程 (2.1.6) 的所有其他根均具有负实部. 此外, 当 $\tau \in (\tau_0, \tau_1)$ 时, 有

$$\frac{d\mathrm{Re}\lambda(\tau_0)}{d\tau} > 0$$

方程 (2.1.6) 至少存在一个具有正实部的根. 其中, τ_1 是第一个满足 $\tau > \tau_0$ 且使得方程 (2.1.6) 具有纯虚根的值.

根据文献 [14] 中定理 11.1, 并将引理 2.1.1 应用到系统 (2.1.2), 可得如下定理.

定理 2.1.1　设 ω_0, z_0, τ_0 和 $\lambda(\tau)$ 分别由方程 (2.1.15) 和 (2.1.16) 确定. 假设 $\Delta_i > 0$ $(i = 0,1,2,3)$, 则

(1) 如果引理 2.1.1 中条件 (a), (b) 和 (c) 均不成立, 则对任意 $\tau \geqslant 0$, 系统 (2.1.1) 的平衡点 $(0,0)$ 是局部渐近稳定的.

(2) 如果条件 (a), (b) 和 (c) 之一成立, 则当 $\tau \in [0, \tau_0)$ 时, 系统 (2.1.1) 的平衡点 $(0,0)$ 是局部渐近稳定的.

(3) 如果条件 (a), (b) 和 (c) 之一成立, 且 $h'(z_0) \neq 0$, 则当 $\tau = \tau_0$ 时, 系统 (2.1.1) 在平衡点 $(0,0)$ 存在 Hopf 分支.

2.1.2 Hopf 分支的性质

得到由 Hopf 分支所产生的周期解之后, 分支的方向和分支周期解的稳定性便成为一个非常重要但又十分困难的问题. 值得庆幸的是, 中心流形定理能够使这一问题得到适当简化. 尤其是在特征方程除了零实部的特征根外其余特征根具有负实部时, 系统在该平衡点附近的流可完全由它在中心流形上的流来决定. 这样可以把原系统投影到中心流形上去考虑, 从而可以把一个无穷维的问题转化为一个低维的有限维问题来考虑, 但这还需要计算中心流形. 为了克服这一困难, Hassard 等[15] 给出了判断 Hopf 分支性质的规范型理论, 这一工作由 Wu[16] 推广到了半线性泛函微分方程的情形. 需要指出的是, Hassard 等[15] 以及 Wu[16] 的结果只适用于系统出现 Hopf 分支的情形, 当线性化系统的特征方程同时具有零根和纯虚根时, 他们的结果就不再适用. 为了解决这一问题, Faria 和 Magalhaes 在文献 [17] 和 [18] 中给出了具有泛函微分方程的规范型, 并应用于数量泛函微分方程.

通过 2.1.1 小节的分析可知, 对于 τ 的某些关键值, 系统 (2.1.1) 在平衡点 $(0,0)$ 能分支出一系列的周期解. 在定理 2.1.1 的基础上, 本小节将利用 Hassard 等[15] 介绍的规范型理论和中心流形定理给出判断系统 (2.1.1) 的 Hopf 分支方向、分支周期解的稳定性的条件.

将所有的 τ_j 记为 $\tilde{\tau}$, 设 $\tau = \tilde{\tau} + \mu$, 则在相空间 $\mathcal{C} = \mathcal{C}\left([-\tilde{\tau}, 0], \mathbb{R}^4\right)$ 内进行计算. 将 (2.1.1) 写成泛函微分方程

$$x(t) = L_\mu(x_t) + f(\mu, x_t) \tag{2.1.17}$$

的形式, 其中 $x(t) = (x_1(t), x_2(t), x_3(t), x_4(t))^{\mathrm{T}} \in \mathbb{R}^4$, $x_t(\theta) = x(t+\theta) \in \mathcal{C}$, $L_\mu : \mathcal{C} \to \mathbb{R}$, $f : \mathbb{R} \times \mathcal{C} \to \mathbb{R}$ 分别定义如下

$$L_\mu \phi = \begin{pmatrix} -\mu_1 & 0 & 0 & 0 \\ 0 & -\mu_2 & 0 & 0 \\ 0 & 0 & -\alpha & 1 \\ \alpha & 0 & 0 & -\alpha \end{pmatrix} \phi(0) + \begin{pmatrix} 0 & \beta & 0 & 0 \\ 0 & 0 & 0 & 0 \\ 0 & 0 & 0 & 0 \\ 0 & 0 & 0 & 0 \end{pmatrix} \phi(-\tilde{\tau}) \tag{2.1.18}$$

和

$$f(\mu, \phi) = \begin{pmatrix} c_{21} f''(0) \phi_2^2(-\tilde{\tau})/2 + c_{21} f'''(0) \phi_2^3(-\tilde{\tau})/6 + \text{h.o.t.} \\ 0 \\ 0 \\ 0 \end{pmatrix} \tag{2.1.19}$$

其中 h.o.t. 为高阶非线性项.

从 2.1.1 小节的分析知道, 当 $\mu = 0$ 时, 方程 (2.1.17) 在平衡点 $(0, 0, 0, 0)$ 发生 Hopf 分支, 方程 (2.1.17) 的特征方程有一对纯虚根 $\pm \mathrm{i} \omega_k \tau_k^{(j)}$.

由 Riesz 表示定理可知, 存在分量为有界变差函数的四阶矩阵 $\eta(\theta, \mu) : [-\tilde{\tau}, 0] \to \mathbb{R}^4$, 使得

$$L_\mu \phi = \int_{-\tilde{\tau}}^0 \mathrm{d}\eta(\theta, 0)\varphi(\theta), \quad \phi \in \mathcal{C} \tag{2.1.20}$$

事实上, 可以选取

$$\eta(\theta, \mu) = \begin{pmatrix} -\mu_1 & 0 & 0 & 0 \\ 0 & -\mu_2 & 0 & 0 \\ 0 & 0 & -\alpha & 1 \\ \alpha & 0 & 0 & -\alpha \end{pmatrix} \delta(\theta) - \begin{pmatrix} 0 & \beta & 0 & 0 \\ 0 & 0 & 0 & 0 \\ 0 & 0 & 0 & 0 \\ 0 & 0 & 0 & 0 \end{pmatrix} \delta(\theta + \tilde{\tau}) \tag{2.1.21}$$

其中 δ 是 Dirac delta 函数, 即

$$\delta(\theta) = \begin{cases} 1, & \theta = 0 \\ 0, & \theta \neq 0 \end{cases}$$

对 $\phi \in \mathcal{C}^1\left([-\tilde{\tau}, 0], \mathbb{R}^4\right)$, 定义算子

$$A(\mu)\phi = \begin{cases} \dfrac{\mathrm{d}\phi(\theta)}{\mathrm{d}\theta}, & \theta \in [-\tilde{\tau}, 0) \\ \displaystyle\int_{-\tilde{\tau}}^0 \mathrm{d}\eta(\mu, s)\phi(s), & \theta = 0 \end{cases}$$

和

$$R(\mu)\phi = \begin{cases} 0, & \theta \in [-\tilde{\tau}, 0) \\ f(\mu, \phi), & \theta = 0 \end{cases}$$

将式 (2.1.17) 改写为如下的算子微分方程

$$\dot{x}_t = A(\mu)x_t + R(\mu)x_t \tag{2.1.22}$$

其中, $x_t(\theta) = x(t + \theta)$, $\theta \in [-\tilde{\tau}, 0]$.

对于 $\psi \in \mathcal{C}^1\left([0, \tilde{\tau}], (\mathbb{R}^4)^*\right)$, 定义

$$A^*\psi(s) = \begin{cases} \dfrac{\mathrm{d}\psi(s)}{\mathrm{d}s}, & s \in [-\tilde{\tau}, 0) \\ \displaystyle\int_{-\tilde{\tau}}^0 \mathrm{d}\eta^{\mathrm{T}}(t, 0)\psi(-t), & s = 0 \end{cases}$$

和双线性内积

$$\langle \psi(s), \phi(\theta) \rangle = \bar{\psi}(0)\phi(0) - \int_{-\tilde{\tau}}^{0} \int_{\xi=0}^{\theta} \bar{\psi}(\xi-\theta) \mathrm{d}\eta(\theta)\varphi(\xi)\mathrm{d}\xi \tag{2.1.23}$$

其中 $\eta(\theta) = \eta(\theta, 0)$, 则 $A(0)$ 和 A^* 是一对共轭算子. 由 2.1.1 小节的讨论以及前面的假设, 得知 $\pm \mathrm{i}\omega_0$ 是算子 $A(0)$ 的特征值, 因此它们也是 A^* 的特征值. 接下来, 分别计算 $A(0)$ 和 A^* 关于 $\mathrm{i}\omega_0$ 和 $-\mathrm{i}\omega_0$ 的特征向量.

假设 $q(\theta) = (1, \rho, \rho_1, \rho_2)^{\mathrm{T}} \mathrm{e}^{\mathrm{i}\omega_0\theta}$ 是 $A(0)$ 关于 $\mathrm{i}\omega_0$ 的特征向量, 则 $A(0)q(\theta) = \mathrm{i}\omega_0 q(\theta)$. 由 (2.1.20), (2.1.21) 和 $A(0)$ 的定义可得

$$\begin{pmatrix} \mu_1 + \mathrm{i}\omega_0 & -\beta \mathrm{e}^{-\mathrm{i}\omega_0\tilde{\tau}} & 0 & 0 \\ 0 & \mu_2 + \mathrm{i}\omega_0 & -c_{12} & 0 \\ 0 & 0 & \alpha + \mathrm{i}\omega_0 & -1 \\ -\alpha & 0 & 0 & \alpha + \mathrm{i}\omega_0 \end{pmatrix} q(0) = \begin{pmatrix} 0 \\ 0 \\ 0 \\ 0 \end{pmatrix}$$

因此,

$$q(0) = (1, \rho, \rho_1, \rho_2)^{\mathrm{T}} = \left(1, \frac{\alpha c_{12}}{(\mu_2 + \mathrm{i}\omega_0)(\alpha + \mathrm{i}\omega_0)^2}, \frac{\alpha}{(\alpha + \mathrm{i}\omega_0)^2}, \frac{\alpha}{\alpha + \mathrm{i}\omega_0} \right)^{\mathrm{T}}$$

另外, 假设 $q^*(s) = D(1, \sigma, \sigma_1, \sigma_2)\mathrm{e}^{\mathrm{i}\omega_0 s}$ 是 A^* 关于 $-\mathrm{i}\omega_0$ 的特征向量. 由 (2.1.20), (2.1.21) 和 A^* 的定义可得

$$\begin{pmatrix} -\mu_1 + \mathrm{i}\omega_0 & 0 & 0 & \alpha \\ \beta \mathrm{e}^{\mathrm{i}\omega_0\tilde{\tau}} & -\mu_2 + \mathrm{i}\omega_0 & 0 & 0 \\ 0 & c_{12} & -\alpha + \mathrm{i}\omega_0 & 0 \\ 0 & 0 & 1 & -\alpha + \mathrm{i}\omega_0 \end{pmatrix} (q^*(0))^{\mathrm{T}} = \begin{pmatrix} 0 \\ 0 \\ 0 \\ 0 \end{pmatrix}$$

直接计算可得

$$q^*(0) = D(1, \sigma, \sigma_1, \sigma_2) = D\left(1, \frac{(\mu_1 - \mathrm{i}\omega_0)(\alpha - \mathrm{i}\omega_0)^2}{\alpha c_{12}}, \frac{(\mu_1 - \mathrm{i}\omega_0)(\alpha - \mathrm{i}\omega_0)}{\alpha}, \frac{\mu_1 - \mathrm{i}\omega_0}{\alpha} \right)$$

为确保 $\langle q^*(s), q(\theta) \rangle = 1$, 接下来需要确定 D 的值. 由式 (2.1.22) 有

$$\begin{aligned} &\langle q^*(s), q(\theta) \rangle \\ =&\bar{D}\bigg\{ (1, \bar{\sigma}, \bar{\sigma}_1, \bar{\sigma}_2)(1, \rho, \rho_1, \rho_2)^{\mathrm{T}} - \int_{-\tilde{\tau}}^{0} \int_{\xi=0}^{\theta} (1, \bar{\sigma}, \bar{\sigma}_1, \bar{\sigma}_2)\mathrm{e}^{-\mathrm{i}(\xi-\theta)\omega_0} \mathrm{d}\eta(\theta) \\ &\cdot (1, \rho, \rho_1, \rho_2)^{\mathrm{T}} \mathrm{e}^{\mathrm{i}\xi\omega_0} \mathrm{d}\xi \bigg\} \end{aligned}$$

$$=\bar{D}\left\{1+\rho\bar{\sigma}+\rho_1\bar{\sigma}_1+\rho_2\bar{\sigma}_2-\int_{-\tilde{\tau}}^0(1,\bar{\sigma},\bar{\sigma}_1,\bar{\sigma}_2)\theta e^{i\omega_0\theta}d\eta(\theta)(1,\rho,\rho_1,\rho_2)^T\right\}$$

$$=\bar{D}\left\{1+\rho\bar{\sigma}+\rho_1\bar{\sigma}_1+\rho_2\bar{\sigma}_2+\beta\rho\tilde{\tau}e^{-i\omega_0\tilde{\tau}}\right\}$$

因此, 可以选择

$$D=\frac{1}{1+\bar{\rho}\sigma+\bar{\rho}_1\sigma_1+\bar{\rho}_2\sigma_2+\beta\bar{\rho}\tilde{\tau}e^{i\omega_0\tilde{\tau}}}$$

使其满足

$$\langle q^*(s),q(\theta)\rangle=1,\quad\langle q^*(s),\bar{q}(\theta)\rangle=0\tag{2.1.24}$$

利用 Hassard 等[15] 中的某些记号, 首先计算在 $\mu=0$ 处中心流形 $\mathcal{C}_0$ 的坐标. 令 x_t 为方程 (2.1.17) 当 $\mu=0$ 的解.

定义

$$z(t)=\langle q^*,x_t\rangle,\quad W(t,\theta)=x_t(\theta)-2\mathrm{Re}\{z(t)q(\theta)\}$$

在中心流形 $\mathcal{C}_0$ 上有

$$W(t,\theta)=W(z(t),\bar{z}(t),\theta)$$

其中

$$W(z,\bar{z},\theta)=W_{20}(\theta)\frac{z^2}{2}+W_{11}(\theta)z\bar{z}+W_{02}(\theta)\frac{\bar{z}^2}{2}+\cdots$$

z 和 $\bar{z}$ 是中心流形 $\mathcal{C}_0$ 在 q^* 和 $\bar{q}^*$ 方向上的局部坐标. 注意到如果 x_t 为实数, W 也是实数, 下面只考虑实数解.

对于方程 (2.1.17) 的解 $x_t\in\mathcal{C}_0$, 因 $\mu=0$,

$$\begin{aligned}\dot{z}&=i\omega_0z+\langle\bar{q}^*(\theta),f(0,W(z,\bar{z},\theta)+2\mathrm{Re}\{zq(\theta)\})\rangle\\&=i\omega_0z+\bar{q}^*(\theta)f(0,W(z,\bar{z},\theta)+2\mathrm{Re}\{zq(\theta)\})\\&=i\omega_0z+\bar{q}^*(0)f(0,W(z,\bar{z},0)+2\mathrm{Re}\{zq(0)\})\\&\stackrel{\mathrm{def}}{=}i\omega_0z+\bar{q}^*(0)f_0(z,\bar{z})\end{aligned}$$

将上式写成

$$\dot{z}=i\omega_0z+g(z,\bar{z})$$

其中

$$g(z,\bar{z})=\bar{q}^*(0)f_0(z,\bar{z})=g_{20}\frac{z^2}{2}+g_{11}z\bar{z}+g_{02}\frac{\bar{z}^2}{2}+g_{21}\frac{z^2\bar{z}}{2}+\cdots\tag{2.1.25}$$

由 $x_t(\theta)=(x_{1t}(\theta),x_{2t}(\theta),\cdots,x_{4t}(\theta))=W(t,\theta)+zq(\theta)+\bar{z}\bar{q}(\theta)$ 和 $q(\theta)=(1,\rho,\rho_1,\rho_2)^Te^{i\omega_0\theta}$ 可知

$$x_{2t}(-\tilde{\tau})=\rho e^{-i\omega_0\tilde{\tau}}z+\bar{\rho}e^{i\omega_0\tilde{\tau}}\bar{z}+W_{20}^{(2)}(-\tilde{\tau})\frac{z^2}{2}+W_{11}^{(2)}(-\tilde{\tau})z\bar{z}+W_{02}^{(2)}(-\tilde{\tau})\frac{\bar{z}^2}{2}+\cdots$$

因此, 由式 (2.1.19) 和式 (2.1.25) 可得

$$
\begin{aligned}
g(z,\bar{z}) &= \bar{q}^*(0)f_0(z,\bar{z}) \\
&= \bar{D}(1,\bar{\sigma},\bar{\sigma}_1,\bar{\sigma}_2)
\begin{pmatrix}
c_{21}f''(0)x_{2t}^2(-\tilde{\tau})/2 + c_{21}f'''(0)x_{2t}^3(-\tilde{\tau})/6 + \text{h.o.t.} \\
0 \\
0 \\
0
\end{pmatrix} \\
&\quad + \frac{1}{6}\bar{D}c_{21}f'''(0)z^2\bar{z} + \cdots \\
&= \frac{1}{2}\bar{D}c_{21}f''(0)\left(\rho^2 e^{-2i\omega_0\tilde{\tau}}z^2 + 2\rho\bar{\rho}z\bar{z} + \bar{\rho}^2 e^{2i\omega_0\tilde{\tau}}\bar{z}^2\right) \\
&\quad + \frac{1}{2}\bar{D}c_{21}f''(0)\left(\left(\bar{\rho}e^{i\omega_0\tilde{\tau}}W_{20}^{(2)}(-\tilde{\tau}) + 2\rho e^{-i\omega_0\tilde{\tau}}W_{11}^{(2)}(-\tilde{\tau})\right)z^2\bar{z}\right)
\end{aligned}
$$

与 (2.1.25) 比较系数得

$$
\begin{aligned}
g_{20} &= \bar{D}c_{21}f''(0)\rho^2 e^{-2i\omega_0\tilde{\tau}} \\
g_{11} &= \bar{D}c_{21}f''(0)\rho\bar{\rho} \\
g_{02} &= \bar{D}c_{21}f''(0)\bar{\rho}^2 e^{2i\omega_0\tilde{\tau}} \\
g_{21} &= \bar{D}c_{21}f''(0)\left(\bar{\rho}e^{i\omega_0\tilde{\tau}}W_{20}^{(2)}(-\tilde{\tau}) + 2\rho e^{-i\omega_0\tilde{\tau}}W_{11}^{(2)}(-\tilde{\tau})\right) + \frac{1}{3}\bar{D}c_{21}f'''(0)
\end{aligned}
\tag{2.1.26}
$$

显然 g_{20}, g_{11} 和 g_{02} 可以直接通过代入系统参数后确定, 但 g_{21} 中的 $W_{20}(\theta)$ 和 $W_{11}(\theta)$ 还需要通过下面的分析确定.

由 (2.1.17) 和 (2.1.24) 可知

$$
\begin{aligned}
\dot{W} &= \dot{u}_t - \dot{z}q - \dot{\bar{z}}\bar{q} \\
&= \begin{cases}
AW - 2\text{Re}\{\bar{q}^*(0)f_0 q(\theta)\}, & \theta \in (0,\tilde{\tau}] \\
AW - 2\text{Re}\{\bar{q}^*(0)f_0 q(\theta)\} + f_0, & \theta = 0
\end{cases} \\
&\overset{\text{def}}{=} AW + H(z,\bar{z},\theta)
\end{aligned}
\tag{2.1.27}
$$

其中

$$
H(z,\bar{z},\theta) = H_{20}(\theta)\frac{z^2}{2} + H_{11}(\theta)z\bar{z} + H_{02}(\theta)\frac{\bar{z}^2}{2} + \cdots
\tag{2.1.28}
$$

另外, 由求导的链式法则可知

$$
\dot{W} = W_z\dot{z} + W_{\bar{z}}\dot{\bar{z}}
\tag{2.1.29}
$$

由 (2.1.27)–(2.1.29) 可得

$$
(A - 2i\omega_0)W_{20}(\theta) = -H_{20}(\theta), \quad AW_{11}(\theta) = -H_{11}(\theta), \cdots
\tag{2.1.30}
$$

由 (2.1.25) 和 (2.1.27) 可知对任意 $\theta \in [-\tilde{\tau},0)$ 有

$$
H(z,\bar{z},\theta) = -\bar{q}^*(0)f_0 q(\theta) - q^*(0)\bar{f}_0\bar{q}(\theta) = -gq(\theta) - \bar{g}\bar{q}(\theta)
\tag{2.1.31}
$$

与 (2.1.28) 比较系数可得对任意 $\theta \in [-\tilde{\tau}, 0)$ 有

$$H_{20}(\theta) = -g_{20}q(\theta) - \bar{g}_{02}\bar{q}(\theta) \tag{2.1.32}$$

和

$$H_{11}(\theta) = -g_{11}q(\theta) - \bar{g}_{11}\bar{q}(\theta) \tag{2.1.33}$$

由 (2.1.30), (2.1.32) 及 A 的定义可得

$$\dot{W}_{20}(\theta) = 2i\omega_0 W_{20}(\theta) + g_{20}q(\theta) + \bar{g}_{02}\bar{q}(\theta)$$

由于 $q(\theta) = q(0)e^{i\omega_0\theta}$, 因此有

$$W_{20}(\theta) = \frac{ig_{20}}{\omega_0}q(0)e^{i\omega_0\theta} + \frac{i\bar{g}_{02}}{3\omega_0}\bar{q}(0)e^{-i\omega_0\theta} + E_1 e^{2i\omega_0\theta} \tag{2.1.34}$$

其中 $E_1 = \left(E_1^{(1)}, E_1^{(2)}, E_1^{(3)}, E_1^{(4)}\right) \in \mathbb{R}^4$ 为四维常量.

类似地, 由 (2.1.30) 和 (2.1.33) 有

$$W_{11}(\theta) = -\frac{ig_{11}}{\omega_0}q(0)e^{i\omega_0\theta} + \frac{i\bar{g}_{11}}{\omega_0}\bar{q}(0)e^{-i\omega_0\theta} + E_2 \tag{2.1.35}$$

其中 $E_2 = \left(E_2^{(1)}, E_2^{(2)}, E_2^{(3)}, E_2^{(4)}\right) \in \mathbb{R}^4$ 为四维常量.

接下来, 需要选择适当的 E_1 和 E_2. 由 (2.1.30) 和 A 的定义有

$$\int_{-\tilde{\tau}}^{0} d\eta(\theta)W_{20}(\theta) = 2i\omega_0 W_{20}(0) - H_{20}(0) \tag{2.1.36}$$

和

$$\int_{-\tilde{\tau}}^{0} d\eta(\theta)W_{11}(\theta) = -H_{11}(0) \tag{2.1.37}$$

其中 $\eta(\theta) = \eta(0, \theta)$. 由 (2.1.27) 可知

$$H_{20}(0) = -g_{20}q(0) - \bar{g}_{02}\bar{q}(0) + \begin{pmatrix} c_{21}f''(0)\rho^2 e^{-2i\omega_0\tilde{\tau}} \\ 0 \\ 0 \\ 0 \end{pmatrix} \tag{2.1.38}$$

和

$$H_{11}(0) = -g_{11}q(0) - \bar{g}_{11}\bar{q}(0) + \begin{pmatrix} c_{21}f''(0)\rho\bar{\rho} \\ 0 \\ 0 \\ 0 \end{pmatrix} \tag{2.1.39}$$

将 (2.1.34) 和 (2.1.38) 代入 (2.1.36), 并注意到

$$\left(\mathrm{i}\omega_0 I - \int_{-\tilde{\tau}}^{0} \mathrm{e}^{\mathrm{i}\omega_0\theta}\mathrm{d}\eta(\theta) \right) q(0) = 0$$

和

$$\left(-\mathrm{i}\omega_0 I - \int_{-\tilde{\tau}}^{0} \mathrm{e}^{-\mathrm{i}\omega_0\theta}\mathrm{d}\eta(\theta) \right) \bar{q}(0) = 0$$

则有

$$\left(2\mathrm{i}\omega_0 I - \int_{-\tilde{\tau}}^{0} \mathrm{e}^{2\mathrm{i}\omega_0\theta}\mathrm{d}\eta(\theta) \right) E_1 = \begin{pmatrix} c_{21}f''(0)\rho^2\mathrm{e}^{-2\mathrm{i}\omega_0\tilde{\tau}} \\ 0 \\ 0 \\ 0 \end{pmatrix}$$

即

$$\begin{pmatrix} 2\mathrm{i}\omega_0 + \mu_1 & -\beta\mathrm{e}^{-2\mathrm{i}\omega_0\tilde{\tau}} & 0 & 0 \\ 0 & 2\mathrm{i}\omega_0 + \mu_2 & -c_{12} & 0 \\ 0 & 0 & 2\mathrm{i}\omega_0 + \alpha & -1 \\ -\alpha & 0 & 0 & 2\mathrm{i}\omega_0 + \alpha \end{pmatrix} E_1 = \begin{pmatrix} c_{21}f''(0)\rho^2\mathrm{e}^{-2\mathrm{i}\omega_0\tilde{\tau}} \\ 0 \\ 0 \\ 0 \end{pmatrix}$$

直接计算可得

$$E_1^{(1)} = \frac{1}{A}(2\mathrm{i}\omega_0 + \alpha)^2(2\mathrm{i}\omega_0 + \mu_1)(2\mathrm{i}\omega_0 + \mu_2)c_{21}f''(0)\rho^2\mathrm{e}^{-2\mathrm{i}\omega_0\tilde{\tau}}$$

$$E_1^{(2)} = \frac{1}{A}\alpha c_{12}c_{21}f''(0)\rho^2\mathrm{e}^{-2\mathrm{i}\omega_0\tilde{\tau}}$$

$$E_1^{(3)} = \frac{1}{A}\alpha(2\mathrm{i}\omega_0 + \mu_2)c_{21}f''(0)\rho^2\mathrm{e}^{-2\mathrm{i}\omega_0\tilde{\tau}}$$

$$E_1^{(4)} = \frac{1}{A}\alpha(2\mathrm{i}\omega_0 + \alpha)(2\mathrm{i}\omega_0 + \mu_2)c_{21}f''(0)\rho^2\mathrm{e}^{-2\mathrm{i}\omega_0\tilde{\tau}}$$

其中

$$A = \begin{vmatrix} 2\mathrm{i}\omega_0 + \mu_1 & -\beta\mathrm{e}^{-2\mathrm{i}\omega_0\tilde{\tau}} & 0 & 0 \\ 0 & 2\mathrm{i}\omega_0 + \mu_2 & -c_{12} & 0 \\ 0 & 0 & 2\mathrm{i}\omega_0 + \alpha & -1 \\ -\alpha & 0 & 0 & 2\mathrm{i}\omega_0 + \alpha \end{vmatrix}$$

类似地, 将 (2.1.35) 和 (2.1.39) 代入 (2.1.37) 可得

$$\begin{pmatrix} \mu_1 & -\beta & 0 & 0 \\ 0 & \mu_2 & -c_{12} & 0 \\ 0 & 0 & \alpha & -1 \\ -\alpha & 0 & 0 & \alpha \end{pmatrix} E_2 = \begin{pmatrix} c_{21}f''(0)\rho\bar{\rho} \\ 0 \\ 0 \\ 0 \end{pmatrix}$$

因此, 可以计算出

$$E_2^{(1)} = \frac{\alpha \mu_2 c_{21} f''(0) \rho \bar{\rho}}{\alpha \mu_1 \mu_2 - \beta c_{12}}$$

$$E_2^{(2)} = \frac{c_{12} c_{21} f''(0) \rho \bar{\rho}}{\alpha \mu_1 \mu_2 - \beta c_{12}}$$

$$E_2^{(3)} = \frac{\mu_2 c_{21} f''(0) \rho \bar{\rho}}{\alpha \mu_1 \mu_2 - \beta c_{12}}$$

$$E_2^{(4)} = \frac{\beta c_{12} c_{21} f''(0) \rho \bar{\rho}}{\alpha \mu_1 \mu_2 - \beta c_{12}}$$

由 (2.1.34) 和 (2.1.35) 能够确定 $W_{20}(\theta)$ 和 $W_{11}(\theta)$, 进而可以确定 g_{21}. 于是, (2.1.26) 中的 g_{ij} 由系统 (2.1.1) 中的参数和滞量所决定. 因此可以计算下列各量:

$$c_1(0) = \frac{\mathrm{i}}{2\omega_0} \left(g_{11} g_{20} - 2|g_{11}|^2 - \frac{|g_{20}|^2}{3} \right) + \frac{g_{21}}{2}$$

$$\mu_2 = -\frac{\mathrm{Re}\{c_1(0)\}}{\mathrm{Re}\{\lambda'(\tilde{\tau})\}} \tag{2.1.40}$$

$$\beta_2 = 2\mathrm{Re}\{c_1(0)\}$$

$$T_2 = -\frac{\mathrm{Im}\{c_1(0)\} + \mu_2 \mathrm{Im}\{\lambda'(\tilde{\tau})\}}{\omega_0}$$

其中, μ_2 确定 Hopf 分支方向: 如果 $\mu_2 > 0 (\mu_2 < 0)$, 则 Hopf 分支是超临界 (亚临界) 的, 且当 $\tau > \tilde{\tau} (\tau < \tilde{\tau})$ 时存在分支周期解; β_2 确定分支周期解的稳定性: 若 $\beta_2 < 0 (\beta_2 > 0)$, 则分支周期解是稳定 (不稳定) 的; T_2 确定分支周期解的周期: 若 $T_2 > 0 (T_2 < 0)$, 则其周期是增 (减) 的.

综上所述, 当参数 μ_1, μ_2, c_{12}, c_{21}, α 和 τ 确定时, 就可以确定系统 (2.1.1) 在平衡点 $(0, 0)$ 出现的 Hopf 分支的性质.

需要指出的是, 前面提到的周期解的 Hopf 分支是局部存在的, 即对在某些临界值充分小的邻域的参数值 (本节取为时滞), 系统在某平衡点的外围邻近存在周期解, 但对距离这些临界值较远的参数值, 这些周期解是否仍然存在就不得而知了.

2.1.3　数值模拟

例 2.1.1　对系统 (2.1.1) 中的参数, 选择 $\mu_1 = 2$, $\mu_2 = 0.5$, $c_{12} = -1.5$, $c_{21} = 1.2$, $\alpha = 0.8$, 神经元激励函数为 $f(x) = \tanh(x)$, 初始条件 $x_1 = 0.5$, $x_2 = -0.5$, 通过计算可得 $\tau_j \approx 1.5528 + 2j\pi/0.5460$. 由定理 2.1.1 可知: 当 $\tau < \tau_0 \approx 1.5528$ 时, 平衡点 $(0, 0)$ 是局部稳定的, 如图 2-1 所示.

当 τ 增大超过临界值 τ_0 时, 系统 (2.1.1) 在平衡点 $(0, 0)$ 处存在 Hopf 分支. 同时, 能确定 Hopf 分支的性质. 例如, 当 $\tau = \tau_0 \approx 1.5528$ 时, $c_1(0) \approx -0.0366 - 0.0071\mathrm{i}$, 由 (2.1.35) 可知 $\mu_2 > 0$, $\beta < 0$, 则当 τ 增大超过临界值 τ_0 时, 系统 (2.1.1) 的平衡点 $(0, 0)$ 失去稳定性, Hopf 分支出现, 图 2-2 描述了分支周期解的存在性.

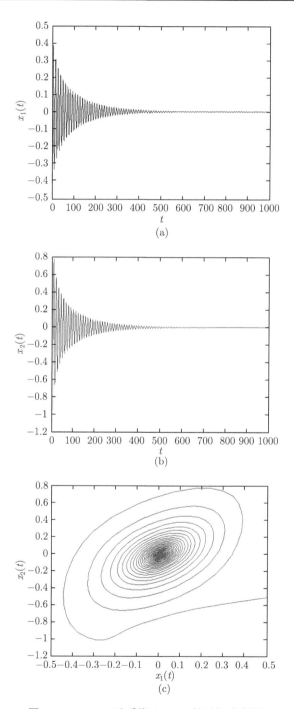

图 2-1 $\tau = 1.4$ 时系统 (2.1.1) 的时间响应图

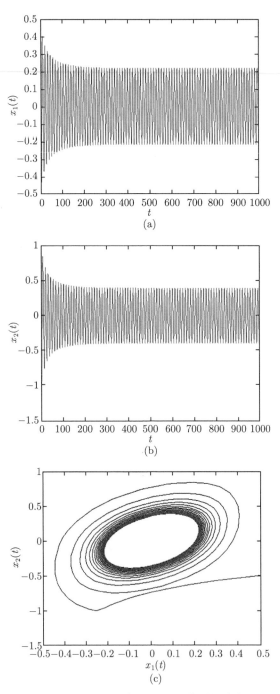

图 2-2　$\tau = 1.7$ 时系统 (2.1.1) 的时间响应图

2.2 具有时滞的离散神经网络模型

双向联想记忆神经网络是一种重要的网络模型, 由于其强大的信息存储和联想记忆功能, 已被广泛地用于模式识别和自动控制等工程领域. 双向联想记忆神经网络由两层神经元组成, 其模型采用了异联想的原理, 实现网络状态在两层神经元之间来回传递. 与双向联想记忆神经网络相对照, 原始的 Hopfield 神经网络实现的是自联想功能. 同时, 若将双向联想记忆神经网络进行增广处理, 则其可转化为具有偶数个神经元的单层 Hopfield 神经网络[19]. 目前, 具有时滞的双向联想记忆神经网络的局部稳定性和分支问题已经被广泛地研究, 如文献 [20] 和 [21] 分别研究了如下具有三个神经元的连续型时滞双向联想记忆神经网络模型:

$$\begin{cases} \dot{x}(t) = -\mu_1 x(t) + c_{21}f_1(y_1(t-\tau_2)) + c_{31}f_1(y_3(t-\tau_2)) \\ \dot{y}_1(t) = -\mu_2 y_1(t) + c_{12}f_2(x(t-\tau_1)) \\ \dot{y}_2(t) = -\mu_3 y_2(t) + c_{13}f_3(x(t-\tau_1)) \end{cases}$$

的局部和全局 Hopf 分支. 其中 $\mu_i > 0 (i = 1, 2, 3)$, $c_{12}, c_{13}, c_{21}, c_{31}$ 为实数.

在神经网络的实际应用中和数值模拟仿真时, 通常需要将连续系统关于时间离散化, 即离散时间神经网络模型 (简称离散神经网络). 离散神经网络的研究同样具有重要意义, 如将神经网络应用于图像处理、模式识别及计算机仿真等领域时, 通常需要建立与连续神经网络相对应的离散神经网络系统, 当然该离散系统应该保留连续系统的动态特性. 目前出现了一些使用离散神经网络实现的相关算法, 如 Chen 等[22]提出的基于离散时间细胞神经网络的图像处理算法, 并通过电路实现了这个算法; Wang[23]提出了用于最大分割问题的改进离散 Hopfield 神经网络; Yashtini 等[24]给出了可用于解决带混合约束的非线性凸规划问题的离散时间神经网络; Wang 等[25]还研究了解决细胞信道分配问题的离散竞争神经网络. 因此, 具有时滞的离散神经网络模型的稳定性与分支也得到了很多学者的关注. 张春蕊等[26,27]通过对方程 $\lambda^{n+1} - \lambda^n + a = 0$ 根的分布情况的分析, 分别研究了与具有常时滞的连续神经网络模型

$$\begin{cases} \dot{u}_1(t) = -\mu_1 u_1(t) + a_1 F_1(u_2(t-\tau_1)) \\ \dot{u}_2(t) = -\mu_2 u_2(t) + a_2 F_2(u_1(t-\tau_2)) \end{cases}$$

和

$$\begin{cases} \dot{u}(t) = -u(t) + f_1(u_1(t-\tau_1)) + f_2(u_2(t-\tau_2)) \\ \dot{u}_1(t) = -u_1(t) + g_1(u(t-\tau_1)) \\ \dot{u}_2(t) = -u_2(t) + g_2(u(t-\tau_2)) \end{cases}$$

相对应的离散神经网络模型的局部稳定性和分支; Kaslik 等[28,29] 基于文献 [30] 对方程 $x_{n+1} - ax_n + bx_{n-k} = 0$ 的根的分布情况进行了分析, 讨论了两类具有时滞的离散神经网络模型的局部稳定性和分支问题. 但是大量的神经网络模型的特征方程并不属于这两种类型, 因此这些方法的局限性比较大.

为了进一步拓展离散神经网络的应用范围, 本节主要研究如下具有三个神经元的离散时滞双向联想记忆神经网络模型[31]:

$$
\begin{cases}
x(n+1) = ax(n) + \alpha_1 f_1(y_1(n - k_2)) + \alpha_2 f_1(y_2(n - k_2)) \\
y_1(n+1) = ay_1(n) + \alpha_3 f_2(x(n - k_1)) \\
y_2(n+1) = ay_2(n) + \alpha_4 f_3(x(n - k_1))
\end{cases}
\tag{2.2.1}
$$

其中, $a \in (0,1)$ 是神经元的衰减时间常数, α_i $(i = 1, 2, 3, 4)$ 表示两层神经元间互联的突触的权重, $f_i : \mathbb{R} \to \mathbb{R} (i = 1, 2, 3)$ 为输出函数, $k_i \in \mathbb{N}(i = 1, 2)$ 为信号沿另一层的神经元的轴突传输给第 i 层的神经元对应的时滞. 系统 (2.2.1) 的物理结构如图 2-3 所示. 假设 $f_i(0) = 0$, $f_i'(0) = 1$ 并令 $k = k_1 + k_2$.

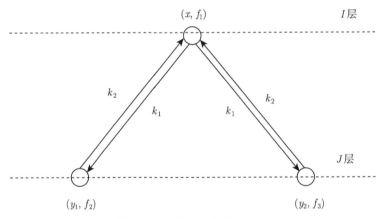

图 2-3　系统 (2.2.1) 的结构图

2.2.1　特征方程分析

对离散系统 (2.2.1) 而言, 当所有特征根均在单位圆内时, 平衡点局部渐近稳定; 若至少有一个特征根在单位圆之外, 则不稳定. 为此, 本小节首先分析如下特征方程

$$
\lambda^{k+2} - 2a\lambda^{k+1} + a^2\lambda^k - b = 0
\tag{2.2.2}
$$

的根的分布情况.

为方便分析方程 (2.2.2) 根的分布情况, 首先固定 a, 然后让 $|b|$ 由 0 到 ∞ 变化. 显然, 当 $b = 0$ 时, 方程 (2.2.2) 的根为 $0(k$ 重根) 和 a(二重根). 随着 b 的变化,

方程 (2.2.2) 的根将连续变化.

下面的引理 2.2.1 只讨论方程 (2.2.2) 的实数根.

引理 2.2.1 设 k 为一大于 1 的正整数, b 为一非零实数, 令 $c = \dfrac{4a^{k+2}k^k}{(k+2)^{k+2}} > 0$, 则 (1) 假设 $b > 0$. 当 k 是偶数时方程 (2.2.2) 存在一个负实根, 当 k 是奇数时方程 (2.2.2) 不存在负实根. 同时, 如果 $b > c$, 则方程 (2.2.2) 在区间 (a, ∞) 内存在一个正实根; 如果 $b = c$, 则 $\dfrac{k}{k+2}a$ 是一个双重根, 而方程 (2.2.2) 在区间 (a, ∞) 内存在另一个实根; 如果 $b < c$, 则方程 (2.2.2) 分别在区间 $\left(0, \dfrac{k}{k+2}a\right)$, $\left(\dfrac{k}{k+2}a, a\right)$ 和 (a, ∞) 内存在三个正实根.

(2) 假设 $b < 0$. 方程 (2.2.2) 不存在正实根. 同时, 当 k 是奇数时方程 (2.2.2) 存在一个负实根, 当 k 是偶数时方程 (2.2.2) 不存在负实根.

证明 令

$$F(\mu) = \mu^{k+2} - 2a\mu^{k+1} + a^2\mu^k - b = 0$$

则有

$$F'(\mu) = \mu^{k-1}\left[(k+2)\mu^2 - 2(k+1)a\mu + ka^2\right]$$

和

$$F(0) = F(a) = -b$$

接下来, 运用中值定理和一阶导数试验法进行证明.

如果 $b > 0$ 且 k 是偶数, 则有 $F(0) < 0$, $F(-\infty) > 0$ 且对任意 $\mu \in (-\infty, 0)$, $F'(\mu) < 0$. 因此, $F(\mu) = 0$ 在 $(-\infty, 0)$ 存在唯一实根.

如果 $b > 0$ 且 k 是奇数, 则有 $F(0) < 0$, $F(-\infty) > 0$ 且对任意 $\mu \in (-\infty, 0)$, $F'(\mu) > 0$. 因此, $F(\mu) = 0$ 在 $(-\infty, 0)$ 不存在实根.

如果 $b > 0$, 则 $F(0) = F(a) = -b < 0$, $F(\infty) > 0$. 当 $b < c$, $F\left(\dfrac{k}{k+2}a\right) = c - b > 0$, 对任意 $\mu \in \left(0, \dfrac{k}{k+2}a\right)$ 有 $F'(\mu) > 0$, 则 $F(\mu) = 0$ 在 $\mu \in \left(0, \dfrac{k}{k+2}a\right)$ 存在唯一实根. 对任意 $\mu \in \left(\dfrac{k}{k+2}a, a\right)$ 有 $F'(\mu) < 0$, 则 $F(\mu) = 0$ 在 $\mu \in \left(\dfrac{k}{k+2}a, a\right)$ 存在唯一实根. 对任意 $\mu \in (a, \infty)$ 有 $F'(\mu) > 0$, 则 $F(\mu) = 0$ 在 $\mu \in (a, \infty)$ 存在唯一实根. 当 $b > c$, $F\left(\dfrac{k}{k+2}a\right) = c - b < 0$, 对任意 $\mu \in \left(0, \dfrac{k}{k+2}a\right)$ 有 $F'(\mu) > 0$, 则 $F(\mu) = 0$ 在 $\mu \in \left(0, \dfrac{k}{k+2}a\right)$ 不存在实根. 对任意 $\mu \in \left(\dfrac{k}{k+2}a, a\right)$ 有 $F'(\mu) < 0$, 则 $F(\mu) = 0$ 在 $\mu \in \left(\dfrac{k}{k+2}a, a\right)$ 不存在实根. 对任意 $\mu \in (a, \infty)$ 有 $F'(\mu) > 0$, 则

$F(\mu) = 0$ 在 $\mu \in (a, \infty)$ 存在唯一实根. 如果 $b = c$, $F'\left(\dfrac{k}{k+2}a\right) = F\left(\dfrac{k}{k+2}a\right) = 0$,

因此 $\dfrac{k}{k+2}a$ 是一个二重根. 又由于当 $\mu \in (a, \infty)$ 时有 $F'(\mu) > 0$, 因此, $F(\mu) = 0$

在区间 $\mu \in (a, \infty)$ 存在唯一实根.

如果 $b < 0$ 且 k 是奇数, 则有 $F(0) > 0$, $F(-\infty) < 0$ 且对任意 $\mu \in (-\infty, 0)$, $F'(\mu) < 0$. 因此, $F(\mu) = 0$ 在 $(-\infty, 0)$ 存在唯一实根.

如果 $b < 0$ 且 k 是偶数, 则有 $F(0) > 0$, $F(-\infty) < 0$ 且对任意 $\mu \in (-\infty, 0)$, $F'(\mu) < 0$. 因此, $F(\mu) = 0$ 在 $(-\infty, 0)$ 不存在实根.

如果 $b < 0$, 则 $F(0) = F(a) = -b > 0$, $F(\infty) > 0$, $F\left(\dfrac{k}{k+2}a\right) = c - b > 0$. 对

任意 $\mu \in \left(0, \dfrac{k}{k+2}a\right)$ 有 $F'(\mu) > 0$, 则 $F(\mu) = 0$ 在 $\mu \in \left(0, \dfrac{k}{k+2}a\right)$ 不存在实根.

对任意 $\mu \in \left(\dfrac{k}{k+2}a, a\right)$ 有 $F'(\mu) < 0$, 则 $F(\mu) = 0$ 在 $\mu \in \left(\dfrac{k}{k+2}a, a\right)$ 不存在实

根. 对任意 $\mu \in (a, \infty)$ 有 $F'(\mu) > 0$, 则 $F(\mu) = 0$ 在 $\mu \in (a, \infty)$ 不存在实根. 证毕.

引理 2.2.2　除区间 $0 < b < c$ 外, 方程 (2.2.2) 根的绝对值关于 $|b|$ 单调增, 在

此区间内, $\left(\dfrac{k}{k+2}a, a\right)$ 上根的绝对值关于 $|b|$ 单调减.

证明　将方程 (2.2.2) 的根用极坐标表示, 即 $\lambda = r(\cos\theta + \mathrm{i}\sin\theta)$, 其中 $r \geqslant 0$,

$0 \leqslant \theta < 2\pi$. 如果 λ 是方程 (2.2.2) 的正实根, 则 $\lambda = r$ 且 $r^{k+2} - 2ar^{k+1} + a^2 r^k - b = 0$.

因此,

$$\left[(k+2)r^2 - 2a(k+1)r + ka^2\right] r^{k-1} \frac{\mathrm{d}r}{\mathrm{d}b} = 1 \tag{2.2.3}$$

从而 $\dfrac{\mathrm{d}r}{\mathrm{d}b} > 0$ 当且仅当 $r < \dfrac{k}{k+2}$ 或 $r > a$. 由引理 2.2.1 可知当 b 从 0 增加到 c 时,

方程 (2.2.3) 的三个正实根分别在区间 $\left(0, \dfrac{k}{k+2}a\right)$, $\left(\dfrac{k}{k+2}a, a\right)$ 和 (a, ∞) 内, 且对

最大和最小的根, $\dfrac{\mathrm{d}r}{\mathrm{d}b} > 0$, 但另外的根 $\dfrac{\mathrm{d}r}{\mathrm{d}b} < 0$. 当 b 从 c 增加到 ∞ 时, 方程 (2.2.2)

有唯一根属于区间 (a, ∞) 且有 $\dfrac{\mathrm{d}r}{\mathrm{d}b} > 0$.

方程 (2.2.2) 的负实根满足 $(-r)^{k+2} - 2a(-r)^{k+1} + a^2(-r)^k - b = 0$, 由引理 2.2.1

可知 $b > 0$ 且 k 是偶数或者 $b < 0$ 且 k 是奇数时, k 是存在的. 当 k 是偶数时,

$\left[(k+2)r^2 + 2a(k+1)r + ka^2\right] r^{k-1} \dfrac{\mathrm{d}r}{\mathrm{d}b} = 1$, 因此 $\dfrac{\mathrm{d}r}{\mathrm{d}b} > 0$. 由于 $b > 0$, 当 b 增加时, r

单调增加, 即负实根单调趋向于 $-\infty$. 当 k 是奇数时, $\left[(k+2)r^2 + 2a(k+1)r + ka^2\right] \cdot$

$r^{k-1} \dfrac{\mathrm{d}r}{\mathrm{d}b} = -1$, 因此 $\dfrac{\mathrm{d}r}{\mathrm{d}b} < 0$. 由于 $b < 0$, 当 b 减少时, r 单调增加, 即负实根单调趋

向于 $-\infty$.

在研究方程 (2.2.2) 的复数根随 b 的变化情况之前, 需要先讨论 r 与 b 的关系. 将 $\lambda = r(\cos\theta + \mathrm{i}\sin\theta)$ 代入方程 (2.2.2), 分离实部与虚部, 得到

$$
\begin{cases}
r^k \left[r^2 \cos(k+2)\theta - 2ar\cos(k+1)\theta + a^2 \cos k\theta \right] = b \\
r^k \left[r^2 \sin(k+2)\theta - 2ar\sin(k+1)\theta + a^2 \sin k\theta \right] = 0
\end{cases}
\tag{2.2.4}
$$

由方程 (2.2.4) 可得

$$
r = \frac{\sin(k+1)\theta + \sin\theta}{\sin(k+2)\theta} a
\tag{2.2.5}
$$

和

$$
r = \frac{\sin(k+1)\theta - \sin\theta}{\sin(k+2)\theta} a
\tag{2.2.6}
$$

如果 r 满足式 (2.2.5), 则有

$$
\begin{aligned}
b &= r^k \left[r^2 \cos(k+2)\theta - 2ar\cos(k+1)\theta + a^2 \cos k\theta \right] \\
&= r^k a^2 - 2\frac{\sin^2\theta(1 - \cos(k+2)\theta)}{\sin^2(k+2)\theta} \\
&\leqslant 0
\end{aligned}
$$

如果 r 满足式 (2.2.6), 则有

$$
b \geqslant 0
$$

令

$$
A = -(k+2)r^2 \cos(k+2)\theta + 2(k+1)ar\cos(k+1)\theta - ka^2 \cos k\theta
$$

$$
B = 2\left(r\sin(k+2)\theta - a\sin(k+1)\theta \right)
$$

由方程 (2.2.4) 得知 $\dfrac{\mathrm{d}r}{\mathrm{d}\theta} = \dfrac{A}{B}$, 因此

$$
\frac{\mathrm{d}r}{\mathrm{d}b} = \frac{\mathrm{d}r}{\mathrm{d}\theta} \left(\frac{\mathrm{d}b}{\mathrm{d}\theta} \right)^{-1} = \frac{-A}{B^2 r^{k+1} + A^2 r^{k-1}}
$$

进而有 $\mathrm{sgn}\left(\dfrac{\mathrm{d}r}{\mathrm{d}b} \right) = \mathrm{sgn}\,(-A)$.

当 r 满足式 (2.2.5) 时, $b \leqslant 0$, $(\sin\theta + \sin(k+1)\theta)\sin\theta \geqslant 0$, 则

$$
\begin{aligned}
A &= B \frac{\mathrm{d}r}{\mathrm{d}\theta} \\
&= 2a\sin\theta \frac{\mathrm{d}r}{\mathrm{d}\theta} \\
&= 2a\sin\theta \frac{(1 - \cos(k+2)\theta)\left((k+1)\sin\theta + \sin(k+1)\theta \right)}{\sin^2(k+2)\theta} \\
&\geqslant 0
\end{aligned}
$$

当 r 满足式 (2.2.6) 时, $b \geqslant 0$, $(\sin\theta - \sin(k+1)\theta)\sin\theta \geqslant 0$, 则

$$
\begin{aligned}
A &= B\frac{\mathrm{d}r}{\mathrm{d}\theta} \\
&= -2a\sin\theta\frac{\mathrm{d}r}{\mathrm{d}\theta} \\
&= -2a\sin\theta\frac{(1-\cos(k+2)\theta)\,((k+1)\sin\theta + \sin(k+1)\theta)}{\sin^2(k+2)\theta} \\
&\leqslant 0
\end{aligned}
$$

因此, $\mathrm{sgn}\left(\dfrac{\mathrm{d}r}{\mathrm{d}b}\right) = \mathrm{sgn}\,(-A) \geqslant 0$.

通过上述讨论得知: 当 $b > 0$ 时, $\dfrac{\mathrm{d}r}{\mathrm{d}b} > 0$; 当 $b < 0$ 时, $\dfrac{\mathrm{d}r}{\mathrm{d}b} < 0$. 因此, 当 $|b|$ 变大时, 方程 (2.2.2) 的复数根单调地离开原点 0. 证毕.

引理 2.2.3   令 $\cos\theta + \mathrm{i}\sin\theta(0 \leqslant \theta < 2\pi)$ 是方程 (2.2.2) 的一个根, 则

$$
|b| = \left(a^4 + 4a^2 + 1 - (4a^3 + 4a)\cos\theta + 2a^2\cos 2\theta\right)^{1/2} \tag{2.2.7}
$$

证明   由方程 (2.2.4) 得知

$$
\begin{cases}
\cos(k+2)\theta - 2a\cos(k+1)\theta + a^2\cos k\theta = b \\
\sin(k+2)\theta - 2a\sin(k+1)\theta + a^2\sin k\theta = 0
\end{cases} \tag{2.2.8}
$$

则有

$$
b^2 = a^4 + 4a^2 + 1 - (4a^3 + 4a)\cos\theta + 2a^2\cos 2\theta
$$

因此,

$$
|b| = \left(a^4 + 4a^2 + 1 - (4a^3 + 4a)\cos\theta + 2a^2\cos 2\theta\right)^{1/2}
$$

由于 $a^4 + 4a^2 + 1 - (4a^3 + 4a)\cos\theta + 2a^2\cos 2\theta \geqslant (1-a)^4 \geqslant 0$, 因此存在实数 b 使式 (2.2.7) 成立. 此外, 当 $\theta = 0$ 时 (此时为正实根),

$$
|b| = (1-a)^2 \tag{2.2.9}
$$

当 $\theta = \pi$ 时 (此时为负实根),

$$
|b| = (1+a)^2 \tag{2.2.10}
$$

证毕.

为得知特征方程 (2.2.2) 的根的分布情况, 在引理 2.2.3 的基础上, 还需要得到满足 (2.2.7) 中 $|b|$ 的最小值, 即 $|b|$ 的第一个值使得方程 (2.2.2) 在单位圆上存在根.

引理 2.2.4   当 $\theta \in \left(0, \dfrac{\pi}{k+2}\right)$ 且满足 $\sin(k+2)\theta - 2a\sin(k+1)\theta + a^2\sin k\theta = 0$

时, 式 (2.2.7) 中的 $|b|$ 为最小值.

证明 如果 φ 是 (2.2.8) 的一个根, 则 $2\pi - \varphi$ 也是方程组 (2.2.8) 的一个根, 因此只需要在区间 $(0, \pi)$ 考虑方程组 (2.2.8). 令 $\mathrm{int}(x)$ 表示 x 的整数部分.

如果 $b < 0$, 由式 (2.2.5) 和式 (2.2.6) 可得 $\sin(k+2)\theta > 0$, 因此有

$$\frac{2mp}{k+2} < q < \frac{(2m+1)p}{k+2}, \quad m = 0, 1, 2, \cdots, \mathrm{int}\left(\frac{k+1}{2}\right)$$

类似地, 如果 $b > 0$, 则 $\sin(k+2)\theta < 0$, 因此有

$$\frac{(2m+1)\pi}{k+2} < \theta < \frac{(2m+2)\pi}{k+2}, \quad m = 0, 1, 2, \cdots, \mathrm{int}\left(\frac{k}{2}\right)$$

由方程 (2.2.7), $\dfrac{\mathrm{d}|b|}{\mathrm{d}\theta} > 0$, 因此当 $\theta \in \left(0, \dfrac{\pi}{k+2}\right)$ 且满足

$$\sin(k+2)\theta - 2a\sin(k+1)\theta + a^2 \sin k\theta = 0$$

时, 方程 (2.2.7) 中 $|b|$ 达到最小值. 证毕.

下面给出的两个引理分别提出了当 $b > 0$ 和 $b < 0$ 时, 方程 (2.2.4) 的所有根均在单位圆内的充要条件.

引理 2.2.5 假设 $b > 0$, 令 k 是一大于的正整数, 则当且仅当

$$b < (1-a)^2$$

时, 方程 (2.2.4) 的所有根均在单位圆内.

证明 当 b 从 0 开始变大时, 方程 (2.2.7) 的根 (除中间那个根以外) 开始向外移动. 设 b_1, b_2 和 b_3 分别表示方程 (2.2.4) 在单位圆上有正实根、复根和负实根 (如果存在) 时 b 的值. 由 (2.2.7), (2.2.9) 和 (2.2.10) 可得

$$b_1 = (1-a)^2$$
$$b_2 = \left(a^4 + 4a^2 + 1 - (4a^3 + 4a)\cos\theta + 2a^2\cos 2\theta\right)^{1/2}$$
$$b_3 = (1+a)^2$$

显然, $b_1 < b_2 < b_3$. 由引理 2.2.4 可知, 当 $\theta \in \left(0, \dfrac{\pi}{k+2}\right)$ 且满足 $\sin(k+2)\theta - 2a\sin(k+1)\theta + a^2\sin k\theta = 0$ 时, $|b_2|$ 的最小值使得方程 (2.2.4) 在单位圆上有复根. 当 b 从 0 开始变大时, 正实根、复根和负实根 (如果它存在) 先后到达单位圆. 因此, 当且仅当 $b < (1-a)^2$ 时, 方程 (2.2.4) 的所有根均在单位圆内. 证毕.

引理 2.2.6 假设 $b < 0$, 令 k 是一大于 1 的正整数, 则当且仅当

$$b > -\left(a^4 + 4a^2 + 1 - (4a^3 + 4a)\cos\phi + 2a^2\cos 2\phi\right)^{1/2}$$

时, 方程 (2.2.4) 的所有根均在单位圆内.

证明　当 b 从 0 开始减小时, 方程 (2.2.4) 的根开始向外移动. 设 b_1 和 b_2 分别表示方程 (2.2.4) 在单位圆上有复数根和负实根 (如果它存在) 时 b 的值. 由 (2.2.7) 和 (2.2.10) 得

$$b_1 = -\left(a^4 + 4a^2 + 1 - (4a^3 + 4a)\cos\phi + 2a^2\cos 2\phi\right)^{1/2}$$
$$b_2 = -(1+a)^2$$

显然, $b_1 > b_2$. 当 b 从 0 开始减小时, 复数根和负实根 (如果它存在) 先后到达单位圆. 因此, 当且仅当 $b > -\left(a^4 + 4a^2 + 1 - (4a^3 + 4a)\cos\phi + 2a^2\cos 2\phi\right)^{1/2}$ 时, 方程 (2.2.4) 的所有根均在单位圆内. 证毕.

由引理 2.2.5 和引理 2.2.6, 可以得到如下关于方程 (2.2.2) 根的分布情况的重要结论.

定理 2.2.1　假设 $a \in (0,1)$, b 为实数, k 为正整数, 则当且仅当

$$-\left(a^4 + 4a^2 + 1 - (4a^3 + 4a)\cos\phi + 2a^2\cos 2\phi\right)^{1/2} < b < (1-a)^2$$

时, 方程 (2.2.4) 的所有根均在单位圆内, 其中 $\phi \in \left(0, \dfrac{\pi}{k+2}\right)$ 且满足

$$\sin(k+2)\theta - 2a\sin(k+1)\theta + a^2\sin k\theta = 0$$

2.2.2　局部稳定性和分支分析

定理 2.2.2　当 $a \in (0,1)$, $\alpha_1, \alpha_2, \alpha_3, \alpha_4 \in \mathbb{R}$, $k_1, k_2 \in \mathbb{N}$, 对系统 (2.2.1) 有

(1) 当且仅当

$$-b_0 < \alpha_1\alpha_3 + \alpha_2\alpha_4 < (1-a)^2 \tag{2.2.11}$$

时, 系统 (2.2.1) 的零解是局部渐近稳定的;

(2) 当 $\alpha_1\alpha_3 + \alpha_2\alpha_4 = -b_0$, 系统 (2.2.1) 在原点存在 Neimark-Sacker 分支, 即从原点突然 "冒出" 一个不变集-圆周;

(3) 当 $\alpha_1\alpha_3 + \alpha_2\alpha_4 = (1-a)^2$, 系统 (2.2.1) 在原点存在 fold 分支.

证明　系统 (2.2.1) 存在平衡点 $(0,0,0)^{\mathrm{T}}$. 将系统 (2.2.1) 沿着 k_1 和 k_2 展开可得

$$\begin{cases} x^{(0)}(n+1) = ax^{(0)}(n) + \alpha_1 f_1(y_1^{(k_2)}(n)) + \alpha_2 f_1(y_2^{(k_2)}(n)) \\ x^{(i)}(n+1) = x^{(i-1)}(n), \quad \forall i = 1, 2, \cdots, k_1 \\ y_1^{(0)}(n+1) = ay_1^{(0)}(n) + \alpha_3 f_2(x^{(k_1)}(n)) \\ y_1^{(j)}(n+1) = y_1^{(j-1)}(n), \quad \forall j = 1, 2, \cdots, k_2 \\ y_2^{(0)}(n+1) = ay_2^{(0)}(n) + \alpha_4 f_3(x^{(k_1)}(n)) \\ y_2^{(l)}(n+1) = y_2^{(l-1)}(n), \quad \forall l = 1, 2, \cdots, k_2 \end{cases} \qquad \forall n \in \mathbb{N} \tag{2.2.12}$$

在平衡点 $(0, 0, \cdots, 0)^{\mathrm{T}} \in \mathbb{R}^{k_1 + 2k_2 + 3}$ 处, 系统 (2.2.11) 的雅可比矩阵为

$$
\hat{A} = \begin{bmatrix}
a & 0 & \cdots & 0 & 0 & 0 & 0 & \cdots & 0 & \alpha_1 & 0 & 0 & \cdots & 0 & \alpha_2 \\
1 & 0 & \cdots & 0 & 0 & 0 & 0 & \cdots & 0 & 0 & 0 & 0 & \cdots & 0 & 0 \\
0 & 1 & \cdots & 0 & 0 & 0 & 0 & \cdots & 0 & 0 & 0 & 0 & \cdots & 0 & 0 \\
\vdots & \vdots & & \vdots & \vdots & \vdots & \vdots & & \vdots & \vdots & \vdots & \vdots & & \vdots & \vdots \\
0 & 0 & \cdots & 1 & 0 & 0 & 0 & \cdots & 0 & 0 & 0 & 0 & \cdots & 1 & 0 \\
0 & 0 & \cdots & 0 & \alpha_3 & a & 0 & \cdots & 0 & 0 & 0 & 0 & \cdots & 0 & 0 \\
0 & 0 & \cdots & 0 & 0 & 1 & 0 & \cdots & 0 & 0 & 0 & 0 & \cdots & 0 & 0 \\
0 & 0 & \cdots & 0 & 0 & 0 & 1 & \cdots & 0 & 0 & 0 & 0 & \cdots & 0 & 0 \\
\vdots & \vdots & & \vdots & \vdots & \vdots & \vdots & & \vdots & \vdots & \vdots & \vdots & & \vdots & \vdots \\
0 & 0 & \cdots & 0 & 0 & 0 & 0 & \cdots & 1 & 0 & 0 & 0 & \cdots & 1 & 0 \\
0 & 0 & \cdots & 0 & \alpha_4 & 0 & 0 & \cdots & 0 & 0 & a & 0 & \cdots & 0 & 0 \\
0 & 0 & \cdots & 0 & 0 & 0 & 0 & \cdots & 0 & 0 & 1 & 0 & \cdots & 0 & 0 \\
0 & 0 & \cdots & 0 & 0 & 0 & 1 & \cdots & 0 & 0 & 0 & 1 & \cdots & 0 & 0 \\
\vdots & \vdots & & \vdots & \vdots & \vdots & \vdots & & \vdots & \vdots & \vdots & \vdots & & \vdots & \vdots \\
0 & 0 & \cdots & 0 & 0 & 0 & 0 & \cdots & 0 & 0 & 0 & 0 & \cdots & 1 & 0
\end{bmatrix}
$$

对于平衡点 $(0, 0, \cdots, 0)^{\mathrm{T}}$, 系统 (2.2.12) 的特征方程为

$$
(\lambda - a)\left((\lambda - a)^2 \lambda^k - (\alpha_1 \alpha_3 + \alpha_2 \alpha_4)\right) = 0 \tag{2.2.13}
$$

令 $b_0 = \left(a^4 + 4a^2 + 1 - (4a^3 + 4a)\cos\phi + 2a^2 \cos 2\phi\right)^{1/2}$, 其中 $\phi \in \left(0, \dfrac{\pi}{k+2}\right)$ 为方程 $\sin(k+2)\theta - 2a\sin(k+1)\theta + a^2 \sin k\theta = 0$ 的唯一解.

(1) 由定理 2.2.1 得知, 当且仅当不等式 (2.2.11) 成立时, 系统 (2.2.1) 的零解是局部渐近稳定的.

(2) 当 $\alpha_1 \alpha_3 + \alpha_2 \alpha_4 = -b_0$, 多项式 $P(\lambda) = (\lambda - a)\left((\lambda - a)^2 \lambda^k - (\alpha_1 \alpha_3 + \alpha_2 \alpha_4)\right)$ 在单位圆上有一对根 $\mathrm{e}^{\pm \mathrm{i}\phi}$, 其他所有的根均在单位圆内. 当 $\phi \in \left(0, \dfrac{\pi}{k+2}\right)$, 对于 $s = 1, 2, 3, 4$, 有 $\mathrm{e}^{\mathrm{i}s\phi} \neq 1$. 因此, 文献 [25] 中列出的 Neimark-Sacker分支的第一个非退化条件成立, Neimark-Sacker 分支的第二个非退化条件需要验证 $\left.\dfrac{\mathrm{d}|\lambda|}{\mathrm{d}b}\right|_{b=b^*} \neq 0$, 其中 $\lambda(b)$ 是方程 $(\lambda - a)^2 \lambda^k - b = 0$ 的根, 且满足 $b^* = -b_0$ 和 $\lambda(b^*) = \mathrm{e}^{\mathrm{i}\phi}$. 由于

$$
\begin{aligned}
\frac{\mathrm{d}|\lambda|^2}{\mathrm{d}b} &= \bar{\lambda}\frac{\mathrm{d}\lambda}{\mathrm{d}b} + \lambda\frac{\mathrm{d}\bar{\lambda}}{\mathrm{d}b} \\
&= \frac{\bar{\lambda}}{(k+2)\lambda^{k+1}-2(k+1)a\lambda^k+ka^2\lambda^{k-1}} + \frac{\lambda}{(k+2)\bar{\lambda}^{k+1}-2(k+1)a\bar{\lambda}^k+ka^2\bar{\lambda}^{k-1}}
\end{aligned}
$$

因此有

$$
\begin{aligned}
\left.\frac{\mathrm{d}|\lambda|^2}{\mathrm{d}b}\right|_{b=b^*} =&\ 2\left((k+2)\cos(k+2)\phi - 2a(k+1)\cos(k+1)\phi + ka^2\cos k\phi\right) \\
&/\left((k+2)^2 + (2a(k+1))^2 + (ka^2)^2 - 4(k+1)(k+2)a\cos\phi\right. \\
&\left. + 2k(k+2)a^2\cos 2\phi - 4k(k+1)a^3\cos\phi\right)
\end{aligned}
$$

上述分数的分母是严格正的, 则其符号由分子的符号确定, 而分子的符号在 $a \in$ $(0,1)$ 和 $k \in \mathbb{N}$ 时是严格负的, 因此 $\left.\dfrac{\mathrm{d}|\lambda|^2}{\mathrm{d}b}\right|_{b=b^*} < 0$. 从而, 当 $\alpha_1\alpha_3 + \alpha_2\alpha_4 = -b_0$, 系统 (2.2.1) 在原点存在 Neimark-Sacker 分支.

(3) 当 $\alpha_1\alpha_3 + \alpha_2\alpha_4 = (1-a)^2$ 时, $P(\lambda) = (\lambda - a)\left((\lambda - a)^2\lambda^k - (\alpha_1\alpha_3 + \alpha_2\alpha_4)\right)$ 在单位圆上有唯一根 $\lambda = 1$, 而其他所有的根均在单位圆内, 因此系统 (2.2.1) 在原点存在 fold 分支. 证毕.

2.2.3　Neimark-Sacker 分支的稳定性和方向

2.2.2 小节已经证明了当 $\alpha_1\alpha_3 + \alpha_2\alpha_4 = -b_0$ 时, 系统 (2.2.1) 在原点存在 Neimark-Sacker 分支. 在本小节, 将利用 Kuznetsov[32] 提出的关于离散系统的规范型和中心流形理论来讨论系统 (2.2.1)的 Neimark-Sacker 分支的稳定性和方向等属性.

设函数 $F : \mathbb{R}^{k_1+2k_2+3} \to \mathbb{R}^{k_1+2k_2+3}$ 为系统 (2.2.11) 的右端确定. 考虑算子 $\hat{A} = DF(0)$, $\hat{B} = D^2F(0)$ 和 $\hat{C} = D^3F(0)$.

当 $\alpha_1\alpha_3 + \alpha_2\alpha_4 = -b_0$ 时, 系统 (2.2.1) 的中心流形可以写成如下规范型[32]:

$$
w \mapsto \lambda w\left(1 + \frac{1}{2}d|w|^2\right) + O\left(|w|^4\right), \quad w \in \mathcal{C} \tag{2.2.14}
$$

其中

$$
d = \bar{\lambda}\left\langle p, \hat{C}(q,q,\bar{q}) + 2\hat{B}\left(q, (I-\hat{A})^{-1}\hat{B}(q,\bar{q})\right) + \hat{B}\left(\bar{q}, (\lambda^2 I - \hat{A})^{-1}\hat{B}(q,q)\right)\right\rangle
$$

满足 $\hat{A}q = \lambda q$, $\hat{A}^{\mathrm{T}}q = \bar{\lambda}q$ 和 $\langle p, q\rangle = 1\ \left(\langle p, q\rangle = \bar{p}^{\mathrm{T}}\right)$.

直接计算可得如下结论.

定理 2.2.3[29]　当

$$q = \left(\lambda^{k_1}q_1, \lambda^{k_1-1}q_1, \cdots, \lambda q_1, q_1, \lambda^{k_2}q_2, \lambda^{k_2-1}q_2, \cdots, \lambda q_2, q_2, \lambda^{k_2}q_3, \lambda^{k_2-1}q_3, \cdots, \lambda q_3, q_3\right)^{\mathrm{T}}$$
$$p = \left(p_1, (\bar{\lambda}-a)p_1, \bar{\lambda}(\bar{\lambda}-a)p_1, \cdots, \bar{\lambda}^{k_1-1}(\bar{\lambda}-a)p_1, p_2, (\bar{\lambda}-a)p_2, \bar{\lambda}(\bar{\lambda}-a)p_2, \cdots, \right.$$
$$\left. \bar{\lambda}^{k_2-1}(\bar{\lambda}-a)p_2, p_3, (\bar{\lambda}-a)p_3, \bar{\lambda}(\bar{\lambda}-a)p_3, \cdots, \bar{\lambda}^{k_2-1}(\bar{\lambda}-a)p_3\right)^{\mathrm{T}}$$

其中

$$q_1 = \lambda^{k_2}(\lambda-a), \quad q_2 = \alpha_3, \quad q_3 = \alpha_4$$
$$\bar{p}_1 = \frac{1}{(k+2)\lambda^{k+1} - 2(k+1)a\lambda^k + ka^2\lambda^{k-1}}$$
$$\bar{p}_2 = \frac{\alpha_1}{\lambda^{k_2}(\lambda-a)((k+2)\lambda^{k+1} - 2(k+1)a\lambda^k + ka^2\lambda^{k-1})}$$
$$\bar{p}_3 = \frac{\alpha_2}{\lambda^{k_2}(\lambda-a)((k+2)\lambda^{k+1} - 2(k+1)a\lambda^k + ka^2\lambda^{k-1})}$$

向量 $p, q \in \mathcal{C}^{k_1+2k_2+3}$ 满足

$$\hat{A}q = \lambda q, \quad \hat{A}^{\mathrm{T}}q = \bar{\lambda}q, \quad \langle p, q \rangle = 1$$

定理 2.2.4[32]　$\mathrm{Re}(d)$ 的符号决定了 Neimark-Sacker 分支的稳定性和方向. 如果 $\mathrm{Re}(d) < 0$, 则分支是超临界的, 即从原点分支出的周期解 (极限环) 是渐近稳定的; 如果 $\mathrm{Re}(d) > 0$, 则分支是次临界的, 即从原点分支出的周期解是不稳定的.

2.2.4　数值计算

例 2.2.1　考虑如下具有时滞的离散双向联想记忆神经网络模型:

$$\begin{cases} x(n+1) = 0.5x(n) + \alpha_1\tanh(y_1(n-k_2)) + \alpha_2\tanh(y_2(n-k_2)) \\ y_1(n+1) = 0.5y_1(n) + \alpha_3\sin(x(n-k_1)) \qquad\qquad \forall n \geqslant k_1, k_2 \\ y_2(n+1) = 0.5y_2(n) + \alpha_4\arctan(x(n-k_1)) \end{cases}$$

$$(2.2.15)$$

则 $a = 0.5$. 令 $k_1 = 4$, $k_2 = 1$, 则有 $k = 5$, 可知 $b^0 = 0.3134$, $(1-a)^2 = 0.25$. 由定理 2.2.2 知, 当 $a \in (-0.3134, 0.25)$ 时, 系统 (2.2.1) 的零解是局部渐近稳定的. 当 $\alpha_1\alpha_3 + \alpha_2\alpha_4 = -b_0 = -0.3134$ 时, 由于 $\mathrm{Re}(d) = -0.1178 < 0$, 因此系统 (2.2.1) 存在超临界的 Neimark-Sacker 分支 (图 2-4 ~ 图 2-6 所示). 令 $k_1 = 4$, $k_2 = 2$, 则有 $k = 6$, 可知 $b^0 = 0.3006$, $(1-a)^2 = 0.25$. 由定理 2.2.2 可知, 当 $a \in (-0.3006, 0.25)$ 时, 系统 (2.2.1) 的零解是局部渐近稳定的. 当 $\alpha_1\alpha_3 + \alpha_2\alpha_4 = -b_0 = -0.3134$ 时, 由于 $\mathrm{Re}(d) = -0.1353 < 0$, 因此系统 (2.2.1) 存在超临界的 Neimark-Sacker 分支 (图 2-7 和图 2-8).

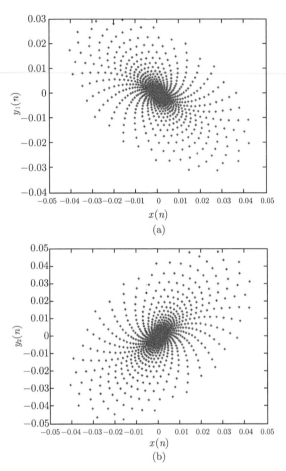

图 2-4　$\alpha_1 = 0.5$, $\alpha_2 = 0.8$, $\alpha_3 = 0.4$, $\alpha_4 = -0.63$, $k_1 = 4$, $k_2 = 1$, 初始条件为 $(0.05, 0.05, 0.05)$ 时, 系统 (2.2.15) 的平衡点是局部渐近稳定的

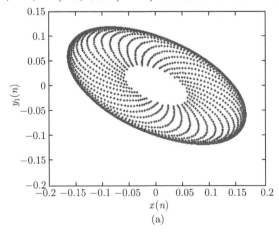

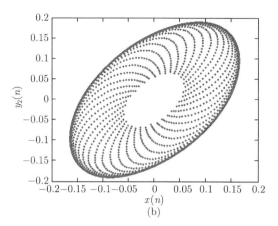

图 2-5 $\alpha_1 = 0.5$, $\alpha_2 = 0.8$, $\alpha_3 = 0.4$, $\alpha_4 = -0.65$, $k_1 = 4$, $k_2 = 1$, 初始条件为 $(0.05, 0.05, 0.05)$ 时, 系统 (2.2.15) 的平衡点是不稳定的且存在渐近稳定的极限环

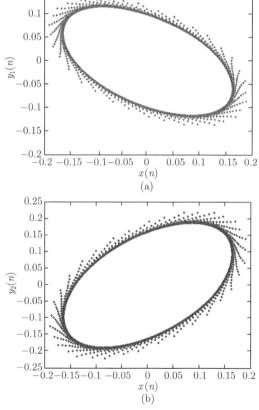

图 2-6 $\alpha_1 = 0.5$, $\alpha_2 = 0.8$, $\alpha_3 = 0.4$, $\alpha_4 = -0.65$, $k_1 = 4$, $k_2 = 1$, 初始条件为 $(0.2, 0.2, 0.2)$ 时, 系统 (2.2.15) 的平衡点是不稳定的且存在渐近稳定的极限环

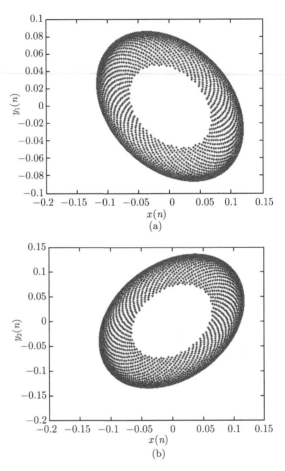

图 2-7　$\alpha_1 = 0.5$, $\alpha_2 = 0.8$, $\alpha_3 = 0.4$, $\alpha_4 = -0.63$, $k_1 = 4$, $k_2 = 2$, 初始条件为 $(0.05, 0.05, 0.05)$ 时, 系统 $(2.2.15)$ 的平衡点是不稳定的且存在渐近稳定的极限环

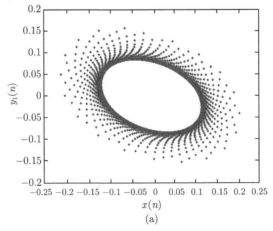

(a)

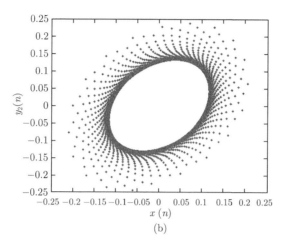

图 2-8 $\alpha_1 = 0.5$, $\alpha_2 = 0.8$, $\alpha_3 = 0.4$, $\alpha_4 = -0.63$, $k_1 = 4$, $k_2 = 2$, 初始条件为 $(0.2, 0.2, 0.2)$ 时, 系统 (2.2.15) 的平衡点是不稳定的且存在渐近稳定的极限环

2.3 具有时滞的反应扩散神经网络的稳定性与分支

如果考虑神经网络模型的动力学性态仅依赖于时间, 则此时的模型是常微分方程组. 如果不仅考虑动力学性态依赖于时间而且还考虑时间的延迟, 那么, 这时的神经网络模型是泛函微分方程组[33]. 然而, 严格地讲, 由于神经网络是通过电子电路实现的, 其电热效应不可避免, 又由于电磁场的密度一般来说是不均匀的, 电子在不均匀的电磁场运行过程中, 势必涉及扩散问题. 因此, 研究神经网络的动力学性态时不仅要考虑时间延迟, 还要研究状态空间对系统的影响. 然而, 时滞产生的振荡和不稳定性现象往往影响一个网络的稳定性, 因此研究具有常时滞的反应扩散神经网络的动力学性态更有理论和实际意义.

一般而言, 微分动力系统产生分支的根源在于它的结构不稳定性, 而这种结构不稳定性恰好出现在非线性系统在某个平衡状态处线性化系统的特征方程具有零实部特征根的情形. 因此判断一个系统是否存在分支往往需要研究原非线性系统在某个平衡状态处线性化系统的特征方程. 对于常微分方程系统而言, 可以结合 Routh-Hurwitz 代数判据来确定系统平衡状态的稳定性和分支的存在性. 但对于时滞扩散系统, 由于时滞和扩散的出现会使得一个系统变为无穷维的动力系统, 同时系统在某平衡状态处线性化系统的特征方程相应地变成了超越方程. 因此, 分析这些系统分支的存在性就变得相对复杂, 关于这类问题的研究可参看文献 [34]–[39].

本节在前人研究的基础上研究如下具有常时滞的反应扩散神经网络模型[40]:

$$
\begin{cases}
\dfrac{\partial u_1}{\partial t} = D_1 \Delta u_1 - a_1 u_1(t,x) + g_1(u_2(t-\tau,x)), \\[2mm]
\dfrac{\partial u_2}{\partial t} = D_2 \Delta u_2 - a_2 u_2(t,x) + g_2(u_1(t-\tau,x)),
\end{cases} \quad t>0, x \in \Omega \qquad (2.3.1)
$$

在 Neumann 边界条件和初始条件

$$
\begin{cases}
\dfrac{\partial u_i(t,x)}{\partial n} = \left(\dfrac{\partial u_i(t,x)}{\partial x_1}, \dfrac{\partial u_i(t,x)}{\partial x_2}, \cdots, \dfrac{\partial u_i(t,x)}{\partial x_l} \right) = 0, \quad i=1,2, t>0, x \in \partial\Omega \\[2mm]
u_1(t,x) = \phi_1(t,x), \quad u_2(t,x) = \phi_2(t,x), \quad t \in [-\tau,0], \quad x \in \bar{\Omega}
\end{cases}
$$
$$(2.3.2)$$

下的局部稳定性和分支问题. 系统 (2.3.1)–(2.3.2) 中, a_1, a_2, τ, D_1 和 D_2 均为正常数. a_1 和 a_2 为神经元的衰减时间常数; τ 为神经轴突信号传输时滞; D_1 和 D_2 为扩散系数; $g_i(i=1,2)$ 表示激励函数, 是 $\mathcal{C}^1$-光滑的且满足 $g_i(0)=0$; u_i 为第 i 个神经元的状态变量; $\Omega \in \mathbb{R}^l$ 为一具有光滑边界 $\partial\Omega$ 的有界区域, $\partial/\partial n$ 为 $\partial\Omega$ 上的单位外法向导数; $x=(x_1,x_2,\cdots,x_l)^{\mathrm{T}} \in \Omega \subset \mathbb{R}^l$, $\Omega = \left\{ x=(x_1,x_2,\cdots,x_l)^{\mathrm{T}} \big| |x_k| < m_k, k=1,2,\cdots,l \right\}$ 为空间 $\mathbb{R}^l$ 具有光滑边界 $\partial\Omega$ 和 $\mathrm{mes}\,\Omega > 0$ 的有界紧集; $\phi_i(t,x)(i=1,2)$ 非负的、Hölder 连续且在 $(-\infty,0) \times \bar{\Omega}$ 上满足 $\partial\phi_i/\partial n = 0$.

2.3.1　稳定性和局部 Hopf 分支

由 $g_i(0)=0$ 可知, 神经网络系统 (2.3.1) 存在平凡稳态解 $E^* = (0,0)$.

令 $0 = \mu_1 < \mu_2 < \cdots$ 为算子 $-\Delta$ 在 Neumann 边界条件下在 Ω 上的特征值, $E(\mu_i)$ 为 $\mathcal{C}^1(\Omega)$ 上 μ_i 的特征空间. 设 $\mathbb{X} = \left[\mathcal{C}^1(\Omega)\right]^2$, $\{\phi_{ij}; j=1,\cdots,\dim E(\mu_i)\}$ 为 $E(\mu_i)$ 的标准正交基, 且 $\mathbb{X}_{ij} = \left\{ c\phi_{ij} \big| c \in \mathbb{R}^2 \right\}$, 则

$$
\mathbb{X} = \bigoplus_{i=0}^{\infty} \mathbb{X}_i, \quad \mathbb{X}_i = \bigoplus_{j=1}^{\dim E(\mu_i)} \mathbb{X}_{ij}
$$

令 $\mathcal{D} = \mathrm{diag}(D_1, D_2)$, $\mathcal{L}u = \mathcal{D}\Delta u + \mathcal{G}(E^*)u$, 其中

$$
\mathcal{G}(E^*)u = \begin{pmatrix} -a_1 & 0 \\ 0 & -a_2 \end{pmatrix} \begin{pmatrix} u_1(t,x) \\ u_2(t,x) \end{pmatrix} + \begin{pmatrix} 0 & g_1'(0) \\ g_2'(0) & 0 \end{pmatrix} \begin{pmatrix} u_1(t-\tau,x) \\ u_2(t-\tau,x) \end{pmatrix}
$$

则系统 (2.3.1) 在 E^* 处的线性部分为 $u_t = \mathcal{L}u$. 对任意 $i \geqslant 1$, 在算子 $\mathcal{L}$ 下 $\mathbb{X}_i$ 是不变的. 同时, 当且仅当对某个 $i \geqslant 1$, λ 为矩阵 $-\mu_i \mathcal{D} + \mathcal{G}(E^*)$ 的特征值时, λ 为算子 $\mathcal{L}$ 的特征值, 此时在 $\mathbb{X}_i$ 上存在一特征向量.

矩阵 $-\mu_i \mathcal{D} + \mathcal{G}(E^*)$ 的特征方程为

$$
\lambda^2 + p_1 \lambda + p_0 + q_0 \mathrm{e}^{-2\lambda\tau} = 0 \qquad (2.3.3)
$$

其中

$$p_0 = (\mu_i D_1 + a_1)(\mu_i D_2 + a_2)$$
$$p_1 = \mu_i D_1 + a_1 + \mu_i D_2 + a_2$$
$$q_0 = -g_1'(0)g_2'(0)$$

当 $\tau = 0$, 方程 (2.3.3) 变为

$$\lambda^2 + p_1 \lambda + p_0 + q_0 = 0 \qquad (2.3.4)$$

其中

$$p_0 + q_0 = (\mu_i D_1 + a_1)(\mu_i D_2 + a_2) - g_1'(0)g_2'(0)$$

如果条件

$$(\text{H2.3.1}) \quad a_1 a_2 - g_1'(0)g_2'(0) > 0$$

成立, 则有 $p_0 + q_0 > 0, p_1 > 0$. 因此, 如果 (H2.3.1) 成立, 则当 $\tau = 0$, 在 Neumann 边界条件下系统 (2.3.1) 的平凡稳态解 E^* 是局部渐近稳定的.

设 $i\omega(\omega > 0)$ 是方程 (2.3.3) 的解, 将其代入 (2.3.3) 并分离实部和虚部得到

$$\omega^2 - p_0 = q_0 \cos 2\omega\tau$$
$$p_1 \omega = q_0 \sin 2\omega\tau \qquad (2.3.5)$$

将方程组 (2.3.5) 的两个方程分别平方并相加可得到

$$\omega^4 + (p_1^2 - 2p_0)\omega^2 + p_0^2 - q_0^2 = 0 \qquad (2.3.6)$$

令 $z = \omega^2$, 方程 (2.3.6) 变为

$$z^2 + (p_1^2 - 2p_0)z + p_0^2 - q_0^2 = 0 \qquad (2.3.7)$$

其中

$$p_1^2 - 2p_0 = (\mu_i D_1 + a_1)^2 + (\mu_i D_2 + a_2)^2 > 0$$
$$p_0^2 - q_0^2 = (\mu_i D_1 + a_1)^2(\mu_i D_2 + a_2)^2 - (g_1'(0)g_2'(0))^2$$

令

$$P = a_1 a_2 + g_1'(0)g_2'(0)$$
$$P_0 = a_1^2 a_2^2 - (g_1'(0)g_2'(0))^2 \qquad (2.3.8)$$
$$P_1 = a_1^2 + a_2^2 > 0$$

显然, 如果 $P_0 > 0$, 方程 (2.3.7) 不存在正实根. 因此, 如果 $P > 0$ 且条件 (H2.3.1) 成立, 则对任意 $i \geqslant 1$, $\tau \geqslant 0$, 在 Neumann 边界条件下系统 (2.3.1) 的平凡稳态解 E^* 是局部渐近稳定的.

当 $i = 1$ 时, 如果 $P < 0$, 则方程 (2.3.7) 存在唯一正实根

$$\omega_0 = \left(\frac{1}{2} \left(-P_1 + \sqrt{P_1^2 - 4P_0} \right) \right)^{1/2} \tag{2.3.9}$$

即当 $i = 1$ 时, 特征方程 (2.3.3) 存在一对纯虚根 $\pm i\omega_0$.

选择 $\omega = \left(\frac{1}{2} \left(-P_1 + \sqrt{P_1^2 - 4P_0} \right) \right)^{1/2}$, 显然, 当且仅当 $i = 1$ 时, 方程 (2.3.6) 成立. 定义

$$\tau_{0n} = \frac{1}{2\omega_0} \arccos \frac{\omega_0^2 - p_0}{q_0} + \frac{n\pi}{\omega_0}, \quad n = 0, 1, \cdots$$

当 $\tau = \tau_{0n}$ 时, 对于 $i = 1$, 方程 (2.3.3) 存在一对纯虚根 $\pm i\omega_0$; 对于 $i \geqslant 2$, 方程 (2.3.3) 的所有根均具有负实部. 如果条件 (H2.3.1) 成立, 当 $\tau = 0$ 时, 系统 (2.3.1) 的平凡稳态解 E^* 是局部渐近稳定的, 由文献 [42] 关于时滞微分方程特征方程的一般理论可知, 当 $\tau < \tau_0 = \tau_{00}$ 时 E^* 保持其稳定性.

接下来证明

$$\frac{\mathrm{d}(\mathrm{Re}\lambda)}{\mathrm{d}\tau} \bigg|_{\tau = \tau_0} > 0 \tag{2.3.10}$$

(2.3.10) 说明当 $\tau > \tau_0$ 时, 特征方程 (2.3.3) 至少存在一个具有正实部的特征值. 此时, Hopf 分支的存在性条件成立, 从而分支出周期解. 对方程 (2.3.3) 关于 τ 求导得

$$(2\lambda + p_1)\frac{\mathrm{d}\lambda}{\mathrm{d}\tau} - 2q_0 \mathrm{e}^{-2\lambda\tau}\left(\lambda + \tau\frac{\mathrm{d}\lambda}{\mathrm{d}\tau} \right) = 0$$

从而有

$$\left(\frac{\mathrm{d}\lambda}{\mathrm{d}\tau} \right)^{-1} = \frac{2\lambda + p_1 - 2\tau q_0 \mathrm{e}^{-2\lambda\tau}}{2\lambda q_0 \mathrm{e}^{-2\lambda\tau}} = \frac{(2\lambda + p_1)\mathrm{e}^{2\lambda\tau}}{2\lambda q_0} - \frac{\tau}{\lambda}$$

因此,

$$\mathrm{sgn}\left\{ \frac{\mathrm{d}(\mathrm{Re}\lambda)}{\mathrm{d}\tau} \right\}_{\lambda = i\omega_0}$$

$$= \mathrm{sgn}\left\{ \mathrm{Re}\left(\frac{\mathrm{d}\lambda}{\mathrm{d}\tau} \right)^{-1} \right\}_{\lambda = i\omega_0}$$

$$= \mathrm{sgn}\left\{ \mathrm{Re}\left[\frac{(2\lambda + p_1)\mathrm{e}^{2\lambda\tau}}{2\lambda q_0} \right]_{\lambda = i\omega_0} + \mathrm{Re}\left[-\frac{\tau}{\lambda} \right]_{\lambda = i\omega_0} \right\}$$

$$= \mathrm{sgn}\left\{ \frac{2\omega_0 \cos 2\omega_0\tau + p_1 \sin 2\omega_0\tau}{2\omega_0 q_0} \right\}$$

由 (2.3.5) 有

$$\mathrm{sgn}\left\{ \frac{\mathrm{d}(\mathrm{Re}(\lambda))}{\mathrm{d}\tau} \right\}_{\lambda = i\omega_0} = \mathrm{sgn}\left\{ \frac{2\omega_0^2 + p_1^2 - 2p_0}{2q_0^2} \right\}$$

由 $p_1^2 - 2p_0 > 0$ 可知

$$\left.\frac{\mathrm{d}(\mathrm{Re}(\lambda))}{\mathrm{d}\tau}\right|_{\tau=\tau_0,\omega=\omega_0} > 0$$

因此, 横截条件成立, 则当 $\omega = \omega_0$, $\tau = \tau_0$ 时, 系统 (2.3.1) 存在 Hopf 分支.

　　由上述讨论可以得出如下主要结论.

　　定理 2.3.1　　令 $\tau_0 = \tau_{00}$ 和 P 为 (2.3.8) 定义. 对于系统 (2.3.1), 假设条件 (H2.3.1) 成立. 如果 $P > 0$, 对任意 $\tau \geqslant 0$, 系统 (2.3.1) 的平凡稳态解 E^* 是局部渐近稳定的; 如果 $P < 0$, 当 $0 \leqslant \tau < \tau_0$ 时平凡稳态解 E^* 是局部渐近稳定的, 而当 $\tau > \tau_0$ 时 E^* 是不稳定的; 同时, 当 $\tau = \tau_0$ 时, 系统 (2.3.1) 在 E^* 处存在 Hopf 分支.

2.3.2　局部 Hopf 分支的性质

　　通过 2.3.1 小节的分析可知, 对于时滞的参数值 τ_0, 系统 (2.3.1) 在平凡稳态解 E^* 能分支出一系列的周期解. 本小节将通过使用 Wu[16] 关于偏泛函微分方程的中心流形理论讨论系统 (2.3.1) 的 Hopf 分支方向、分支周期解的稳定性和周期, 给出分支周期解在中心流形上轨道渐近稳定和不稳定的充分条件. 在本小节, 假设条件 (H2.3.1) 成立且有 $P < 0$.

　　定义 $\alpha = \tau - \tau_0$, 通过时间变化 $t \to t/\tau$ 将时滞 τ 标准化, 则系统 (2.3.1) 在相空间 $\ell^* = \mathcal{C}([-1, 0], X)$ 可以表示为

$$\dot{u}(t) = \tau_0 \mathcal{D}\Delta u(t) + \tau_0 \mathcal{G}(E^*)u(t) + f^*(u(t), \alpha) \tag{2.3.11}$$

其中对于 $\varphi = (\varphi_1, \varphi_2)^{\mathrm{T}} \in \ell^*$, $f^* : \ell^* \times \mathbb{R}^+ \to \mathbb{R}^2$ 为

$$f^*(\varphi, \alpha) = \alpha \mathcal{D}\Delta\varphi(0) + \tau_0 \mathcal{G}(E^*)(\varphi) + (\tau_0 + \alpha) \begin{pmatrix} \dfrac{1}{2!}g_1''(0)\varphi_2^2(-1) + \dfrac{1}{3!}g_1'''(0)\varphi_2^3(-1) + \cdots \\ \dfrac{1}{2!}g_2''(0)\varphi_1^2(-1) + \dfrac{1}{3!}g_2'''(0)\varphi_1^3(-1) + \cdots \end{pmatrix}$$

　　从 2.3.1 小节得知, E^* 为系统 (2.3.11) 的稳态解及 $\Lambda_0 = \{-\mathrm{i}\omega_0\tau_0, \mathrm{i}\omega_0\tau_0\}$ 为线性方程

$$\dot{u}(t) = \tau_0 \mathcal{D}\Delta u(t) + \tau_0 \mathcal{G}(E^*)u(t) \tag{2.3.12}$$

和泛函微分方程

$$\dot{z}(t) = \tau_0 \mathcal{G}(z_t) \tag{2.3.13}$$

的一对纯虚的特征值. 由 Riesz 表示定理知, 存在分量为有界变差函数的四阶矩阵 $\eta(\theta, \tau) : [-1, 0] \to \mathbb{R}^2$, 使得

$$\mathcal{G}(E^*)(\phi) = \frac{1}{\tau_0}\int_{-1}^{0} \mathrm{d}\eta(\theta, \tau_0)\phi(\theta), \quad \phi \in \mathcal{C} \tag{2.3.14}$$

事实上, 可选择

$$\eta(\theta, \tau_0) = \tau_0 \begin{pmatrix} -a_1 & 0 \\ 0 & -a_2 \end{pmatrix} \delta(\theta) - \tau_0 \begin{pmatrix} 0 & g_1'(0) \\ g_2'(0) & 0 \end{pmatrix} \delta(\theta + 1) \qquad (2.3.15)$$

其中 δ 为 Dirac delta 函数.

定义 $A(\tau_0)$ 表示由线性方程 (2.3.13) 生成的 $\mathcal{C}_0$ 半群的无穷小生成元:

$$A(\tau_0)\phi(\theta) = \begin{cases} \dfrac{\mathrm{d}\phi(\theta)}{\mathrm{d}\theta}, & \theta \in [-1, 0) \\ \displaystyle\int_{-1}^{0} \mathrm{d}\eta(s, \tau_0)\phi(s), & \theta = 0 \end{cases}$$

其中 $\phi \in \mathcal{C}^1\left([-1, 0], \mathbb{R}^2\right)$.

对于 $\psi \in \mathcal{C}^1\left([0, 1], (\mathbb{R}^2)^*\right)$, 定义

$$A^*\psi(s) = \begin{cases} \dfrac{\mathrm{d}\psi(s)}{\mathrm{d}s}, & s \in (0, 1] \\ \displaystyle\int_{-1}^{0} \mathrm{d}\eta^{\mathrm{T}}(t, \tau_0)\psi(-t), & s = 0 \end{cases}$$

和双线性内积

$$\langle \psi(s), \phi(\theta) \rangle = \psi(0)\phi(0) - \int_{-1}^{0} \int_{\xi=0}^{\theta} \psi(\xi - \theta) \mathrm{d}\eta(\theta)\phi(\xi)\mathrm{d}\xi$$

其中 $\eta(\theta) = \eta(\theta, \tau_0)$, 则 $A(\tau_0)$ 和 A^* 为一对共轭算子.

通过 2.3.1 小节的讨论可知, $A(\tau_0)$ 有一对纯虚的特征值 $\pm \mathrm{i}\omega_0\tau_0$. 由于 $A(\tau_0)$ 和 A^* 为一对共轭算子, 因此 $\pm \mathrm{i}\omega_0\tau_0$ 也是 A^* 的特征值. 令 P 和 P^* 分别为 $A(\tau_0)$ 和 A^* 关于 Λ_0 的中心空间, 则 P^* 为 P 的共轭空间且有 $\dim P = \dim P^* = 2$. 此外, 通过一些简单的计算能够得到下面的结论.

引理 2.3.1 令

$$\gamma = \frac{(a_1 + \mathrm{i}\omega_0)\mathrm{e}^{\mathrm{i}\omega_0\tau_0}}{g_1'(0)}, \quad \zeta = \frac{g_1'(0)\mathrm{e}^{\mathrm{i}\omega_0\tau_0}}{a_2 - \mathrm{i}\omega_0}$$

则

$$p_1(\theta) = \mathrm{e}^{\mathrm{i}\omega_0\tau_0\theta}(1, \gamma)^{\mathrm{T}}, \quad p_2(\theta) = \bar{p}_1(\theta), \quad -1 \leqslant \theta \leqslant 0$$

是 P 关于 Λ_0 的一个基;

$$q_1(s) = (1, \zeta)^{\mathrm{T}}\mathrm{e}^{-\mathrm{i}\omega_0\tau_0 s}, \quad q_2(s) = \bar{q}_1(s), \quad 0 \leqslant s \leqslant 1$$

是 Q 关于 Λ_0 的一个基.

令 $\Phi = (\Phi_1, \Phi_2)$, $\Psi^* = (\Psi_1^*, \Psi_2^*)^{\mathrm{T}}$, 其中对 $\theta \in [-1, 0]$, 有

$$\Phi_1(\theta) = \frac{p_1(\theta) + p_2(\theta)}{2}, \quad \Phi_2(\theta) = \frac{p_1(\theta) - p_2(\theta)}{2\mathrm{i}}$$

对 $s \in [-1, 0]$, 有

$$\Psi_1^*(s) = \frac{q_1(s) + q_2(s)}{2}, \quad \Psi_2^*(s) = \frac{q_1(s) - q_2(s)}{2\mathrm{i}}$$

定义 $(\Psi^*, \Phi) = (\Psi_j^*, \Phi_k)(j, k = 1, 2)$, 并为 Q 构建一个新的基 Ψ:

$$\Psi = (\Psi_1^*, \Psi_2^*)^{\mathrm{T}} = (\Psi^*, \Phi)^{-1}\Psi^*$$

显然 $(\Psi, \Phi) = I_2$ 为二阶单位矩阵.

另外, 定义 $f_0 = (\beta_0^1, \beta_0^2)$, $c \cdot f_0 = c_0\beta_0^1 + c_2\beta_0^2$, 其中 $c = (c_1, c_2)^{\mathrm{T}} \in \mathcal{C}$. 因此方程 (2.3.12) 的中心空间为

$$P_{\mathrm{CN}}\ell^* = \Phi(\Psi, \langle \varphi, f_0 \rangle) \cdot f_0, \quad \varphi \in \ell^*$$

其中 $\ell^* = P_{\mathrm{CN}}\ell^* \oplus Q$, 而 Q 为 $P_{\mathrm{CN}}\ell^*$ 的补子空间.

定义 A_{τ_0} 为

$$A_{\tau_0}\varphi(\theta) = \dot{\varphi}(\theta) + X_0(\theta)\left[\mathcal{D}\Delta\varphi(0) + \tau_0\mathcal{G}(E^*)\varphi(\theta) - \dot{\varphi}(0)\right], \quad \varphi \in \ell^*$$

其中 $X_0 : [-1, 0] \to B(X, X)$ 为

$$X_0(\theta) = \begin{cases} 0, & -1 \leqslant \theta < 0 \\ I, & \theta = 0 \end{cases}$$

那么 A_{τ_0} 是由方程 (2.3.12) 的解诱导出的半群的无穷小生成元, 且方程 (2.3.11) 可写成如下算子微分方程的形式:

$$\dot{u}(t) = A_{\tau_0}u(t) + X_0 f^*(u(t), \alpha)$$

方程 (2.3.11) 在中心流形上的解为

$$u^*(t) = \Phi(x_1, x_2)^{\mathrm{T}} \cdot f_0 + W(x_1, x_2, \alpha)$$

令

$$z = x_1 - \mathrm{i}x_2, \quad W = W_{20}\frac{z^2}{2} + W_{11}z\bar{z} + W_{02}\frac{\bar{z}^2}{2} + \cdots$$

则

$$z = \mathrm{i}\omega_0\tau_0 z + g(z, \bar{z}) \tag{2.3.16}$$

其中

$$g(z,\bar{z}) = (\Psi_1(0) - \mathrm{i}\Psi_2(0)) \left\langle f^*(u^*(t),0), \ f_0 \right\rangle \overset{\mathrm{def}}{=} g_{20}\frac{z^2}{2} + g_{11}z\bar{z} + g_{02}\frac{\bar{z}^2}{2} + g_{21}\frac{z^2\bar{z}}{2} + \cdots$$
$$(2.3.17)$$

直接计算可得

$$\left\langle f^*(u^*(t),0), f_0 \right\rangle = \frac{\tau_0}{8} \begin{pmatrix} b_{11}z^2 + b_{12}\bar{z}^2 + b_{13}z\bar{z} \\ b_{21}z^2 + b_{22}\bar{z}^2 + b_{23}z\bar{z} \end{pmatrix} + \frac{\tau_0}{16} \begin{pmatrix} \langle b_{01},1 \rangle \\ \langle b_{02},1 \rangle \end{pmatrix} z^2\bar{z} + \cdots$$

其中

$$b_{11} = g_1''(0)\gamma^2 \mathrm{e}^{-2\mathrm{i}\omega_0\tau_0}, \quad b_{12} = g_1''(0)\bar{\gamma}^2 \mathrm{e}^{2\mathrm{i}\omega_0\tau_0}, \quad b_{13} = 2g_1''(0)\gamma\bar{\gamma}$$
$$b_{21} = g_2''(0)\mathrm{e}^{-2\mathrm{i}\omega_0\tau_0}, \quad b_{22} = g_2''(0)\mathrm{e}^{2\mathrm{i}\omega_0\tau_0}, \quad b_{23} = 2g_2''(0)$$
$$b_{01} = 2g_1''(0)\left(2\gamma W_{11}^2(-1)\mathrm{e}^{-\mathrm{i}\omega_0\tau_0} + \bar{\gamma}W_{20}^2(-1)\mathrm{e}^{\mathrm{i}\omega_0\tau_0}\right) + g_1'''(0)\gamma^2\bar{\gamma}\mathrm{e}^{-\mathrm{i}\omega_0\tau_0}$$
$$b_{02} = 2g_2''(0)\left(2W_{11}^1(-1)\mathrm{e}^{-\mathrm{i}\omega_0\tau_0} + W_{20}^1(-1)\mathrm{e}^{\mathrm{i}\omega_0\tau_0}\right) + g_2'''(0)\mathrm{e}^{-\mathrm{i}\omega_0\tau_0}$$

令 $(\psi_1, \psi_2) = \Psi_1(0) - \mathrm{i}\Psi_2(0)$, 与 (2.3.17) 比较系数得

$$g_{20} = \frac{\tau_0}{4}\left(b_{11}\psi_1 + b_{21}\psi_2\right)$$
$$g_{02} = \frac{\tau_0}{4}\left(b_{12}\psi_1 + b_{22}\psi_2\right)$$
$$g_{11} = \frac{\tau_0}{8}\left(b_{13}\psi_1 + b_{23}\psi_2\right)$$
$$g_{21} = \frac{\tau_0}{8}\left(\langle b_{01},1\rangle \psi_1 + \langle b_{02},1\rangle \psi_2\right)$$

接下来在区间 $\theta \in [-1,0]$ 上计算 $W_{20}(\theta)$ 和 $W_{11}(\theta)$.
由文献 [41] 可知

$$W = A_{\tau_0}W + H(z,\bar{z}) \tag{2.3.18}$$

其中

$$\begin{aligned} H(z,\bar{z}) &= H_{20}\frac{z^2}{2} + H_{11}z\bar{z} + H_{02}\frac{\bar{z}^2}{2} + \cdots \\ &= X_0 f^*(u^*(t),0) - \Phi\left(\Psi, \langle X_0 f^*(u^*(t),\alpha)f_0\rangle\right) \cdot f_0 \end{aligned} \tag{2.3.19}$$

$H_{ij} \in Q,\ i+j = 2.$ 由 (2.3.16), (2.3.18) 和 (2.3.19) 有

$$(A_{\tau_0} - 2\mathrm{i}\omega_0\tau_0)W_{20}(\theta) = -H_{20}(\theta), \ A_{\tau_0}W_{11}(\theta) = -H_{11}(\theta), \cdots \tag{2.3.20}$$

由 (2.3.20), 对于 $\theta \in [-1,0]$ 有

$$H(z,\bar{z}) = -\frac{1}{2}\left[g_{20}p_1(\theta) + \bar{g}_{02}p_2(\theta)\right]z^2 \cdot f_0 - \left[g_{11}p_1(\theta) + \bar{g}_{11}p_2(\theta)\right]z\bar{z} \cdot f_0 + \cdots \tag{2.3.21}$$

将 (2.3.21) 与 (2.3.19) 比较系数可得

$$H_{20}(\theta) = -[g_{20}p_1(\theta) + \bar{g}_{02}p_2(\theta)] \cdot f_0 \qquad (2.3.22)$$

和

$$H_{11}(\theta) = -[g_{11}p_1(\theta) + \bar{g}_{11}p_2(\theta)] \cdot f_0 \qquad (2.3.23)$$

由 (2.3.20), (2.3.22) 以及 A_{τ_0} 的定义可知

$$\dot{W}_{20}(\theta) = 2\mathrm{i}\omega_0\tau_0 W_{20}(\theta) + [g_{20}p_1(\theta) + \bar{g}_{02}p_2(\theta)] \cdot f_0$$

由于 $p_1(\theta) = p_1(0)\mathrm{e}^{\mathrm{i}\omega_0\tau_0\theta}$, 因此

$$W_{20}(\theta) = \left[\frac{\mathrm{i}g_{20}}{\omega_0\tau_0}p_1(0)\mathrm{e}^{\mathrm{i}\omega_0\tau_0\theta} + \frac{\mathrm{i}\bar{g}_{02}}{3\omega_0\tau_0}p_2(0)\mathrm{e}^{-\mathrm{i}\omega_0\tau_0\theta}\right] \cdot f_0 + E_1\mathrm{e}^{2\mathrm{i}\omega_0\tau_0\theta} \qquad (2.3.24)$$

其中 $E_1 = \left(E_1^{(1)}, E_1^{(2)}\right) \in \mathbb{R}^2$.

类似地, 由 (2.3.20) 和 (2.3.23) 有

$$W_{11}(\theta) = \left[-\frac{\mathrm{i}g_{11}}{\omega_0\tau_0}p_1(0)\mathrm{e}^{\mathrm{i}\omega_0\tau_0\theta} + \frac{\mathrm{i}\bar{g}_{11}}{\omega_0\tau_0}p_2(0)\mathrm{e}^{-\mathrm{i}\omega_0\tau_0\theta}\right] \cdot f_0 + E_2 \qquad (2.3.25)$$

其中 $E_2 = \left(E_2^{(1)}, E_2^{(2)}\right) \in \mathbb{R}^2$.

由 (2.3.20) 和 A_{τ_0} 有

$$2\mathrm{i}\omega_0\tau_0 W_{20}(0) - \mathcal{D}\Delta W_{20}(0) - \mathcal{G}(E^*)W_{20}(\theta) = H_{20}(0) \qquad (2.3.26)$$

以及

$$-\mathcal{D}\Delta W_{11}(0) - \mathcal{G}(E^*)W_{11}(\theta) = H_{11}(0) \qquad (2.3.27)$$

其中

$$H_{20}(0) = \frac{\tau_0}{4}\left(\begin{array}{c} b_{11} \\ b_{21} \end{array}\right) - [g_{20}p_1(0) + \bar{g}_{02}p_2(0)] \cdot f_0 \qquad (2.3.28)$$

$$H_{11}(0) = \frac{\tau_0}{8}\left(\begin{array}{c} b_{13} \\ b_{23} \end{array}\right) - [g_{11}p_1(0) + \bar{g}_{11}p_2(0)] \cdot f_0 \qquad (2.3.29)$$

将 (2.3.24) 和 (2.3.28) 代入 (2.3.26) 可知

$$E_1 = \frac{1}{4}\left(\begin{array}{cc} 2\mathrm{i}\omega_0\tau_0 + a_1 & -g_1'(0)\mathrm{e}^{-2\mathrm{i}\omega_0\tau_0} \\ -g_2'(0)\mathrm{e}^{-2\mathrm{i}\omega_0\tau_0} & 2\mathrm{i}\omega_0\tau_0 + a_2 \end{array}\right)^{-1}\left(\begin{array}{c} b_{11} \\ b_{21} \end{array}\right) \qquad (2.3.30)$$

类似地, 将 (2.3.25) 和 (2.3.29) 代入 (2.3.27) 可得

$$E_2 = \frac{1}{8}\left(\begin{array}{cc} a_1 & -g_1'(0) \\ -g_2'(0) & a_2 \end{array}\right)^{-1}\left(\begin{array}{c} b_{13} \\ b_{23} \end{array}\right) \qquad (2.3.31)$$

因此, 可以计算下列各量:

$$c_1(0) = \frac{\mathrm{i}}{2\omega_0}\left(g_{11}g_{20} - 2|g_{11}|^2 - \frac{|g_{02}|^2}{3}\right) + \frac{g_{21}}{2}$$

$$\mu_2 = -\frac{\mathrm{Re}\{c_1(0)\}}{\mathrm{Re}\{\lambda'(\tau_0)\}}$$

$$\beta_2 = 2\mathrm{Re}\{c_1(0)\}$$

$$T_2 = -\frac{\mathrm{Im}\{c_1(0)\} + \mu_2\mathrm{Im}\{\lambda'(\tau_0)\}}{\omega_0}$$

(2.3.32)

其中, μ_2 确定 Hopf 分支方向: 如果 $\mu_2 > 0(\mu_2 < 0)$, 则 Hopf 分支是超临界(亚临界)的, 且当 $\tau > \tilde{\tau}(\tau < \tilde{\tau})$ 时存在分支周期解; β_2 确定分支周期解的稳定性: 若 $\beta_2 < 0(\beta_2 > 0)$, 则分支周期解是稳定 (不稳定) 的; T_2 确定分支周期解的周期: 若 $T_2 > 0(T_2 < 0)$, 则其周期是增 (减) 的.

2.3.3 数值仿真

本小节将使用求解偏微分方程的古典隐式格式和求解滞后微分差分方程的分步方法, 结合 Matlab 软件对神经网络系统 (2.3.1) 进行数值仿真, 说明所得结论的有效性.

例 2.3.1 对于系统 (2.3.1) 和 (2.3.2), 选择 $D_1 = D_2 = 1$, $a_1 = 0.6$, $a_2 = 0.2$, $g_1(x) = \tanh x$, $g_2(x) = -0.5\arctan x$, 则有

$$\begin{cases} \dfrac{\partial u_1}{\partial t} = \Delta u_1 - 0.6u_1(t,x) + \tanh(u_2(t-\tau,x)) \\[2mm] \dfrac{\partial u_2}{\partial t} = \Delta u_2 - 0.2u_2(t,x) - 0.5\arctan(u_1(t-\tau,x)) \\[2mm] 0 < x < 1, \quad t > 0 \end{cases}$$

(2.3.33)

及其 Neumann 边界条件

$$\begin{cases} \dfrac{\partial u_1(t,x)}{\partial n} = \dfrac{\partial u_2(t,x)}{\partial n} = 0, \quad t \geqslant 0, x = 0,1 \\[2mm] \left.\begin{array}{l} u_1(t,x) = 0.5(1+t/\pi)\sin(\pi x) \\[1mm] u_2(t,x) = (1+t/\pi)\sin(\pi x) \end{array}\right\} (t,x) \in [-\tau, 0] \times [0,1] \end{cases}$$

(2.3.34)

计算可得 $\tau_0 = 1.0072$, $\omega_0 = 0.5701$. 因此, 由定理 2.3.1 可知当 $0 \leqslant \tau < 1.0072$ 时, 平凡稳态解 E^* 是局部渐近稳定的, 而当 $\tau > 1.0072$ 时 E^* 是不稳定的, 同时, 当 $\tau = 1.0072$, 系统 (2.3.1) 在 E^* 处存在 Hopf 分支, 且有 $c_1(0) = -0.0824 - 0.1273\mathrm{i}$, $\mu_2 > 0$, $\beta_2 < 0$, 因此当 τ 穿过 $\tau = 1.0072$ 时, 在平凡稳态解 E^* 附近出现一个空间齐次的渐近稳定周期解, 如图 2-9 和图 2-10 所示.

例 2.3.2 对于神经网络系统 (2.3.1), 选择 $D_1 = D_2 = 0.001$, $a_1 = 0.5$, $a_2 = 0.2$, $g_1(x) = \tanh x$, $g_2(x) = -0.5 \arctan x$, 则有

$$\begin{cases} \dfrac{\partial u_1}{\partial t} = 0.001\Delta u_1 - 0.6u_1(t,x) + \tanh(u_2(t-\tau, x)) \\ \dfrac{\partial u_2}{\partial t} = 0.001\Delta u_2 - 0.5u_2(t,x) - 0.5\arctan(u_1(t-\tau, x)) \\ 0 < x < 1, \quad t > 0 \end{cases} \quad (2.3.35)$$

此时, 通过数值模拟考虑 (2.3.35) 在 Dirichlet 边界条件和初始条件

$$\begin{cases} u_1(t,0) = u_1(t,1) = u_2(t,0) = u_2(t,1) = 0, \quad t \geqslant 0 \\ \left.\begin{array}{l} u_1(t,x) = 0.5(1+t/\pi)\sin(\pi x) \\ u_2(t,x) = (1+t/\pi)\sin(\pi x) \end{array}\right\} (t,x) \in [-\tau, 0] \times [0,1] \end{cases} \quad (2.3.36)$$

下的 Hopf 分支现象 (图 2-11 和图 2-12).

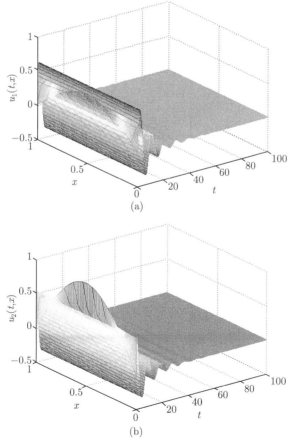

(a)

(b)

图 2-9 $\tau = 0.5$ 时, 系统 (2.3.33) 和 (2.3.34) 的平凡稳态解 E^* 是局部渐近稳定的

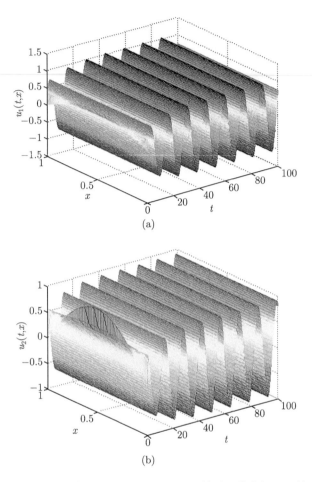

(a)

(b)

图 2-10　$\tau = 1.5$ 时, 系统 (2.3.33) 和 (2.3.34) 的平凡稳态解 E^* 是不稳定的
且存在渐近稳定的周期解

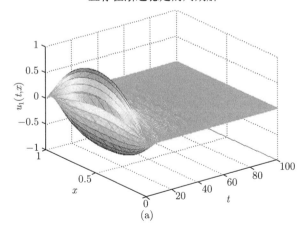

(a)

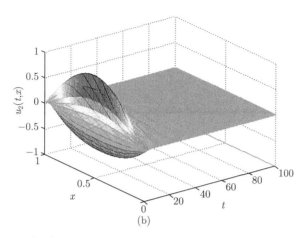

(b)

图 2-11　$\tau = 1$ 时, 系统 (2.3.35) 和 (2.3.36) 的平凡稳态解 E^* 是局部渐近稳定的

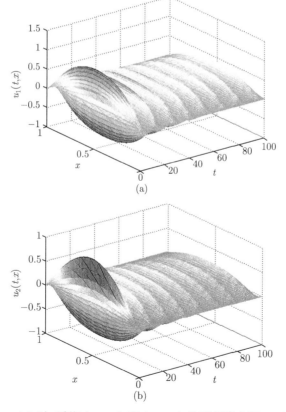

图 2-12　$\tau = 1.8$ 时, 系统 (2.3.35) 和 (2.3.36) 的平凡稳态解 E^* 是不稳定的
且存在渐近稳定的周期解

参 考 文 献

[1] Stepan G. Retarded Dynamical Systems: Stability and Characteristic Functions [M]. London: Longman, 1989.

[2] Hu H, Dowell E H, Virgin L N. Stability estimation of high dimensional vibrating systems under state delay feedback control [J]. Journal of Sound and Vibration, 1998, 214(3): 497–511.

[3] Wang Z, Hu H. Delay-independent stability of retarded dynamic systems of multiple degree of freedom [J]. Journal of Sound and Vibration, 1999, 226(1): 57–81.

[4] Gan Q, Xu R, Yang P. Bifurcation analysis for a predator-prey system with prey dispersal and time delay [J]. International Journal of Biomathematics, 2008, 1: 209–224.

[5] Xu R, Gan Q, Ma Z. Stability and bifurcation analysis on a ratio-dependent predator-prey model with time delay [J]. Journal of Computational and Applied Mathematics, 2009, 230: 187–203.

[6] Xu R, Ma Z, Gan Q. Stability and bifurcation in a Beddington-Deangelis type predator-prey model with prey dispersal [J]. Rocky Mountain Journal of Mathematics, 2008, 38: 1761–1784.

[7] Xu R, Wang Z, Zhang F. Global stability and Hopf bifurcations of an SEIR epidemiological model with logistic growth and time delay [J]. Applied Mathematics and Computation, 2015, 269: 332–342.

[8] Tian X, Xu R. Global stability and Hopf bifurcation of an HIV-1 infection model with saturation incidence and delayed CTL immune response [J]. Applied Mathematics and Computation, 2014, 237: 146–154.

[9] Liu Q, Xu R. Stability and bifurcation of a Cohen-Grossberg neural network with discrete delays [J]. Applied Mathematics and Computation, 2012, 218(6): 2850–2862.

[10] Song Y, Han M, Wei J. Stability and Hopf bifurcation analysis on a simplified BAM neural network with delays [J]. Physica D, 2005, 200: 185–204.

[11] Yu W, Cao J. Stability and Hopf bifurcation analysis on a four-neuron BAM neural network with time delays [J]. Physics Letters A, 2006, 351: 64–78.

[12] Zhao H, Wang L. Hopf bifurcation in Cohen-Grossberg neural network with distributed delays [J]. Nonlinear Analysis: Real World Applications, 2007, 8: 73–89.

[13] Liu X, Wei J. On the zeros of a fourth degree exponential polynomial with applications to a neural network model with delays [J]. Chaos, Solitons & Fractals, 2005, 26: 519–526.

[14] Hale J, Lunel S. Introduction to Functional Differential Equations [M]. New York: Springer-Verlag, 1993.

[15] Hassard B, Kazarinoff D, Wan Y. Theory and Applications of Hopf Bifurcation [M]. Cambridge: Cambridge University Press, 1981.

[16] Wu J. Theory and Applications of Partial Functional Differential Equations [M]. New York: Springer-Verlag, 1996.

[17] Faria T, Magalhaes L T. Normal forms for retarded functional differential equations with parameters and applications to Hopf bifurcation [J]. Journal of Differential Equations, 1995, 122: 181–200.

[18] Faria T, Magalhaes L T. Normal forms for retarded functional differential equations and applications to Bogdanov-Takens singularity [J]. Journal of Differential Equations, 1995, 122: 201–224.

[19] Peng J, Qiao H, Xu Z. A new approach to stability of neural networks with time-varying delays [J]. Neural Networks, 2002, 15: 95–103.

[20] Song Y, Han M, Wei J. Stability and Hopf bifurcation analysis on a simplified BAM neural network with delays [J]. Physica D, 2005, 200: 185–204.

[21] Sun C, Han M. Global Hopf bifurcation analysis on a BAM neural network with delays [J]. Mathematical and Computer Modelling, 2007, 45: 61–67.

[22] Chen H C, Hung Y C, Chen C K, Liao T L, Chen C K. Image-processing algorithms realized by discrete-time cellular neural networks and their circuit implementations [J]. Chaos, Solitons & Fractals, 2006, 29: 1100–1108.

[23] Wang J. An improved discrete Hopfield neural network for Max-Cut problems [J]. Neurocomputing, 2006, 69: 1665–1669.

[24] Yashtini M, Malek A. A discrete-time neural network for solving nonlinear convex problems with hybrid constraints [J]. Applied Mathematics and Computation, 2008, 195: 576–584.

[25] Wang J, Tang Z, Xu X, Li Y. A discrete competitive Hopfield neural network for cellular channel assignment problems [J]. Neurocomputing, 2005, 67: 436–442.

[26] Zhang C, Zheng B. Stability and bifurcation of a two-dimension discrete neural network model with multi-delays [J]. Chaos, Solitons & Fractals, 2007, 31: 1232–1242.

[27] Zheng B, Zhang Y, Zhang C. Stability and bifurcation of a discrete BAM neural network model with delays [J]. Chaos, Solitons & Fractals, 2008, 36: 612–616.

[28] Kaslik E, Balint St. Bifurcation analysis for a two-dimensional delayed discrete-time Hopfield neural network [J]. Chaos, Solitons & Fractals, 2007, 34: 1245–1253.

[29] Kaslik E, Balint St. Bifurcation analysis for a discrete-time Hopfield neural network of two neurons with two delays and self-connections [J]. Chaos, Solitons & Fractals, 2009, 39: 83–91.

[30] Kuruklis S A. The asymptotic stability of $x_{n+1} - ax_n + bx_{n-k} = 0$ [J]. Journal of Mathematical Analysis and Applications, 1994, 188: 719–731.

[31] Gan Q, Xu R, Hu W, Yang P. Bifurcation analysis for a tri-neuron discrete-time BAM neural network with delay [J]. Chaos, Solitons & Fractals, 2009, 42: 2502–2511.

[32]　Kuznetsov A. Element of Applied Bifurcation Theory [M]. New York: Springer-Verlag, 1998.

[33]　王林山. 时滞递归神经网络 [M]. 北京: 科学出版社, 2008.

[34]　Bellman R, Cooke K. Differential-Difference Equations [M]. New York: Academic, 1963.

[35]　Beretta E, Kuang Y. Geometric stability switch criteria in delay differential systems with delay-dependent parameters [J]. SIAM Journal on Mathematical Analysis, 2002, 33: 1144–1165.

[36]　Beretta E, Kuang Y. Extension of a geometric stability switch criteria [J]. Funkcialaj Ekvacioj, 2003, 46: 337–361.

[37]　Hayes N. Roots of the transcendental equation associated to a certain difference differential equation [J]. Journal of the London Mathematical Society, 1950, 25: 226–232.

[38]　Ruan S, Wei J. On the zeros of a third degree exponential polynomial with applications to a delayed model for a control of testosterone secretion [J]. IMA Journal of Mathematics Applied in Medicine and Biology, 2001, 18: 41–52.

[49]　Ruan S, Wei J. On the zeros of transcendental functions with applications to stability of delay differential equations with two delays [J]. Dynamics of Continuous, Discrete and Impulsive Systems Series A: Mathematical Analysis, 2003, 10: 863–874.

[40]　Gan Q, Xu R. Stability and Hopf bifurcation of a delayed reaction-diffusion neural network [J]. Mathematical Methods in the Applied Sciences, 2011, 34: 1450–1459.

[41]　Kuang Y. Delay Differential Equations with Applications in Population Dynamics [M]. New York: Academic Press, 1993.

第 3 章　时滞神经网络的鲁棒稳定性

现实中的人工神经网络是通过一系列电阻、电容和放大器等电子元器件实现的, 这些电子元器件本身存在一定的参数不确定性. 同时, 在生物神经网络中, 信号的存储以及神经元之间的突触传输都会受到外界环境的干扰, 而且这些干扰往往表现出随机的特性. 因此, 在神经网络系统中总有一些人为不能控制的不确定因素存在, 如神经网络系统参数的波动、网络受到外部的扰动、模型误差等. 众多的研究结果表明, 神经网络会因为可能存在的不确定性和干扰而趋向于不稳定. 因此, 一个好的神经网络应该具有一定的鲁棒性, 建立具有不确定参数和外界干扰的时滞神经网络模型, 并分析其鲁棒稳定性具有重要的现实意义和挑战性.

研究时滞神经网络的鲁棒稳定性大致有三种方法: 第一种方法是基于 Lyapunov 稳定性理论, 通过选择一个与网络输出有关的 Lyapunov 泛函, 设法证明其有界性和单调性; 第二种方法是依据著名的 LaSalle 不变性原理; 第三种方法是基于数学分析中的 Bartellet 引理及其变形. 目前大多数文献中的稳定性都是依据个人经验通过构造合适的 Lyapunov 泛函进行证明. 本章充分考虑参数不确定性、脉冲干扰、随机扰动和模糊逻辑运算等因素对系统的影响, 建立更切合实际的时滞神经网络模型, 利用 Lyapunov 稳定性理论、M 矩阵理论、拓扑度理论、线性矩阵不等式等方法, 从理论上分析和证明神经网络系统模型的稳定收敛特性, 给出具有低保守性的稳定性判据, 神经网络系统的鲁棒性分析将有助于我们在实际的神经网络设计过程中减少 (甚至或避免) 不确定因素所带来的负面影响.

3.1　具有脉冲扰动的 Hopfield 神经网络的鲁棒稳定性

3.1.1　问题的描述

在许多连续系统中, 由于某种原因, 在极短的时间内系统状态能遭受突然的改变或干扰, 从而改变原来的运动轨迹, 这种现象称为脉冲现象 (由于变化时间往往可以忽略不计, 其突变或跳跃过程可看成在某时刻瞬时完成, 该时刻称为脉冲时刻). 这种脉冲现象在自然界中广泛存在, 例如, 药剂学中的定时给药的过程、种群生态系统的定时捕捞或补给、电路系统中开关的闭合、通信中的调频系统、经济学中的一些最优控制模型、机械运动过程或其他振动过程突然遭到的外加强迫力 (如打击或碰撞) 等, 都可能导致脉冲现象的发生[1].

研究发现, 脉冲对系统稳定性的影响具有两面性, 它可能使不稳定的系统稳定化, 也可能适得其反[2]. 前者说明我们可以利用脉冲输入实现对不稳定系统的控制, 例如, 对生物和经济模型的控制[3−5] 以及混沌系统的脉冲控制和同步[6−8].

为了进一步扩大神经网络的适用范围, Guan 和 Chen[9] 于 1999 年率先在 Hopfield 神经网络模型中引入了脉冲效应, 并研究了脉冲神经网络的全局指数稳定性及平衡点的存在唯一性. 文献 [10]−[28] 给出了脉冲时滞神经网络稳定性的一些新的研究成果, 对于脉冲时滞神经网络的发展起到了积极的推动作用.

本节在前人工作的基础上, 考虑如下具有周期系数、时变时滞和脉冲干扰的 Cohen-Grossberg 神经网络模型:

$$
\begin{cases}
\dot{x}_i(t) = -a_i(t, x_i)\Bigg[b_i(t, x_i) - \sum_{j=1}^{n} c_{ij}(t) f_j(x_j(t)) \\
\qquad\qquad - \sum_{j=1}^{n} d_{ij}(t) f_j(x_j(t - \tau_{ij}(t))) + I_i(t)\Bigg], \qquad t \neq t_k \\
\Delta x_i(t_k) = x_i(t_k^+) - x_i(t_k^-) = J_{ik}(x_i(t_k)), \qquad\qquad i = 1, 2, \cdots, n
\end{cases}
\tag{3.1.1}
$$

其中, x_i 表示第 i 个神经元的状态变量; 非负连续 $a_i : \mathbb{R}^+ \times \mathbb{R} \to \mathbb{R}^+$ 为放大函数; 连续函数 $b_i : \mathbb{R}^+ \times \mathbb{R} \to \mathbb{R}^+$ 表示适当的行为函数; c_{ij} 表示在 t 时刻第 j 个神经元与第 i 个神经元的连接强度; d_{ij} 表示在 $t - \tau_{ij}(t)$ 时刻第 j 个神经元与第 i 个神经元的连接强度; 非负函数 $\tau_{ij}(t)$ 表示在 t 时刻信号沿第 j 个神经元的轴突传输给第 i 个神经元对应的时滞; 激励函数 f_j 在 $\mathbb{R}$ 上是连续的; I_i 表示第 i 个神经元在 t 时刻的外部输入; J_{ik} 表示第 i 个神经元在 $t_k(t_1 < t_2 < \cdots$ 为严格单调增加序列且满足 $\lim_{k\to\infty} t_k = +\infty)$ 时刻的脉冲干扰量; n 表示神经网络中神经元的个数. 本节利用 Mawhin 延拓定理[29] 研究具有脉冲干扰的时滞 Cohen-Grossberg 神经网络系统 (3.1.1) 的周期解的存在性, 并通过构造适当的 Lyapunov-Krasovskii 泛函, 给出周期解的全局鲁棒指数稳定条件.

系统 (3.1.1) 的初始条件为

$$
x_i(s) = \varphi_i(s), \quad s \in [-\tau, 0], \quad i = 1, 2, \cdots, n
$$

其中 $\phi = (\phi_1(t), \phi_2(t), \cdots, \phi_n(t))^{\mathrm{T}} \in \mathcal{C}([-\tau, 0]; \mathbb{R}^n)$.

为方便讨论, 本节对系统 (3.1.1) 作如下假设:

(H3.1.1) $c_{ij}, d_{ij}, \tau_{ij}, I_i : \mathbb{R} \to \mathbb{R}$ 是具有周期 $\omega > 0$ 的周期函数, a_i 和 b_i 关于时间 t 是周期为 $\omega > 0$ 的周期函数, $i, j = 1, 2, \cdots, n$.

(H3.1.2) 存在正常数 $\underline{a}_i$ 和 $\bar{a}_i$ 使得对任意 $t, u \in \mathbb{R}$, $\underline{a}_i \leqslant a_i(t, u) \leqslant \bar{a}_i$ 成立, 其中 $i = 1, 2, \cdots, n$.

(H3.1.3) 存在正常数 $\underline{b}_i$ 和 $\bar{b}_i$ 使得对任意 $t, u \in \mathbb{R}$, $ub_i(t,u) \geqslant 0$ 和 $\underline{b}_i|u| \leqslant |b_i(t,u)| \leqslant \bar{b}_i|u|$ 成立, 其中 $i = 1, 2, \cdots, n$.

(H3.1.4) 存在非负常数 L_j 使得对任意 $u, v \in \mathbb{R}$, $|f_j(u) - f_j(v)| \leqslant L_j|u-v|$ 成立, 其中 $j = 1, 2, \cdots, n$.

(H3.1.5) 存在正整数 m 使得 $t_{k+m} = t_k + \omega$ 和 $J_{i(k+m)} = J_{ik}$ 成立, 其中 $i = 1, 2, \cdots, n, k = 1, 2, \cdots$.

为便于计算, 记

$$\tau_{ij}^+(t) = \max_{0 \leqslant t \leqslant \omega} \tau_{ij}(t), \quad \tau = \max_{1 \leqslant i,j \leqslant n} \tau_{ij}^+(t), \quad \tau_{ij}'^+(t) = \max_{0 \leqslant t \leqslant \omega} \tau_{ij}'(t)$$

$$\bar{c}_{ij} = \max_{0 \leqslant t \leqslant \omega} |c_{ij}(t)|, \quad \bar{d}_{ij} = \max_{0 \leqslant t \leqslant \omega} |d_{ij}(t)|$$

$$\bar{I}_i = \max_{0 \leqslant t \leqslant \omega} |I_i(t)|, \quad J_i = \sum_{k=1}^m |J_{ik}(x_i(t_k))|$$

定义 3.1.1 设神经网络 (3.1.1) 在初始条件 $\phi^* = (\phi_1^*(t), \phi_2^*(t), \cdots, \phi_n^*(t)) \in \mathcal{C}([-\tau, 0]; \mathbb{R}^n)$ 下的 ω-周期解为 $Z^*(t) = (x_1^*(t), x_2^*(t), \cdots, x_n^*(t))^{\mathrm{T}}$. 若存在常数 $\alpha > 0$ 和 $M > 1$ 使得对系统 (3.1.1) 在任意初始条件 $\phi \in \mathcal{C}([-\tau, 0]; \mathbb{R}^n)$ 下的任意解 $Z(t) = (x_1(t), x_2(t), \cdots, x_n(t))^{\mathrm{T}}$, 有

$$|x_i(t) - x_i^*(t)| \leqslant M \|\phi - \phi^*\|^{-\alpha t}, \quad \forall t > 0, \quad i = 1, 2, \cdots, n$$

则称 $Z^*(t)$ 为全局指数稳定的.

定义 3.1.2 对于 $n \times n$ 实矩阵 $K = (k_{ij})_{n \times n}$, 如果满足 $k_{ij} \leqslant 0$ $(i, j = 1, 2, \cdots, n, i \neq j)$ 和 $K^{-1} \geqslant 0$, 则称其为 M 矩阵.

引入如下记号:

$$|x_i|_\infty = \max_{0 \leqslant t \leqslant \omega} |x_i(t)|, \quad u(t) = (x_1(t), x_2(t), \cdots, x_n(t))^{\mathrm{T}}$$

$$|x_i|_k = \left(\int_0^\omega |x_i(t)|^k \mathrm{d}t \right)^{1/k}, \quad i = 1, 2, \cdots, n$$

设 X 为定义在 $\mathbb{R}$ 上的所有连续的 ω-周期函数 $u(t)$, 且 $\|u\|_X = \max\{|x_1|_\infty, |x_2|_\infty, \cdots, |x_n|_\infty\}$, 则在 $\|u\|_X$ 范数意义下, X 是 Banach 空间. 对任意 $u(t) = (x_1(t), x_2(t), \cdots, x_n(t))^{\mathrm{T}} \in X$, 令

$$(Lu)(t) = \dot{u}(t) = (\dot{x}_1(t), \dot{x}_2(t), \cdots, \dot{x}_n(t)), \quad \mathrm{Dom}L = \{u(t) : u(t) \in X, \dot{u}(t) \in X\} \tag{3.1.2}$$

$$(Nu)_i(t) = -a_i(t, x_i) \left[b_i(t, x_i) - \sum_{j=1}^n c_{ij}(t) f_j(x_j) - \sum_{j=1}^n d_{ij}(t) f_j(x_j(t - \tau_{ij}(t))) + I_i(t) \right] \tag{3.1.3}$$

$$Pu = Qu = \frac{1}{\omega} \int_0^\omega u(t)\mathrm{d}t = \left(\frac{1}{\omega} \int_0^\omega x_1(t)\mathrm{d}t, \frac{1}{\omega} \int_0^\omega x_2(t)\mathrm{d}t, \cdots, \frac{1}{\omega} \int_0^\omega x_n(t)\mathrm{d}t \right)^{\mathrm{T}}$$

由 (3.1.2) 和 (3.1.3) 可知, 算子方程 $Lx = \lambda Nx$ 等价于

$$\dot{x}_i(t) = -\lambda a_i(t, x_i)\left[b_i(t, x_i) - \sum_{j=1}^n c_{ij} f_j(x_j) - \sum_{j=1}^n d_{ij} f_j(x_j(t - \tau_{ij})) + I_i(t) \right] \quad (3.1.4)$$

其中 $\lambda \in (0, 1)$. 同时有 $\mathrm{Ker}L = \mathbb{R}^n$,

$$\mathrm{Im}L = \left\{ u(t) : u(t) = (x_1(t), \cdots, x_n(t))^{\mathrm{T}} \in X, \int_0^\omega x_1(t)\mathrm{d}t = \cdots = \int_0^\omega x_n(t)\mathrm{d}t = 0 \right\}$$

在 X 上是闭的, $\dim \mathrm{Ker}L = n = \mathrm{codim}\,\mathrm{Im}L$, 且 P 和 Q 是分别满足 $\mathrm{Im}P = \mathrm{Ker}L$ 和 $\mathrm{Ker}Q = \mathrm{Im}L$ 的连续映射, 从而, L 是指数为零的 Fredholm 算子. 定义映射 $L|_{\mathrm{Dom}L \cap \mathrm{Ker}P} \to Y$ 的逆为

$$(K_p u)_i(t) = \int_0^t x_i(s)\mathrm{d}s + \sum_{t > t_k} C_k - \frac{1}{\omega} \int_0^\omega \int_0^t x_i(s)\mathrm{d}s\mathrm{d}t - \sum_{k=1}^m C_k \quad (3.1.5)$$

因此, 由 (3.1.2) 和 (3.1.5) 可知, 对于任何有界开集 $\Omega \in X$, N 在 $\bar{\Omega}$ 上是 L-紧的.

　　引理 3.1.1[30,31]　　设 $K = (k_{ij})_{n \times n}$, 其中 $k_{ij} \leqslant 0, i, j = 1, 2, \cdots, n, i \neq j$, 则下列表述是等价的:

　　(1) K 是 M 矩阵.

　　(2) 存在向量 $\eta = (\eta_1, \eta_2, \cdots, \eta_n) > (0, 0, \cdots, 0)$ 使得 $\eta K > 0$.

　　(3) 存在向量 $\xi = (\xi_1, \xi_2, \cdots, \xi_n)^{\mathrm{T}} > (0, 0, \cdots, 0)^{\mathrm{T}}$ 使得 $K\xi > 0$.

3.1.2　周期解的存在性

　　定理 3.1.1　　假设 (H3.1.1)–(H3.1.5) 成立, 且有

(H3.1.6) 如果存在一向量 $\eta = (\eta_1, \eta_2, \cdots, \eta_n) > (0, 0, \cdots, 0)$ 使得

$$\bar{\eta} = (\bar{\eta}_1, \bar{\eta}_2, \cdots, \bar{\eta}_n) = \eta(E_n - \Lambda) > (0, 0, \cdots, 0)$$

其中, $\Lambda = (q_{ij})_{n \times n}$, $q_{ij} = \bar{a}_i \underline{a}_i^{-1} \underline{b}_i^{-1} (\bar{c}_{ij} + \bar{d}_{ij}) L_j$, $i, j = 1, 2, \cdots, n$, 则系统 (3.1.1) 至少存在一个 ω-周期解.

　　证明　　令 $u(t) = (x_1(t), x_2(t), \cdots, x_n(t))^{\mathrm{T}}$ 为 (3.1.4) 的任意 ω-周期解. 在区间

$[0, \omega]$ 上对 (3.1.4) 积分可得

$$
\int_0^\omega a_i(s, x_i(s)) b_i(s, x_i(s)) \mathrm{d}s = \int_0^\omega a_i(s, x_i(s)) \sum_{j=1}^n c_{ij}(s) f_j(x_j(s)) \mathrm{d}s
$$
$$
+ \int_0^\omega a_i(s, x_i(s)) \sum_{j=1}^n d_{ij}(s) f_j(x_j(s - \tau_{ij}(s))) \mathrm{d}s
$$
$$
- \int_0^\omega a_i(s, x_i(s)) I_i(s) \mathrm{d}s + \sum_{k=1}^m J_{ik}(x_i(t_k))
$$

　　由于 $x_i(t)(i = 1, 2, \cdots, n)$ 是连续可微的, 则存在 $t_i \in [0, \omega]$ 使得 $|x_i(t_i)| = \max\limits_{t \in [0, \omega]} |x_i(t)|$. 由 (3.1.4) 有

$$
\omega \underline{a}_i \underline{b}_i |x_i(t_i)| \leqslant \omega \bar{a}_i \left(\sum_{j=1}^n (\bar{c}_{ij} + \bar{d}_{ij}) L_j |x_j(t_j)| + \sum_{j=1}^n (\bar{c}_{ij} + \bar{d}_{ij}) |f_j(0)| + \bar{I}_i \right) + J_i
$$
$$
\tag{3.1.6}
$$

　　令

$$
F_i = \sum_{j=1}^n \bar{a}_i \underline{a}_i^{-1} \underline{b}_i^{-1} (\bar{c}_{ij} + \bar{d}_{ij}) |f_j(0)| + \bar{a}_i \underline{a}_i^{-1} \underline{b}_i^{-1} \bar{I}_i + \omega^{-1} \underline{a}_i^{-1} \underline{b}_i^{-1} J_i, \quad i = 1, 2, \cdots, n
$$

则由式 (3.1.3) 可知

$$
|x_i(t_i)| \leqslant \sum_{j=1}^n q_{ij} |x_j(t_j)| + F_i, \quad i = 1, 2, \cdots, n \tag{3.1.7}
$$

因此

$$
(E_n - \Lambda) (|x_1(t_1)|, |x_2(t_2)|, \cdots, |x_n(t_n)|)^{\mathrm{T}} \leqslant (F_1, F_2, \cdots, F_n)^{\mathrm{T}} := F \tag{3.1.8}
$$

　　由 (H3.1.6) 和 (3.1.8) 有

$$
\min \{\bar{\eta}_1, \bar{\eta}_2, \cdots, \bar{\eta}_n\} (|x_1(t_1)| + |x_2(t_2)| + \cdots + |x_n(t_n)|)
$$
$$
\leqslant \bar{\eta}_1 |x_1(t_1)| + \bar{\eta}_2 |x_2(t_2)| + \cdots + \bar{\eta}_n |x_n(t_n)|
$$
$$
= \eta (E_n - \Lambda) (|x_1(t_1)|, |x_2(t_2)|, \cdots, |x_n(t_n)|)^{\mathrm{T}}
$$
$$
\leqslant \eta (F_1, F_2, \cdots, F_n)^{\mathrm{T}} \stackrel{\mathrm{def}}{=} \eta_1 F_1 + \eta_2 F_2 + \cdots + \eta_n F_n \tag{3.1.9}
$$

因此, 对 $i = 1, 2, \cdots, n$, 有

$$
|x_i|_\infty = \max_{t \in [0, \omega]} |x_i(t)| = |x_i(t_i)| \leqslant \frac{\eta_1 F_1 + \eta_2 F_2 + \cdots + \eta_n F_n}{\min \{\bar{\eta}_1, \bar{\eta}_2, \cdots, \bar{\eta}_n\}} \stackrel{\mathrm{def}}{=} \delta^* \tag{3.1.10}
$$

同时, 由 (H3.1.6) 和引理 3.1.1 可知 $E_n - A$ 为 M 矩阵, 且存在向量 $\zeta = (\zeta_1, \zeta_2, \cdots, \zeta_n)^T > (0, 0, \cdots, 0)^T$ 使得 $(E_n - \Lambda)\zeta > (0, 0, \cdots, 0)^T$. 因此, 存在常数 $d > 1$ 使得 $\bar{\xi} = (\bar{\xi}_1, \bar{\xi}_2, \cdots, \bar{\xi}_n)^T = (d\zeta_1, d\zeta_2, \cdots, d\zeta_n)^T = d\zeta,\ \bar{\xi}_i = d\zeta_i > \delta^*, i = 1, 2, \cdots, n,$ 且有 $(E_n - \Lambda)\bar{\xi} > F.$

选择

$$\Omega = \left\{ u(t) \in X, -\bar{\xi} < u(t) < \bar{\xi}, \forall t \in \mathbb{R} \right\} \tag{3.1.11}$$

显然, 对于 Ω, Mawhin 延拓定理的条件 (1) 成立.

当 $u(t) = (x_1(t), x_2(t), \cdots, x_n(t))^T \in \partial\Omega \cap \mathrm{Ker}L$ 时, $u(t)$ 是 $\mathbb{R}^n$ 内的一个常向量, 且存在某个 $i \in \{1, 2, \cdots, n\}$ 使得 $|x_i| = \bar{\xi}_i$, 则

$$(QNu)_i = -\frac{1}{\omega} \int_0^\omega a_i(t, x_i) \left[b_i(t, x_i) - \sum_{j=1}^n c_{ij}(t) f_j(x_j) - \sum_{j=1}^n d_{ij}(t) f_j(x_j) + I_i(t) \right] \mathrm{d}t$$
$$+ \frac{1}{\omega} \sum_{k=1}^m J_{ik}(x_i(t_k)) \tag{3.1.12}$$

假设

$$|(QNu)_i| > 0 \tag{3.1.13}$$

否则, $|(QNu)_i| = 0$. 由 (3.1.12) 有

$$-\frac{1}{\omega} \int_0^\omega a_i(t, x_i) \left[b_i(t, x_i) - \sum_{j=1}^n c_{ij}(t) f_j(x_j) - \sum_{j=1}^n d_{ij}(t) f_j(x_j) + I_i(t) \right] \mathrm{d}t$$
$$+ \frac{1}{\omega} \sum_{k=1}^m J_{ik}(x_i(t_k)) = 0$$

因此, 存在 $t^* \in [0, \omega]$ 使得

$$-a_i(t^*, x_i) \left[b_i(t^*, x_i) - \sum_{j=1}^n c_{ij}(t^*) f_j(x_j) - \sum_{j=1}^n d_{ij}(t^*) f_j(x_j) + I_i(t^*) \right]$$
$$+ \frac{1}{\omega} \sum_{k=1}^m J_{ik}(x_i(t_k)) = 0$$

即

$$\underline{a_i}\underline{b_i}|x_i| \leqslant |a_i(t^*, x_i) b_i(t^*, x_i)|$$
$$= \left| \sum_{j=1}^n c_{ij}(t^*) f_j(x_j) + \sum_{j=1}^n d_{ij}(t^*) f_j(x_j) - I_i(t^*) + \frac{1}{\omega} \sum_{k=1}^m J_{ik}(x_i(t_k)) \right|$$

进而有

$$
\begin{aligned}
\bar{\xi}_i = |x_i| &\leqslant \sum_{j=1}^{n} \bar{a}_i \underline{a}_i^{-1} \underline{b}_i^{-1} (\bar{c}_{ij} + \bar{d}_{ij}) L_j |x_j| \\
&\quad + \sum_{j=1}^{n} \bar{a}_i \underline{a}_i^{-1} \underline{b}_i^{-1} (\bar{c}_{ij} + \bar{d}_{ij}) |f_j(0)| + \bar{a}_i \underline{a}_i^{-1} \underline{b}_i^{-1} \bar{I}_i + \omega^{-1} \underline{a}_i^{-1} \underline{b}_i^{-1} J_i \\
&= \sum_{j=1}^{n} q_{ij} |x_j| + F_i \leqslant \sum_{j=1}^{n} q_{ij} \bar{\xi}_j + F_i
\end{aligned}
$$

这说明 $((E_n - \Lambda)\bar{\xi})_i \leqslant F_i$, 这与 $(E_n - \Lambda)\bar{\xi} > F$ 互相矛盾, 因此 (3.1.13) 成立. 相应地, Mawhin 延拓定理的条件 (2) 成立.

对任意 $u = (x_1, x_2, \cdots, x_n)^{\mathrm{T}} \in \Omega \cap \mathrm{Ker}L = \Omega \cap \mathbb{R}^n$ 和 $\mu \in [0,1]$, 定义 Ψ: $\Omega \cap \mathrm{Ker}L \times X$:

$$
\Psi(u, \mu) = \mu \mathrm{diag}(-\bar{a}_1 \bar{b}_1, -\bar{a}_2 \bar{b}_2, \cdots, -\bar{a}_n \bar{b}_n) u + (1 - \mu) Q N u
$$

当 $u(t) = (x_1(t), x_2(t), \cdots, x_n(t))^{\mathrm{T}} \in \Omega \cap \mathrm{Ker}L$, $u(t)$ 是 $\mathbb{R}^n$ 内的一个常向量, 且存在某个 $i \in \{1, 2, \cdots, n\}$ 使得 $|x_i| = \bar{\xi}_i$, 则

$$
\begin{aligned}
&(\Psi(u, \mu))_i \\
&= -\mu \bar{a}_i \bar{b}_i x_i + (1 - \mu) \left\{ -\frac{1}{\omega} \int_0^{\omega} a_i(t, x_i) \left[b_i(t, x_i) - \sum_{j=1}^{n} (c_{ij}(t) + d_{ij}(t)) f_j(x_j) + I_i(t) \right] \mathrm{d}t \right. \\
&\quad \left. + \frac{1}{\omega} \sum_{k=1}^{m} J_{ik}(x_i(t_k)) \right\}
\end{aligned}
$$

$$(3.1.14)$$

假设

$$
|(\Psi(u, \mu))_i| > 0 \tag{3.1.15}
$$

否则, $|(\Psi(u, \mu))_i| = 0$, 即

$$
\begin{aligned}
&-\mu \bar{a}_i \bar{b}_i x_i + (1 - \mu) \left\{ -\frac{1}{\omega} \int_0^{\omega} a_i(t, x_i) \left[b_i(t, x_i) - \sum_{j=1}^{n} (c_{ij}(t) + d_{ij}(t)) f_j(x_j) + I_i(t) \right] \mathrm{d}t \right. \\
&\quad \left. + \frac{1}{\omega} \sum_{k=1}^{m} J_{ik}(x_i(t_k)) \right\} = 0
\end{aligned}
$$

因此, 存在 $t^{**} \in [0, \omega]$ 使得

$$
(1 - \mu) \left\{ -a_i(t^{**}, x_i) \left[b_i(t^{**}, x_i) - \sum_{j=1}^{n} (c_{ij}(t^{**}) + d_{ij}(t^{**})) f_j(x_j) + I_i(t^{**}) \right] \right.
$$

$$+ \frac{1}{\omega} \sum_{k=1}^{m} J_{ik}(x_i(t_k)) \Big\} - \mu \bar{a}_i \bar{b}_i x_i = 0 \tag{3.1.16}$$

下面分别讨论当 $x_i > 0$ 和 $x_i < 0$ 时 (3.1.15) 的可行性.

(1) 如果 $x_i > 0$, 由 (H3.1.2) 和 (H3.1.3) 有

$$a_i(t^{**}, x_i) b_i(t^{**}, x_i) - \bar{a}_i \bar{b}_i x_i \leqslant 0$$

则由 (3.1.16) 可知

$$- a_i(t^{**}, x_i) b_i(t^{**}, x_i) + (1-\mu) \Big\{ - a_i(t^{**}, x_i) \Big[-\sum_{j=1}^{n} (c_{ij}(t^{**}) + d_{ij}(t^{**})) f_j(x_j) + I_i(t^{**}) \Big]$$

$$+ \frac{1}{\omega} \sum_{k=1}^{m} J_{ik}(x_i(t_k)) \Big\}$$

$$\geqslant \mu \left[a_i(t^{**}, x_i) b_i(t^{**}, x_i) - \bar{a}_i \bar{b}_i x_i \right] - a_i(t^{**}, x_i) b_i(t^{**}, x_i) + (1 - \mu) \Big\{ - a_i(t^{**}, x_i)$$

$$\cdot \left[-\sum_{j=1}^{n} (c_{ij}(t^{**}) + d_{ij}(t^{**})) f_j(x_j) + I_i(t^{**}) \right] + \frac{1}{\omega} \sum_{k=1}^{m} J_{ik}(x_i(t_k)) \Big\} = 0 \tag{3.1.17}$$

由 (3.1.17) 可知

$$a_i(t^{**}, x_i) b_i(t^{**}, x_i) \leqslant a_i(t^{**}, x_i) \left| \sum_{j=1}^{n} (c_{ij}(t^{**}) + d_{ij}(t^{**})) f_j(x_j) - I_i(t^{**}) \right| + \omega^{-1} J_i \tag{3.1.18}$$

由于 $x_i > 0$, $b_i(t^{**}) \geqslant 0$, 从 (3.1.18) 可以看出

$$\underline{b}_i x_i \leqslant b_i(t^{**}, x_i) \leqslant \left| \sum_{j=1}^{n} (c_{ij}(t^{**}) + d_{ij}(t^{**})) f_j(x_j) - I_i(t^{**}) \right| + \underline{a}_i^{-1} \omega^{-1} J_i$$

因此,

$$\bar{\xi}_i = x_i \leqslant \sum_{j=1}^{n} \bar{a}_i \underline{a}_i^{-1} \underline{b}_i^{-1} (\bar{c}_{ij} + \bar{d}_{ij}) L_j |x_j| + \sum_{j=1}^{n} \bar{a}_i \underline{a}_i^{-1} \underline{b}_i^{-1} (\bar{c}_{ij} + \bar{d}_{ij}) |f_j(0)|$$

$$+ \bar{a}_i \underline{a}_i^{-1} \underline{b}_i^{-1} \bar{I}_i + \omega^{-1} \underline{a}_i^{-1} \underline{b}_i^{-1} J_i$$

$$= \sum_{j=1}^{n} q_{ij} |x_j| + F_i \leqslant \sum_{j=1}^{n} q_{ij} \bar{\xi}_j + F_i$$

这说明 $((E_n - \Lambda) \bar{\xi})_i \leqslant F_i$, 这与 $(E_n - \Lambda) \bar{\xi} > F$ 互相矛盾, 因此 (3.1.15) 成立.

(2) 如果 $x_i < 0$, (3.1.15) 同样成立 (类似于 $x_i > 0$ 时的证明过程, 在此省略). 因此有 $\Psi(x_1, x_2, \cdots, x_n, \mu) \neq (0, 0, \cdots, 0)^{\mathrm{T}}, \forall (x_1, x_2, \cdots, x_n) \in \partial\Omega \cap \mathrm{Ker}L, \mu \in [0, 1]$, 则根据拓扑度的性质可知

$$\deg\left\{QN, \Omega \cap \mathrm{Ker}L, (0, 0, \cdots, 0)^{\mathrm{T}}\right\}$$

$$= \deg\left\{\left(-\bar{a}_1\bar{b}_1 x_1, -\bar{a}_2\bar{b}_2 x_2, \cdots, -\bar{a}_n\bar{b}_n x_n\right)^{\mathrm{T}}, \Omega \cap \mathrm{Ker}L, (0, 0, \cdots, 0)^{\mathrm{T}}\right\} \neq 0$$

至此, Ω 满足 Mawhin 延拓定理的所有条件, 因此系统 (3.1.1) 至少存在一个 ω-周期解. 证毕.

3.1.3 周期解的全局指数稳定性

本小节将通过构造适当的 Lyapunov 泛函研究系统 (3.1.1) 周期解的全局指数稳定性.

定理 3.1.2 假设 (H3.1.1)–(H3.1.6) 成立, 且有

(H3.1.7) 存在正常数 L_i^a 使得对任意 $t, u, v \in \mathbb{R}$, $|a_i(t, u) - a_i(t, v)| < L_i^a |u - v|$ 成立, 其中 $i = 1, 2, \cdots, n$.

(H3.1.8) 对任 $t, u, v \in \mathbb{R}$ 存在正常数 L_i^{ab} 满足

$$[a_i(t, u)b_i(t, u) - a_i(t, v)b_i(t, v)](u - v) \geqslant 0$$

$$|a_i(t, u)b_i(t, u) - a_i(t, v)b_i(t, v)| \geqslant L_i^{ab}|u - v|$$

成立, 其中 $i = 1, 2, \cdots, n$.

(H3.1.9) 对任意 $u \in \mathbb{R}$, $|f_j(u)| \leqslant L_j|u|$ 成立, 其中 $j = 1, 2, \cdots, n$.

(H3.1.10) 存在常数 $\gamma > 0$ 满足 $(\gamma - k_i) + \sum\limits_{j=1}^{n} \bar{a}_i L_j \left(\bar{c}_{ij} + \dfrac{\bar{d}_{ij}}{1 - \tau_{ij}'^{+}} \mathrm{e}^{\gamma\tau_{ij}^{+}}\right) < 0$, 其中

$$k_i = L_i^{ab} - L_i^a \sum_{j=1}^{n} (\bar{c}_{ij} + \bar{d}_{ij}) L_j \delta^* - L_i^a \bar{I}_i, \quad i = 1, 2, \cdots, n.$$

(H3.1.11) $-2 < J_{ik} < 0$, 其中 $i, k = 1, 2, \cdots, n$, 则系统 (3.1.1) 的 ω-周期解是全局指数稳定的.

证明 由 (H3.1.9) 可知对 $j = 1, 2, \cdots, n$ 有 $|f_j(0)| = 0$. 定义 $y(t) = Z(t) - Z^*(t)$, 对 $i = 1, 2, \cdots, n$, 令

$$\alpha_i(t, y_i(t)) = a_i(t, y_i(t) + x_i^*(t))b_i(t, y_i(t) + x_i^*(t)) - a_i(t, x_i^*(t))b_i(t, x_i^*(t))$$

$$\beta_i(t, y_i(t)) = a_i(t, y_i(t) + x_i^*(t)) \sum_{j=1}^{n} c_{ij}(t) \left[f_j(y_j(t) + x_j^*(t)) - f_j(x_j^*(t))\right]$$

$$\bar{\beta}_i(t, y_i(t)) = a_i(t, y_i(t) + x_i^*(t)) \sum_{j=1}^{n} d_{ij}(t) \left[f_j(y_j(t - \tau_{ij}(t)) + x_j^*(t - \tau_{ij}(t))) - f_j(x_j^*(t - \tau_{ij}(t))) \right]$$

$$\gamma_i(t, y_i(t)) = [a_i(t, y_i(t) + x_i^*(t)) - a_i(t, x_i^*(t))] \sum_{j=1}^{n} c_{ij}(t) f_j(x_j^*(t))$$

$$\bar{\gamma}_i(t, y_i(t)) = [a_i(t, y_i(t) + x_i^*(t)) - a_i(t, x_i^*(t))] \sum_{j=1}^{n} d_{ij}(t) f_j(x_j^*(t - \tau_{ij}(t)))$$

$$\theta_i(t, y_i(t)) = [a_i(t, y_i(t) + x_i^*(t)) - a_i(t, x_i^*(t))] I_i(t)$$

则

$$\begin{cases} \dot{y}_i(t) = -\alpha_i(t, y_i) + \beta_i(t, y_i) + \bar{\beta}_i(t, y_i) + \gamma_i(t, y_i) + \bar{\gamma}_i(t, y_i) - \theta_i(t, y_i) \\ \Delta y_i(t_k) = y_i(t_k^+) - y_i(t_k^-) = J_{ik}(y_i(t_k)), \quad i = 1, 2, \cdots, n \end{cases} \quad (3.1.19)$$

对 $i = 1, 2, \cdots, n$, 由 (H3.1.2), (H3.1.4) 及 (H3.1.7)–(H3.1.9) 有

$$\begin{aligned} D^+ |y_i(t)| \leqslant & -\left[L_i^{ab} - L_i^a \sum_{j=1}^{n} (\bar{c}_{ij} + \bar{d}_{ij}) L_j \delta^* - L_i^a \bar{I}_i \right] |y_i| + \bar{a}_i \sum_{j=1}^{n} \bar{c}_{ij} L_j |y_j| \\ & + \bar{a}_i \sum_{j=1}^{n} \bar{d}_{ij} L_j |y_j(t - \tau_{ij})| \\ = & -k_i |y_i(t)| + \bar{a}_i \sum_{j=1}^{n} \bar{c}_{ij} L_j |y_j(t)| + \bar{a}_i \sum_{j=1}^{n} \bar{d}_{ij} L_j |y_j(t - \tau_{ij}(t))| \quad (3.1.20) \end{aligned}$$

定义

$$V(t) = \sum_{i=1}^{n} e^{\gamma t} |y_i(t)| + \sum_{i=1}^{n} \sum_{j=1}^{n} \frac{\bar{a}_i \bar{d}_{ij} L_j}{1 - \tau_{ij}'^+} \int_{t - \tau_{ij}(t)}^{t} |y_j(s)| e^{\gamma(s + \tau_{ij}^+)} ds \quad (3.1.21)$$

则有

$$\begin{aligned} D^+ V(t) \leqslant & \sum_{i=1}^{n} \gamma e^{\gamma t} |y_i(t)| - \sum_{i=1}^{n} e^{\gamma t} k_i |y_i(t)| + \sum_{i=1}^{n} e^{\gamma t} \bar{a}_i \sum_{j=1}^{n} \bar{c}_{ij} L_j |y_j(t)| \\ & + \sum_{i=1}^{n} e^{\gamma t} \bar{a}_i \sum_{j=1}^{n} \bar{d}_{ij} L_j |y_j(t - \tau_{ij}(t))| + \sum_{i=1}^{n} \sum_{j=1}^{n} \frac{\bar{a}_i \bar{d}_{ij} L_j}{1 - \tau_{ij}'^+} |y_j(t)| e^{\gamma(t + \tau_{ij}^+)} \\ & - \sum_{i=1}^{n} \sum_{j=1}^{n} \frac{\bar{a}_i \bar{d}_{ij} L_j}{1 - \tau_{ij}'^+} |y_j(t - \tau_{ij}(t))| e^{\gamma(t - \tau_{ij}(t) + \tau_{ij}^+)} (1 - \tau_{ij}'(t)) \quad (3.1.22) \end{aligned}$$

由 $1 - \tau'_{ij}(t) \geqslant 1 - \tau'^+_{ij}$ 和 $\mathrm{e}^{\gamma(t - \tau_{ij}(t) + \tau^+_{ij})} \geqslant \mathrm{e}^{\gamma t}$ 可知

$$
D^+ V(t) \leqslant \mathrm{e}^{\gamma t} \sum_{i=1}^{n} (\gamma - k_i) |y_i(t)| + \mathrm{e}^{\gamma t} \sum_{i=1}^{n} \sum_{j=1}^{n} \bar{a}_i L_j \left(\bar{c}_{ij} + \frac{\bar{d}_{ij}}{1 - \tau'^+_{ij}} \mathrm{e}^{\gamma \tau^+_{ij}} \right) |y_j(t)|
$$

$$
= \mathrm{e}^{\gamma t} \sum_{i=1}^{n} \left[(\gamma - k_i) + \sum_{j=1}^{n} \bar{a}_i L_j \left(\bar{c}_{ij} + \frac{\bar{d}_{ij}}{1 - \tau'^+_{ij}} \mathrm{e}^{\gamma \tau^+_{ij}} \right) \right] |y_i(t)| < 0 \quad (3.1.23)
$$

从而有 $V(t) \leqslant V(0)$.

由式 (3.1.21) 可知

$$
V(t) \geqslant \mathrm{e}^{\gamma t} \sum_{i=1}^{n} |y_i(t)| \tag{3.1.24}
$$

$$
V(0) = \sum_{i=1}^{n} |y_i(0)| + \sum_{i=1}^{n} \sum_{j=1}^{n} \frac{\bar{a}_i \bar{d}_{ij} L_j}{1 - \tau'^+_{ij}} \int_{-\tau_{ij}(0)}^{0} |y_j(s)| \mathrm{e}^{\gamma(s + \tau^+_{ij})} \mathrm{d}s
$$

$$
\leqslant \sum_{i=1}^{n} |y_i(0)| + \sum_{i=1}^{n} \sum_{j=1}^{n} \frac{\bar{a}_i \bar{d}_{ij} L_j}{1 - \tau'^+_{ij}} \tau^+_{ij} \mathrm{e}^{\gamma \tau^+_{ij}} \max_{-\tau^+_{ij} \leqslant t \leqslant 0} |y_j(t)| \leqslant M \|\varphi - \varphi^*\|
$$

$$
\tag{3.1.25}
$$

其中, $M = 1 + \sum_{i=1}^{n} \sum_{j=1}^{n} \frac{\bar{a}_i \bar{d}_{ij} L_j}{1 - \tau'^+_{ij}} \tau^+_{ij} \mathrm{e}^{\gamma \tau^+_{ij}} > 1$.

同时, 由 (H3.1.11) 有

$$
V(t_k^+) = \sum_{i=1}^{n} \mathrm{e}^{\gamma t_k^+} |y_i(t_k^+)| \sum_{i=1}^{n} \sum_{j=1}^{n} \frac{\bar{a}_i \bar{d}_{ij} L_j}{1 - \tau'^+_{ij}} \int_{t_k^+ - \tau_{ij}(t_k^+)}^{t_k^+} |y_j(s)| \mathrm{e}^{\gamma(s + \tau^+_{ij})} \mathrm{d}s
$$

$$
= \sum_{i=1}^{n} \mathrm{e}^{\gamma t_k} |(1 + J_{ik}) y_i(t_k)| + \sum_{i=1}^{n} \sum_{j=1}^{n} \frac{\bar{a}_i \bar{d}_{ij} L_j}{1 - \tau'^+_{ij}} \int_{t_k - \tau_{ij}(t_k)}^{t_k} |y_j(s)| \mathrm{e}^{\gamma(s + \tau^+_{ij})} \mathrm{d}s
$$

$$
\leqslant V(t_k) \tag{3.1.26}
$$

由 (3.1.24)–(3.1.26) 可知

$$
\sum_{i=1}^{n} |y_i(t)| = |x_i(t) - x_i^*(t)| \leqslant M \|\varphi - \varphi^*\| \mathrm{e}^{-\gamma t}, \quad i = 1, 2, \cdots, n
$$

即系统 (3.1.1) 的 ω-周期解是全局指数稳定的. 证毕.

3.1.4 数值模拟

例 3.1.1 考虑如下具有周期系数、常时滞和脉冲干扰的 Cohen-Grossberg 神

经网络模型:

$$
\begin{cases}
\dot{x}_1(t) = -\left(2 + \dfrac{1}{10\pi}\arctan x_1(t)\right)\left[x_1(t) - \dfrac{1}{24}(\sin t)\,|x_1(t)| - \dfrac{1}{24}(\cos t)\,|x_2(t)| \right. \\
\left. \qquad\qquad - \dfrac{1}{24}(\sin t)|x_1(t-0.35)| - \dfrac{1}{24}(\cos t)\,|x_2(t-0.56)| + 5\sin^2 t\right] \\[2mm]
\dot{x}_2(t) = -\left(2 + \dfrac{1}{10\pi}\arctan x_2(t)\right)\left[x_2(t) - \dfrac{1}{24}(\sin 2t)\,|x_1(t)| - \dfrac{1}{24}(\cos 4t)\,|x_2(t)| \right. \\
\left. \qquad\qquad - \dfrac{1}{24}(\sin 2t)\,|x_1(t-0.94)| - \dfrac{1}{24}(\cos 4t)\,|x_2(t-1.2)| + \dfrac{5}{12}\cos t\right] \\[2mm]
\Delta x_1(t_k) = x_1(t_k^+) - x_1(t_k^-) = \left(-1 + \cos\dfrac{2k\pi}{50}\right)x_1(t_k) \\[2mm]
\Delta x_2(t_k) = x_2(t_k^+) - x_2(t_k^-) = \left(-1 + \sin\dfrac{2k\pi}{50}\right)x_2(t_k)
\end{cases}
$$

$$(3.1.27)$$

直接计算可知

$$
\bar{\eta} = (\bar{\eta}_1, \bar{\eta}_2) = \left(\frac{5}{6}, \frac{5}{6}\right), \quad \delta^* = \frac{13}{2}, \quad k_1 = k_2 = \frac{8507}{8640}
$$

选择 $\gamma = 0.2$, 则有

$$
(\gamma - k_i) + \sum_{j=1}^{n} \bar{a}_i L_j\left(\bar{c}_{ij} + \frac{\bar{d}_{ij}}{1 - \tau_{ij}'^{+}}\mathrm{e}^{\gamma\tau_{ij}^{+}}\right) = -0.6175 < 0
$$

因此, 如图 3-1 所示, 系统 (3.1.1) 有全局指数稳定的 2π-周期解.

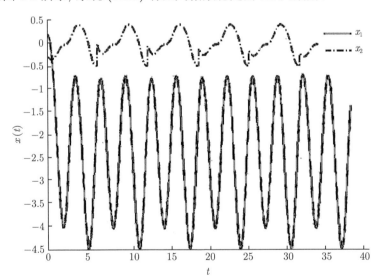

图 3-1　初始条件为 $(0.2, -0.3)$ 时系统 (3.1.27) 的时间序列图

3.2 具有不确定参数的随机 Cohen-Grossberg 神经网络的鲁棒稳定性

目前, 神经网络模型的研究正逐步深入, 其中的一个重要发展趋势是由单纯的神经计算向计算智能并结合脑科学研究的最新进展向生物智能方向迈进, 高阶神经网络模型是其典型代表. 高阶神经网络模型的生物学基础在于神经生物学的研究成果: 突触超微结构[32]. 神经生物学的研究成果表明, 突触连接除了二体相互作用的基本类型 (如轴-体突触、轴-树突触, 轴-轴突触), 还存在着多个神经成分依次排列相互作用产生的超微结构. 例如, 神经元中的侧棘在大脑的高级神经活动学习和记忆中起着重要作用. 突触超微结构在中枢神经系统内很多部位出现, 并在很大程度上决定了大脑发育的完善程度. 因此, 仅考虑生物神经系统二体突触相互作用的神经网络模型的性能指标往往具有局限性. 为提高网络性能, 可以给神经网络增加高阶连接权以加强其映射逼近能力和存储水平, 这就是所谓的高阶神经网络模型. 高阶神经网络由于拥有更强的近似估计属性、更快的收敛速度、更大的存储能量和比低阶神经网络更高的容错性, 因此进一步研究高阶神经网络模型和动力学性态, 不仅可以为神经网络模型开辟新的研究领域, 而且对于神经网络模型在生物医学、自动控制、认知科学、信息科学等方面的应用具有非常重要的宏观指导意义.

本节旨在利用 Brouwer 不动点定理讨论具有时变时滞、参数不确定性和随机扰动的高阶中立型 Hopfield 神经网络平衡点的存在性, 并通过构建恰当的 Lyapunov-Krasovskii 泛函与 Itô 公式研究系统在均方意义下是全局鲁棒指数稳定性.

3.2.1 问题的描述

考虑如下具有时变时滞、参数不确定性和随机外部干扰的高阶中立型 Hopfield 神经网络[33]:

$$
\begin{aligned}
\mathrm{d}y_i(t) - k_i\mathrm{d}y_i(t-h) = & \Big\{ -c_i(t)y_i(t) + \sum_{j=1}^{n} a_{ij}(t)g_j(y_j(t)) + \sum_{j=1}^{n} b_{ij}(t)g_j(y_j(t-\tau_j(t))) \\
& + \sum_{j=1}^{n}\sum_{l=1}^{n} T_{ijl}(t)g_j(y_j(t-\tau_j(t)))g_l(y_l(t-\tau_l(t))) + J_i \Big\}\mathrm{d}t \\
& + \rho_i(t, y_i(t), y_i(t-\tau_i(t)))\mathrm{d}\omega_i(t)
\end{aligned}
\tag{3.2.1}
$$

其中, $i \in \{1, 2, \cdots, n\}$, $t \geqslant t_0$; $y_i(t)$ 表示神经元 i 在 t 时刻的状态 (电压); $c_i(t) > 0$ 表示不确定的正变量, 它表示神经网络不连通并且无外部附加电压差的情况下第 i 个神经元恢复静息状态的速度; $a_{ij}(t)$ 和 $b_{ij}(t)$ 表示神经网络的一阶连接权值; T_{ijl}

表示神经网络的二阶连接权值; $\tau_j(t)(j=1,2,\cdots,n)$ 表示第 j 个神经元的传输时滞且满足 $0<\tau_j(t)\leqslant\bar\tau$ 及 $\dot\tau_j(t)\leqslant d<1$, $\dot\tau_j(t)$ 表示时变时滞 $\tau_j(t)$ 的变化率; 激励函数 g_j 在 $\mathbb{R}$ 上是连续的; J_i 表示第 i 个神经元的外部输入; k_i 表示连接权值; h 表示常时滞; ρ_i 表示随机干扰项的系数; 随机干扰 $\omega(t)=[\omega_1(t),\omega_2(t),\cdots,\omega_n(t)]^{\mathrm{T}}\in\mathbb{R}^n$ 表示定义在完备的概率空间 $(\Omega,\mathcal{F},(\mathcal{F}_t)_{t\in\mathbb{R}^+},\mathcal{P})$ 上具有自然流 $(\mathcal{F}_t)_{t\in\mathbb{R}^+}$ 的 Brown 运动且满足

$$\mathbb{E}\{\mathrm{d}\omega(t)\}=0,\quad \mathbb{E}\{\mathrm{d}\omega^2(t)\}=\mathrm{d}t$$

神经网络系统 (3.2.1) 的初值条件为

$$y_i(s)=\phi_i(s),\quad s\in[-\max\{\bar\tau,h\},0],\quad i=1,2,\cdots,n \tag{3.2.2}$$

其中 $\phi_i(s)(1,2,\cdots,n)$ 在 $[-\max\{\bar\tau,h\},0]\times\Omega$ 上连续.

假设存在正常数 L_i 和 χ_i 满足对任意 $u_i,v_i\in\mathbb{R}$ 有

$$|g_i(u_i)|\leqslant\chi_i,\quad 0<\frac{g_i(u_i)-g_i(v_i)}{u_i-v_i}\leqslant L_i$$

其中 $i=1,2,\cdots,n$.

时滞神经网络系统 (3.2.1) 中不确定性参数和随机因素的引入, 一方面使问题复杂化; 另一方面使得有大量基于鲁棒控制理论和现代概率论的新工具可供选择. 本节将利用 Lyapunov 稳定性理论、随机分析和线性矩阵不等式方法, 给出神经网络系统 (3.2.1) 在均方意义下的全局鲁棒指数稳定性条件.

3.2.2　平衡点的存在性

对于确定系统:

$$\mathrm{d}y_i(t)-k_i\mathrm{d}y_i(t-h)=\Big\{-c_i(t)y_i(t)+\sum_{j=1}^n a_{ij}(t)g_j(y_j(t))+\sum_{j=1}^n b_{ij}(t)g_j(y_j(t-\tau_j(t)))$$
$$+\sum_{j=1}^n\sum_{l=1}^n T_{ijl}(t)g_j(y_j(t-\tau_j(t)))g_l(y_l(t-\tau_l(t)))+J_i\Big\}\mathrm{d}t \tag{3.2.3}$$

有如下结论.

定理 3.2.1　系统 (3.2.3) 至少存在一个平衡点.

证明　假设 $y^*=(y_1^*,y_2^*,\cdots,y_n^*)^{\mathrm{T}}$ 为系统 (3.2.3) 的一个平衡点, 则 y^* 满足

$$-c_iy_i^*+\sum_{j=1}^n a_{ij}g_j(y_j^*)+\sum_{j=1}^n b_{ij}g_j(y_j^*)+\sum_{j=1}^n\sum_{l=1}^n T_{ijl}g_j(y_j^*)g_l(y_l^*)+J_i=0$$

由激励函数 g_j 的有界属性可知

$$\left| \sum_{j=1}^{n} a_{ij} g_j(y_j^*) + \sum_{j=1}^{n} b_{ij} g_j(y_j^*) + \sum_{j=1}^{n} \sum_{l=1}^{n} T_{ijl} g_j(y_j^*) g_l(y_l^*) + J_i \right|$$

$$\leqslant \sum_{j=1}^{n} (|a_{ij}| + |b_{ij}|) M_j + \sum_{j=1}^{n} \sum_{l=1}^{n} |T_{ijl}| M_j M_l + |J_i| \stackrel{\mathrm{def}}{=} P_i$$

定义连续有界映射:

$$h_i(y_1, y_2, \cdots, y_n) = \frac{1}{c_i} \left(\sum_{j=1}^{n} a_{ij} g_j(y_j) + \sum_{j=1}^{n} b_{ij} g_j(y_j) + \sum_{j=1}^{n} \sum_{l=1}^{n} T_{ijl} g_j(y_j) g_l(y_l) + J_i \right)$$

$$\leqslant \frac{P_i}{c_i} \stackrel{\mathrm{def}}{=} r_i$$

则 $h = (h_1, h_2, \cdots, h_n)^{\mathrm{T}}$ 将空间 $\Omega = [-r_1, r_1] \times [-r_2, r_2] \times \cdots \times [-r_n, r_n]$ 映射到自身. 因此, 由 Brouwer 不动点定理, 映射 h 至少存在一个平衡点.

为了保证系统 (3.2.1) 在初始条件 (3.2.2) 下解的存在性, 本节假设条件 (H3.2.1) $\rho_i(y_i^*) = 0, i = 1, 2, \cdots, n$ 成立, 则系统 (3.2.1) 至少存在一个平衡点. 证毕.

令 $x_i(t) = y_i(t) - y_i^*$, 由 Lagrange 中值定理可知, 系统 (3.2.1) 可以写成如下形式:

$$\mathrm{d}x_i(t) - k_i \mathrm{d}x_i(t - h)$$

$$= \left\{ c_i(t)(y_i^* - y_i(t)) + \sum_{j=1}^{n} a_{ij}(t) \left[g_j(y_j(t)) - g_j(y_j^*) \right] + \sum_{j=1}^{n} b_{ij}(t) \left[g_j(y_j(t - \tau_j(t))) - g_j(y_j^*) \right] \right.$$

$$+ \sum_{j=1}^{n} \sum_{l=1}^{n} T_{ijl}(t) \left[(g_j(y_j(t - \tau_j(t))) - g_j(y_j^*))(g_l(y_l(t - \tau_l(t))) - g_l(y_l^*)) \right.$$

$$\left. + (g_j(y_j(t - \tau_j(t))) - g_j(y_j^*))g_l(y_l^*) + (g_l(y_l(t - \tau_l(t))) - g_l(y_l^*))g_j(y_j^*) \right] \bigg\} \mathrm{d}t$$

$$+ \rho_i(t, y_i(t), y_i(t - \tau_i(t))) \mathrm{d}\omega_i(t)$$

$$= \left\{ -c_i(t)x_i(t) + \sum_{j=1}^{n} a_{ij}(t) f_j(x_j(t)) + \sum_{j=1}^{n} b_{ij}(t) f_j(x_j(t - \tau_j(t))) \right.$$

$$\left. + \sum_{j=1}^{n} \left(\sum_{l=1}^{n} (T_{ijl}(t) + T_{ilj}(t)) \zeta_l \right) f_j(x_j(t - \tau_j(t))) \right\} \mathrm{d}t + \sigma_i(t, x_i(t), x_i(t - \tau_i(t))) \mathrm{d}\omega_i(t)$$

$$\tag{3.2.4}$$

其中, $f_j(x_j(t)) = g_j(y_j(t)) - g_j(y_j^*)$, $f_j(x_j(t - \tau_j(t))) = g_j(y_j(t - \tau_j(t))) - g_j(y_j^*)$, $\sigma_i(t, x_i(t), x_i(t - \tau_i(t))) = \rho_i(t, y_i(t), y_i(t - \tau_i(t)))$, $i = 1, 2, \cdots, n$, ζ_l 为介于 $g_l(y_l(t - $

$\tau_l(t)))$ 和 $g_l(y_l^*)$ 之间的常数. 显然, 对每一个 $i = 1, 2, \cdots, n$, 有

$$|f_j(z)| \leqslant L_j(z), \quad \forall z \in \mathbb{R} \tag{3.2.5}$$

则系统 (3.2.4) 可以写成

$$\begin{aligned}
\mathrm{d}x(t) - K\mathrm{d}x(t - h) = &(-C(t)x(t) + A(t)f(x(t)) + B(t)f(x(t - \tau(t))))\mathrm{d}t \\
&+ \sigma(t, x(t), x(t - \tau(t)))\mathrm{d}\omega(t)
\end{aligned} \tag{3.2.6}$$

其中

$$K = \mathrm{diag}(k_1, k_2, \cdots, k_n), \quad C(t) = \mathrm{diag}(c_1(t), c_2(t), \cdots, c_n(t))$$

$$A(t) = (a_{ij}(t))_{n \times n}, \quad T_i = (T_{ijl}(t))_{n \times n}, \quad T_H = \left(T_1 + T_1^{\mathrm{T}}, T_2 + T_2^{\mathrm{T}}, \cdots, T_n + T_n^{\mathrm{T}}\right)^{\mathrm{T}}$$

$$\zeta = (\zeta_1, \zeta_2, \cdots, \zeta_n), \quad \varGamma = \mathrm{diag}(\zeta, \zeta, \cdots, \zeta), \quad B(t) = (b_{ij}(t))_{n \times n} + \varGamma^{\mathrm{T}} T_H$$

$$x(t - \tau(t)) = (x_1(t - \tau_1(t)), x_2(t - \tau_2(t)), \cdots, x_n(t - \tau_n(t)))^{\mathrm{T}}$$

$$f(x(t)) = (f_1(x_1(t)), f_2(x_2(t)), \cdots, f_n(x_n(t)))^{\mathrm{T}}$$

$$f(x(t - \tau(t))) = (f_1(x_1(t - \tau_1(t))), f_2(x_2(t - \tau_2(t))), \cdots, f_n(x_n(t - \tau_n(t))))^{\mathrm{T}}$$

$$\sigma(t, x(t), x(t - \tau(t))) = (\sigma_1(t, x(t), x(t - \tau(t))), \sigma_2(t, x(t), x(t - \tau(t))) \cdots,$$

$$\sigma_n(t, x(t), x(t - \tau(t))))^{\mathrm{T}}$$

假设 K 的所有特征值均在单位圆内, $\sigma : \mathbb{R}^+ \times \mathbb{R}^n \times \mathbb{R}^n \to \mathbb{R}^n$ 是局部 Lipschitz 连续的且满足线性增长条件[34], 对于具有适当维数的已知常矩阵 M_1 和 M_2, σ 满足:

$$\mathrm{trace}\left[\sigma^{\mathrm{T}}(t, x(t), x(t - \tau(t)))\sigma(t, x(t), x(t - \tau(t)))\right] \leqslant |M_1 x(t)|^2 + |M_2 x(t - \tau(t))|^2 \tag{3.2.7}$$

不确定矩阵 $A(t)$, $B(t)$ 和 $C(t)$ 满足

$$A(t) = A + \Delta A(t), \quad B(t) = B + \Delta B(t), \quad C(t) = C + \Delta C(t) \tag{3.2.8}$$

其中, $A, B, C \in \mathbb{R}^{n \times n}$ 为已知常矩阵, $\Delta A(t)$, $\Delta B(t)$ 和 $\Delta C(t)$ 为具有适当维数和形式

$$[\Delta A(t), \Delta B(t), \Delta C(t)] = DF(t)[E_1, E_2, E_3] \tag{3.2.9}$$

时变不确定矩阵. 其中, D 和 $E_i(i = 1, 2, 3)$ 为具有适当维数的已知实矩阵, $F(t)$ 为满足

$$F^{\mathrm{T}}(t)F(t) \leqslant I \tag{3.2.10}$$

的未知时变矩阵.

下面引入神经网络 (3.2.1) 全局鲁棒指数稳定的概念.

定义 3.2.1 如果存在常数 α 和 μ 满足

$$\mathbb{E}\left\{|x(t)|\right\} \leqslant \mu \mathrm{e}^{-\alpha t} \sup_{-\max\{-\bar{\tau}, h\} \leqslant s \leqslant 0} \mathbb{E}\left\{|x(s)|\right\}, \quad \forall t > 0 \tag{3.2.11}$$

则称神经网络 (3.2.1) 在均方意义下是全局鲁棒指数稳定的.

3.2.3 鲁棒稳定性

定理 3.2.2 如果存在正定对称矩阵 P, Q, R, S 和正标量 $\varepsilon_i (i = 1, 2, 3)$, β, δ, γ 满足线性矩阵不等式

$$P < \beta I \tag{3.2.12}$$

$$\Sigma = \begin{bmatrix} \Xi_1 & KPC & 0 & PA & PB & PD & KPD & PD \\ * & \Xi_2 & 0 & -KPA & -KPB & 0 & 0 & -KPD \\ * & * & \Xi_3 & 0 & 0 & 0 & 0 & 0 \\ * & * & * & \Xi_4 & \varepsilon_3 E_1^{\mathrm{T}} E_2 & 0 & 0 & 0 \\ * & * & * & * & \Xi_5 & 0 & 0 & 0 \\ * & * & * & * & * & -\varepsilon_1 I & 0 & 0 \\ * & * & * & * & * & * & -\varepsilon_2 I & 0 \\ * & * & * & * & * & * & * & -\varepsilon_3 I \end{bmatrix} < 0 \tag{3.2.13}$$

其中

$$\Xi_1 = -PC - C^{\mathrm{T}} P + Q + R + \bar{\tau} S + \beta M_1^{\mathrm{T}} M_1 + \delta L^{\mathrm{T}} L + \varepsilon_1 E_3^{\mathrm{T}} E_3$$

$$\Xi_2 = -R + \varepsilon_2 E_3^{\mathrm{T}} E_3$$

$$\Xi_3 = -(1 - d) Q + \beta M_2^{\mathrm{T}} M_2 + \gamma L^{\mathrm{T}} L$$

$$\Xi_4 = -\delta I + \varepsilon_3 E_1^{\mathrm{T}} E_1$$

$$\Xi_5 = -\gamma I + \varepsilon_3 E_2^{\mathrm{T}} E_2$$

则时滞神经网络 (3.2.1) 在均方意义下是全局鲁棒指数稳定的.

证明 由引理 1.4.3 可知

$$\Sigma = \begin{bmatrix} \Pi_1 & KPC & 0 & PA & PB \\ * & -R & 0 & -KPA & -KPB \\ * & * & \Pi_2 & 0 & 0 \\ * & * & * & -\delta I & 0 \\ * & * & * & * & -\gamma I \end{bmatrix} + \varepsilon_1^{-1} \begin{bmatrix} PD \\ 0 \\ 0 \\ 0 \\ 0 \end{bmatrix} \begin{bmatrix} PD \\ 0 \\ 0 \\ 0 \\ 0 \end{bmatrix}^{\mathrm{T}}$$

$$+\varepsilon_2^{-1}\begin{bmatrix} KPD \\ 0 \\ 0 \\ 0 \\ 0 \end{bmatrix}\begin{bmatrix} KPD \\ 0 \\ 0 \\ 0 \\ 0 \end{bmatrix}^{\mathrm{T}}$$

$$+\varepsilon_3^{-1}\begin{bmatrix} PD \\ -KPD \\ 0 \\ 0 \\ 0 \end{bmatrix}\begin{bmatrix} PD \\ -KPD \\ 0 \\ 0 \\ 0 \end{bmatrix}^{\mathrm{T}} + \varepsilon_1\begin{bmatrix} -E_3^{\mathrm{T}} \\ 0 \\ 0 \\ 0 \\ 0 \end{bmatrix}\begin{bmatrix} -E_3^{\mathrm{T}} \\ 0 \\ 0 \\ 0 \\ 0 \end{bmatrix}^{\mathrm{T}}$$

$$+\varepsilon_2\begin{bmatrix} 0 \\ E_3^{\mathrm{T}} \\ 0 \\ 0 \\ 0 \end{bmatrix}\begin{bmatrix} 0 \\ E_3^{\mathrm{T}} \\ 0 \\ 0 \\ 0 \end{bmatrix}^{\mathrm{T}} + \varepsilon_3\begin{bmatrix} 0 \\ 0 \\ 0 \\ E_1^{\mathrm{T}} \\ E_2^{\mathrm{T}} \end{bmatrix}\begin{bmatrix} 0 \\ 0 \\ 0 \\ E_1^{\mathrm{T}} \\ E_2^{\mathrm{T}} \end{bmatrix}^{\mathrm{T}} \tag{3.2.14}$$

$$< 0$$

其中

$$\Pi_1 = -PC - C^{\mathrm{T}}P + Q + R + \bar{\tau}S + \beta M_1^{\mathrm{T}}M_1 + \delta L^{\mathrm{T}}L$$

$$\Pi_2 = -(1-d)Q + \beta M_2^{\mathrm{T}}M_2 + \gamma L^{\mathrm{T}}L$$

由 (3.2.9), (3.2.10) 及引理 1.4.4 可知

$$\begin{bmatrix} -P\Delta C(t) - \Delta C^{\mathrm{T}}(t)P & KP\Delta C(t) & 0 & P\Delta A(t) & P\Delta B(t) \\ * & 0 & 0 & -KP\Delta A(t) & -KP\Delta B(t) \\ * & * & 0 & 0 & 0 \\ * & * & * & 0 & 0 \\ * & * & * & * & 0 \end{bmatrix}$$

$$= \begin{bmatrix} PD \\ 0 \\ 0 \\ 0 \\ 0 \end{bmatrix} F(t)\begin{bmatrix} -E_3^{\mathrm{T}} \\ 0 \\ 0 \\ 0 \\ 0 \end{bmatrix}^{\mathrm{T}} + \begin{bmatrix} -E_3^{\mathrm{T}} \\ 0 \\ 0 \\ 0 \\ 0 \end{bmatrix} F^{\mathrm{T}}(t)\begin{bmatrix} PD \\ 0 \\ 0 \\ 0 \\ 0 \end{bmatrix}^{\mathrm{T}}$$

$$
+ \begin{bmatrix} KPD \\ 0 \\ 0 \\ 0 \\ 0 \end{bmatrix} F(t) \begin{bmatrix} 0 \\ E_3^{\mathrm{T}} \\ 0 \\ 0 \\ 0 \end{bmatrix}^{\mathrm{T}} + \begin{bmatrix} 0 \\ E_3^{\mathrm{T}} \\ 0 \\ 0 \\ 0 \end{bmatrix} F^{\mathrm{T}}(t) \begin{bmatrix} KPD \\ 0 \\ 0 \\ 0 \\ 0 \end{bmatrix}^{\mathrm{T}}
$$

$$
+ \begin{bmatrix} PD \\ -KPD \\ 0 \\ 0 \\ 0 \end{bmatrix} F(t) \begin{bmatrix} 0 \\ 0 \\ 0 \\ E_1^{\mathrm{T}} \\ E_2^{\mathrm{T}} \end{bmatrix}^{\mathrm{T}} + \begin{bmatrix} 0 \\ 0 \\ 0 \\ E_1^{\mathrm{T}} \\ E_2^{\mathrm{T}} \end{bmatrix} F^{\mathrm{T}}(t) \begin{bmatrix} PD \\ -KPD \\ 0 \\ 0 \\ 0 \end{bmatrix}^{\mathrm{T}}
$$

$$
\leqslant \varepsilon_1^{-1} \begin{bmatrix} PD \\ 0 \\ 0 \\ 0 \\ 0 \end{bmatrix} \begin{bmatrix} PD \\ 0 \\ 0 \\ 0 \\ 0 \end{bmatrix}^{\mathrm{T}} + \varepsilon_1 \begin{bmatrix} -E_3^{\mathrm{T}} \\ 0 \\ 0 \\ 0 \\ 0 \end{bmatrix} \begin{bmatrix} -E_3^{\mathrm{T}} \\ 0 \\ 0 \\ 0 \\ 0 \end{bmatrix}^{\mathrm{T}} + \varepsilon_2^{-1} \begin{bmatrix} KPD \\ 0 \\ 0 \\ 0 \\ 0 \end{bmatrix} \begin{bmatrix} KPD \\ 0 \\ 0 \\ 0 \\ 0 \end{bmatrix}^{\mathrm{T}}
$$

$$
+ \varepsilon_2 \begin{bmatrix} 0 \\ E_3^{\mathrm{T}} \\ 0 \\ 0 \\ 0 \end{bmatrix} \begin{bmatrix} 0 \\ E_3^{\mathrm{T}} \\ 0 \\ 0 \\ 0 \end{bmatrix}^{\mathrm{T}} + \varepsilon_3^{-1} \begin{bmatrix} PD \\ -KPD \\ 0 \\ 0 \\ 0 \end{bmatrix} \begin{bmatrix} PD \\ -KPD \\ 0 \\ 0 \\ 0 \end{bmatrix}^{\mathrm{T}} + \varepsilon_3 \begin{bmatrix} 0 \\ 0 \\ 0 \\ E_1^{\mathrm{T}} \\ E_2^{\mathrm{T}} \end{bmatrix} \begin{bmatrix} 0 \\ 0 \\ 0 \\ E_1^{\mathrm{T}} \\ E_2^{\mathrm{T}} \end{bmatrix}^{\mathrm{T}}
$$

因此

$$
\begin{bmatrix} \Pi_1' & KPC(t) & 0 & PA(t) & PB(t) \\ * & -R & 0 & -KPA(t) & -KPB(t) \\ * & * & \Pi_2 & 0 & 0 \\ * & * & * & -\delta I & 0 \\ * & * & * & * & -\gamma I \end{bmatrix} < 0 \tag{3.2.15}
$$

其中 $\Pi_1' = -PC(t) - C^{\mathrm{T}}(t)P + Q + R + \bar{\tau}S + \beta M_1^{\mathrm{T}}M_1 + \delta L^{\mathrm{T}}L$.

再次利用引理 1.4.3 可知

$$
\Sigma_0 = \begin{bmatrix} \Pi_1' & KPC(t) & 0 & PA(t) & PB(t) & 0 \\ * & -R & 0 & -KPA(t) & -KPB(t) & 0 \\ * & * & \Pi_2 & 0 & 0 & 0 \\ * & * & * & -\delta I & 0 & 0 \\ * & * & * & * & -\gamma I & 0 \\ * & * & * & * & * & -\bar{\tau}^{-1}S \end{bmatrix} < 0 \tag{3.2.16}
$$

定义正定的 Lyapunov-Krasovskii 泛函 $V(t, x(t)) \in \mathcal{C}^{1,2}(\mathbb{R}^+ \times \mathbb{R}^n; \mathbb{R}^+)$:

$$V(t, x(t)) = V_1(t, x(t)) + V_2(t, x(t)) + V_3(t, x(t)) + V_4(t, x(t)) \tag{3.2.17}$$

其中

$$V_1(t, x(t)) = [x(t) - Kx(t-h)]^{\mathrm{T}} P [x(t) - Kx(t-h)]$$

$$V_2(t, x(t)) = \int_{t-\tau(t)}^{t} x^{\mathrm{T}}(s)Qx(s)\mathrm{d}s$$

$$V_3(t, x(t)) = \int_{t-h}^{t} x^{\mathrm{T}}(s)Rx(s)\mathrm{d}s$$

$$V_4(t, x(t)) = \int_{-\bar{\tau}}^{0} \int_{t+s}^{t} x^{\mathrm{T}}(\eta)Sx(\eta)\mathrm{d}\eta\mathrm{d}s$$

由 Itô 公式可知, $V(t, x(t))$ 沿着系统 (3.2.6) 的轨线的随机导数为

$$\begin{aligned}
\mathrm{d}V(t, x(t)) = &\Big\{ 2[x(t) - Kx(t-h)]^{\mathrm{T}} P[-C(t)x(t) + A(t)f(x(t)) + B(t)f(x(t-\tau(t)))] \\
&+ x^{\mathrm{T}}(t)Qx(t) - (1 - \dot{\tau}(t))x^{\mathrm{T}}(t-\tau(t))Qx(t-\tau(t)) + x^{\mathrm{T}}(t)Rx(t) \\
&- x^{\mathrm{T}}(t-h)Rx(t-h) + \bar{\tau}x^{\mathrm{T}}(t)Sx(t) - \int_{t-\tau(t)}^{t} x^{\mathrm{T}}(s)Sx(s)\mathrm{d}s \\
&+ \mathrm{trace}(\sigma^{\mathrm{T}}(t, x(t), x(t-\tau(t)))P\sigma(t, x(t), x(t-\tau(t)))) \Big\} \mathrm{d}t \\
&+ \Big\{ 2[x(t) - Kx(t-h)]^{\mathrm{T}} P\sigma(t, x(t), x(t-\tau(t))) \Big\} \mathrm{d}\omega \tag{3.2.18}
\end{aligned}$$

由 (3.2.7) 和 (3.2.11) 有

$$\begin{aligned}
&\mathrm{trace}\left(\sigma^{\mathrm{T}}(t, x(t), x(t-\tau(t)))P\sigma(t, x(t), x(t-\tau(t)))\right) \\
&\leqslant \lambda_{\max}(P)\mathrm{trace}\left(\sigma^{\mathrm{T}}(t, x(t), x(t-\tau(t)))\sigma(t, x(t), x(t-\tau(t)))\right) \\
&\leqslant \beta\left[x^{\mathrm{T}}(t)M_1^{\mathrm{T}}M_1 x(t) + x^{\mathrm{T}}(t-\tau(t))M_2^{\mathrm{T}}M_2 x(t-\tau(t))\right] \tag{3.2.19}
\end{aligned}$$

由 (3.2.5) 可知

$$\begin{aligned}
f^{\mathrm{T}}(x(t))f(x(t)) - x^{\mathrm{T}}(t)L^{\mathrm{T}}Lx(t) &\leqslant 0 \\
f^{\mathrm{T}}(x(t-\tau(t)))f(x(t-\tau(t))) - x^{\mathrm{T}}(t-\tau(t))L^{\mathrm{T}}Lx(t-\tau(t)) &\leqslant 0 \tag{3.2.20}
\end{aligned}$$

其中 $L = \mathrm{diag}(L_1, L_2, \cdots, L_n)$. 对任意正标量 δ 和 γ, 存在

$$\begin{aligned}
-\delta\left[f^{\mathrm{T}}(x(t))f(x(t)) - x^{\mathrm{T}}(t)L^{\mathrm{T}}Lx(t)\right] &\geqslant 0 \\
-\gamma\left[f^{\mathrm{T}}(x(t-\tau(t)))f(x(t-\tau(t))) - x^{\mathrm{T}}(t-\tau(t))L^{\mathrm{T}}Lx(t-\tau(t))\right] &\geqslant 0 \tag{3.2.21}
\end{aligned}$$

利用 (3.2.18), (3.2.20) 和引理 1.4.5, 由 (3.2.17) 可知

$$\mathrm{d}V(t, x(t)) \leqslant \left\{ \xi_1^{\mathrm{T}}(t) \Sigma_0 \xi_1(t) \right\} \mathrm{d}t + \left\{ 2 \left[x(t) - Kx(t-h) \right]^{\mathrm{T}} P\sigma(t, x(t), x(t-\tau(t))) \right\} \mathrm{d}\omega \tag{3.2.22}$$

其中 Σ_0 由 (3.2.16) 给定且

$$\xi_1^{\mathrm{T}}(t) = \left[x^{\mathrm{T}}(t), x^{\mathrm{T}}(t-h), x^{\mathrm{T}}(t-\tau(t)), f^{\mathrm{T}}(x(t)), f^{\mathrm{T}}(x(t-\tau(t))), \left(\int_{t-\tau(t)}^{t} x(s)\mathrm{d}s \right)^{\mathrm{T}} \right]$$

显然, 当 $\Sigma_0 < 0$ 时, 存在标量 $\eta > 0$ 使得 $\Sigma_0 + \mathrm{diag}(\eta I, 0, 0, 0, 0, 0) < 0$, 因此

$$\mathrm{d}V(t, x(t)) \leqslant -\eta |x(t)|^2 \mathrm{d}t + \left\{ 2 \left[x(t) - Kx(t-h) \right]^{\mathrm{T}} P\sigma(t, x(t), x(t-\tau(t))) \right\} \mathrm{d}\omega \tag{3.2.23}$$

对 (3.2.23) 两边取数学期望可得

$$\frac{\mathrm{d}\mathbb{E}V(t, x(t))}{\mathrm{d}t} \leqslant -\eta \mathbb{E}|x(t)|^2 \tag{3.2.24}$$

由 Lyapunov 稳定性理论可知, 系统 (3.2.1) 在均方意义下是全局鲁棒稳定的.

为了证明 (3.2.1) 在均方意义下的指数稳定性, 需要将 Lyapunov-Krasovskii 泛函 (3.2.17) 调整为 $\bar{V}(t, x(t)) = \mathrm{e}^{\theta t} V(t, x(t))$, 则 $\mathrm{d}\bar{V}(t, x(t)) = \mathrm{e}^{\theta t} [\theta V(t, x(t)) + \mathrm{d}V(t, x(t))]$. 类似于文献 [35] 中定理 1 的证明过程, 不难证明具系统 (3.2.1) 在均方意义下是全局鲁棒指数稳定的. 证毕.

由定理 3.2.2 可得如下推论.

(1) 若不存在参数不确定性, 则系统 (3.2.1) 可简化为

$$\begin{aligned} \mathrm{d}x(t) - K\mathrm{d}x(t-h) = &-Cx(t) + Af(x(t)) + Bf(x(t-\tau(t)))\mathrm{d}t \\ &+ \sigma(t, x(t), x(t-\tau(t)))\mathrm{d}\omega(t) \end{aligned} \tag{3.2.25}$$

推论 3.2.1 如果存在正定对称矩阵 P, Q, R, S 和正标量 β, δ, γ 满足线性矩阵不等式

$$P < \beta I \tag{3.2.26}$$

$$\begin{bmatrix} \Xi_1 & KPC & 0 & PA & PB \\ * & R & 0 & -KPA & -KPB \\ * & * & \Xi_2 & 0 & 0 \\ * & * & * & \delta I & 0 \\ * & * & * & * & \gamma I \end{bmatrix} < 0 \tag{3.2.27}$$

其中

$$\Xi_1 = -PC - C^{\mathrm{T}}P + Q + R + \bar{\tau}S + \beta M_1^{\mathrm{T}} M_1 + \delta L^{\mathrm{T}} L$$
$$\Xi_2 = -(1-d)Q + \beta M_2^{\mathrm{T}} M_2 + \gamma L^{\mathrm{T}} L$$

则系统 (3.2.25) 在均方意义下是全局鲁棒指数稳定的.

(2) 若不存在随机扰动, 则系统 (3.2.1) 可简化为

$$\dot{x}(t) - K\dot{x}(t - h) = -C(t)x(t) + A(t)f(x(t)) + B(t)f(x(t - \tau(t))) \tag{3.2.28}$$

推论 3.2.2　如果存在正定对称矩阵 P, Q, R, S 和正标量 $\varepsilon_i(i = 1, 2, 3)$, β, δ, γ 满足线性矩阵不等式

$$P < \beta I \tag{3.2.29}$$

$$\Sigma = \begin{bmatrix} \Xi_1 & KPC & 0 & PA & PB & PD & KPD & PD \\ * & \Xi_2 & 0 & -KPA & -KPB & 0 & 0 & -KPD \\ * & * & \Xi_3 & 0 & 0 & 0 & 0 & 0 \\ * & * & * & \Xi_4 & \varepsilon_3 E_1^{\mathrm{T}} E_2 & 0 & 0 & 0 \\ * & * & * & * & \Xi_5 & 0 & 0 & 0 \\ * & * & * & * & * & -\varepsilon_1 I & 0 & 0 \\ * & * & * & * & * & * & -\varepsilon_2 I & 0 \\ * & * & * & * & * & * & * & -\varepsilon_3 I \end{bmatrix} < 0 \tag{3.2.30}$$

其中

$$\Xi_1 = -PC - C^{\mathrm{T}}P + Q + R + \bar{\tau}S + \delta L^{\mathrm{T}}L + \varepsilon_1 E_3^{\mathrm{T}} E_3$$

$$\Xi_2 = -R + \varepsilon_2 E_3^{\mathrm{T}} E_3$$

$$\Xi_3 = -(1 - d)Q + \gamma L^{\mathrm{T}}L$$

$$\Xi_4 = -\delta I + \varepsilon_3 E_1^{\mathrm{T}} E_1$$

$$\Xi_5 = -\gamma I + \varepsilon_3 E_2^{\mathrm{T}} E_2$$

则系统 (3.2.28) 在均方意义下是全局鲁棒指数稳定的.

3.2.4　数值模拟

例 3.2.1　考虑如下具有时变时滞、随机干扰和范数有界的不确定参数的中立型高阶 Hopfield 神经网络模型:

$$\mathrm{d}x(t) - K\mathrm{d}x(t - h) = (-(C + DF(t)E_3)x(t) + (A + DF(t)E_1)f(x(t))$$

$$+ (B + DF(t)E_2)f(x(t - \tau(t)))\mathrm{d}t + [H_0 x(t) + H_1 x(t - \tau(t))]\,\mathrm{d}\omega(t) \tag{3.2.31}$$

其中

$$K = \begin{bmatrix} -0.2 & 0 \\ 0 & -0.2 \end{bmatrix}, \quad A = \begin{bmatrix} 0.6 & -0.2 \\ -0.2 & 0.6 \end{bmatrix}, \quad B = \begin{bmatrix} 1.2 & 0.1 \\ 0.1 & 0.8 \end{bmatrix}$$

$$C = \begin{bmatrix} 2 & 0 \\ 0 & 2 \end{bmatrix}, \quad F(t) = \begin{bmatrix} \sin t & 0 \\ 0 & \cos t \end{bmatrix}, \quad H_0 = \begin{bmatrix} 0.1 & 0 \\ 0 & 0.1 \end{bmatrix}$$

$$H_1 = \begin{bmatrix} 0.2 & 0 \\ 0 & 0.2 \end{bmatrix}, \quad D = L = 0.1I, \quad \tau(t) = 0.2\sin^2 t$$

$$E_i = \begin{bmatrix} 0.2 & 0 \\ 0 & 0.2 \end{bmatrix}, \quad i = 1,2,3, \quad f(x) = \tanh x$$

初始条件为为 $x_1(\theta) = -0.8$, $x_2(\theta) = 0.5$, $\forall \theta \in [-0.2, 0]$.

由定理 3.2.2 和 Matlab 线性矩阵不等式工具箱可知, 系统 (3.2.31) 在均方意义下是全局鲁棒指数稳定的 (图 3-2), 且线性矩阵不等式 (3.2.12) 和 (3.2.13) 的解为

$$P = \begin{bmatrix} 0.7591 & 0.0263 \\ 0.0263 & 0.8229 \end{bmatrix}, \quad Q = \begin{bmatrix} 0.7512 & 0.0517 \\ 0.0517 & 0.8752 \end{bmatrix}, \quad R = \begin{bmatrix} 0.7202 & 0.0455 \\ 0.0455 & 0.8306 \end{bmatrix}$$

$$S = \begin{bmatrix} 0.8851 & 0.0244 \\ 0.0244 & 0.9445 \end{bmatrix}, \quad \beta = 1.6063, \quad \delta = 1.2263, \quad \gamma = 1.3904$$

$\varepsilon_1 = 1.0819, \quad \varepsilon_2 = 1.0882, \quad \varepsilon_3 = 1.1732.$

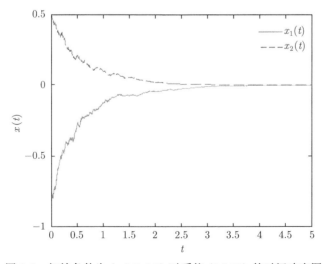

图 3-2 初始条件为 $(-0.8, 0.5)$ 时系统 (3.2.31) 的时间响应图

3.3　随机反应扩散模糊细胞神经网络的鲁棒稳定性

所谓模糊是指边界不清楚, 在含义上不能明确区分是与非, 在论域上不能显分其界限. 这种模糊概念是客观事物的一种本来属性, 是事物的性态变异之间实际存在的中间过渡过程. 模糊理论的核心是对复杂的系统或过程建立一种语言分析的数学模式, 使人类的自然语言能直接转换为计算机所能接受的算法语言. 将人的经验、常识等用适用于计算机的形式表现出来, 建立人的感觉、语言表达方式和行动过程的模型. 模拟人的思维、推理和判断过程, 压编信息, 将信息转换为容易被人理解的方式. 模糊集合打破了传统的分明集合只有 0 和 1 的两种状态的界限. 任一元素可同时部分地属于多个模糊子集, 隶属关系用隶属的程度来表示. 模糊规则是定义在模糊集合上的规则, 常采用 "IF···THEN···" 的形式, 可以用来表示专家的经验、知识等. 由一组模糊规则构成的模糊系统可代表一个输入、输出的映射关系.

模糊系统与神经网络都是从特定的系统输入/输出信号中, 建立系统的输入/输出关系, 并且都采用并行处理结构对数据进行处理. 同时这两种系统又各自具有自身的特点. 神经网络对环境的变化具有较强的自适应学习能力, 但其学习的模式采用了典型的黑箱性, 当学习完成后, 神经网络所获得的输入/输出无法用容易被人接受的方式表示出来. 而模糊系统的建模过程是运用比较容易被人接受的 "IF···THEN···" 的方式, 但是模糊系统的隶属函数和模糊规则的建立, 却是一个比较主观的过程. 模糊神经网络就是把模糊系统和神经网络有机地结合起来, 取长补短, 建立的具有较高学习能力和表达能力的网络系统. 当前. 模糊神经网络有着广泛的应用, 比如, 道路建设、大坝建设、泄洪水道的设计, 电力系统的分析, 采矿危险源的预测等.

随着科学技术的发展, 现代工业系统变得越来越复杂, 传统的控制方法已经远远不能满足高标准的性能要求. 在这种情况下, 智能控制理论被提出并逐渐发展起来. 模糊神经网络是智能控制理论中一个非常活跃的分支, 它是神经网络与模糊逻辑系统的有机结合. 模糊神经网络是一种能处理抽象信息的网络结构, 具有强大的自学习和自整定功能. 因此, 模糊神经网络对智能控制的发展具有非常重要的意义.

1996 年, 在一般细胞神经网络的基础上, Yang 等[36−38] 提出了模糊细胞神经网络, 它将模糊逻辑引入传统的细胞神经网络模型, 并给出了无时滞模糊细胞神经网络的稳定性条件. 由于在计算中引入了模糊逻辑, 模糊细胞神经网络和一般的细胞神经网络有很大的不同[39]. 为了说明模糊逻辑对神经网络的动力学性态的影响, 我们分别考虑如下细胞神经网络和模糊细胞神经网络模型[40]:

$$\dot{x}_i(t) = -d_i(t) + \sum_{j=1}^{2} a_{ij}(t) f_j(x_j(t)) - \sum_{j=1}^{2} b_{ij}(t) f_j(x_j(t-\tau)) \tag{3.3.1}$$

和

$$\dot{x}_i(t) = -d_i(t) + \sum_{j=1}^{2} a_{ij}(t) f_j(x_j(t)) - \sum_{j=1}^{2} b_{ij}(t) f_j(x_j(t-\tau)) + \sum_{j=1}^{2} c_{ij}\mu_j$$
$$+ \bigwedge_{j=1}^{2} \alpha_{ij} f_j(u_j(t-\tau)) + \bigvee_{j=1}^{2} \beta_{ij} f_j(u_j(t-\tau,x)) + \bigwedge_{j=1}^{2} T_{ij}\mu_j + \bigvee_{j=1}^{2} H_{ij}\mu_j$$

$$(3.3.2)$$

其中 $i=1,2$, $\tau=1$, $f_j(x_j) = \tanh x_j$, 参数为 $d_1 = d_2 = 1$, $a_{11} = 2$, $a_{12} = -0.11$, $a_{21} = 5$, $a_{22} = 2.2$, $b_{11} = -1.6$, $b_{12} = -0.1$, $b_{21} = -0.18$, $b_{22} = -2.4$, $T_{11} = T_{22} = H_{11} = H_{22} = 0.1$, $T_{12} = T_{21} = H_{12} = H_{21} = 0$, $\alpha_{11} = 0.02$, $\alpha_{12} = \alpha_{21} = 0$, $\alpha_{22} = 0.8$, $\beta_{11} = 0.02$, $\beta_{12} = 0.01$, $\beta_{21} = 0$, $\beta_{22} = 0.9$, $\mu_1 = 0$, $\mu_2 = 1$, $c_{ij} = 0(i,j=1,2)$, 初始条件为 $x_1(\theta) = 0.3$, $x_2(\theta) = 0.5$, $\forall \theta \in [-1,0]$. 如图 3-3 和图 3-4 所示, 系统 (3.3.1)

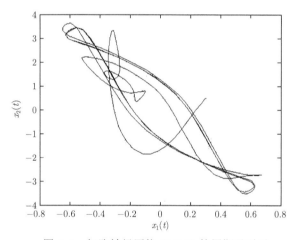

图 3-3 细胞神经网络 (3.3.1) 的周期吸引子

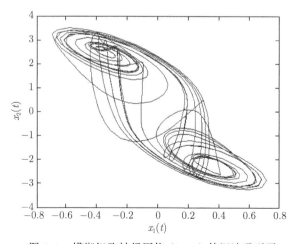

图 3-4 模糊细胞神经网络 (3.3.2) 的混沌吸引子

呈现出周期吸引子, 而模糊逻辑因素的因数使系统 (3.3.2) 呈现出混沌现象, 这也说明模糊逻辑会对神经网络的动力学性态产生很大的影响.

　　本节将利用 Lyapunov 稳定性理论讨论具有时变时滞和随机扰动的反应扩散模糊细胞神经网络均方指数稳定性, 分析 Dirichlet 边界条件对系统动力学性态的影响.

3.3.1　问题的描述

　　考虑如下具有时变时滞和随机扰动的反应扩散模糊细胞神经网络模型[41]:

$$
\begin{aligned}
\mathrm{d}u_i(t,x) = &\left[\sum_{k=1}^{l} \frac{\partial}{\partial x_k}\left(D_{ik} \frac{\partial u_i(t,x)}{\partial x_k} \right) - d_i u_i(t,x) + \sum_{j=1}^{n} a_{ij} f_j(u_j(t-\tau_{ij}(t),x)) \right.\\
&+ \sum_{j=1}^{n} b_{ij}\mu_j + I_i + \bigwedge_{j=1}^{n} \alpha_{ij} f_j(u_j(t-\tau_{ij}(t))) + \bigvee_{j=1}^{n} \beta_{ij} f_j(u_j(t-\tau_{ij}(t),x)) \\
&+ \left. \bigwedge_{j=1}^{n} T_{ij}\mu_j + \bigvee_{j=1}^{n} H_{ij}\mu_j \right] \mathrm{d}t \\
&+ \sum_{j=1}^{n} \sigma_{ij}(u_j(t,x), u_j(t-\tau_{ij}(t),x))\mathrm{d}\omega_j(t), \quad (x,t) \in \Omega \times [0,+\infty) \quad (3.3.3)
\end{aligned}
$$

其中 $i=1,2,\cdots,n$, n 表示神经元的数量; $x=(x_1,x_2,\cdots,x_l)^{\mathrm{T}} \in \Omega \subset \mathbb{R}^l$, $\Omega = \{x=(x_1,x_2,\cdots,x_l)^{\mathrm{T}} \, \|x_k| < m_k, k=1,2,\cdots,l\}$ 表示空间 $\mathbb{R}^l$ 具有光滑边界 $\partial\Omega$ 和 $\mathrm{mes}\,\Omega > 0$ 的有界紧集; $u_i(t,x)$ 表示第 i 个神经元在时间 t 和空间 x 的状态; d_i 表示神经元的衰减时间常数; α_{ij}, β_{ij}, T_{ij} 和 H_{ij} 分别表示模糊后向 MIN 模板、模糊后向 MAX 模板、模糊前向 MIN 模板和模糊前向 MAX 模板的元素; a_{ij} 和 b_{ij} 分别表示后向模板和前向模板的元素; $\wedge$ 和 $\vee$ 分别表示模糊 AND 和模糊 OR 运算; μ_i 和 I_i 分别表示神经元的输入和偏差; $f_j(\cdot)$ 表示第 j 个神经元在时间 t 和空间 x 的激励函数; $D_{ik} \geqslant 0$ 表示扩散系数; τ_{ij} 表示神经轴突信号传输时滞且满足 $0 < \tau_{ij}(t) \leqslant \tau$ 及 $\dot{\tau}_{ij}(t) \leqslant \gamma < 1$; 随机干扰 $\omega(t) = [\omega_1(t),\omega_2(t),\cdots,\omega_n(t)]^{\mathrm{T}} \in \mathbb{R}^n$ 为定义在完备的概率空间 $(\Omega,\mathcal{F},(\mathcal{F}_t)_{t\in\mathbb{R}^+},\mathcal{P})$ 上具有自然流 $(\mathcal{F}_t)_{t\in\mathbb{R}^+}$ 的 Brown 运动且满足

$$
\mathbb{E}\{\mathrm{d}\omega(t)\} = 0, \quad \mathbb{E}\{\mathrm{d}\omega^2(t)\} = \mathrm{d}t
$$

神经网络 (3.3.3) 的 Dirichlet 边界条件为

$$
u_i(t,x)|_{\partial\Omega} = 0, \quad (t,x) \in [-\tau,+\infty) \times \partial\Omega, \quad i=1,2,\cdots,n \quad (3.3.4)
$$

初始条件为

$$
u_i(s,x) = \phi_i(s,x), \quad (s,x) \in [-\tau,0] \times \Omega, \quad i=1,2,\cdots,n \quad (3.3.5)
$$

其中 $\phi_i(s,x)$ $(i=1,2,\cdots,n)$ 在 $[-\tau,0]\times\Omega$ 上是连续有界的.

本节对非线性函数 $f_j(\cdot)$ 和 $\sigma_{ij}(\cdot)$ 作如下假设:

(H3.3.1) 存在正常数 L_j 和 $\eta_{ij}(i,j=1,2,\cdots,n)$ 使得对任意 $\xi_1,\xi_2,\bar\xi_1,\bar\xi_2\in\mathbb{R}$, 有

$$|f_j(\xi_1)-f_j(\xi_2)|\leqslant L_j|\xi_1-\xi_2|$$
$$\left|\sigma_{ij}(\xi_1,\bar\xi_1)-\sigma_{ij}(\xi_2,\bar\xi_2)\right|^2\leqslant\eta_{ij}\left(|\xi_1-\xi_2|^2+|\bar\xi_1-\bar\xi_2|^2\right)$$

(H3.3.2) 设 $u^*=(u_1^*,u_2^*,\cdots,u_n^*)$ 为神经网络 (3.3.3) 的稳态解, 则有 $\sigma_{ij}(u_j^*,u_j^*)=0$, $i,j=1,2,\cdots,n$.

令 $\mathcal{C}\overset{\text{def}}{=}\mathcal{C}\left([-\tau,0]\times\mathbb{R}^m,\mathbb{R}^n\right)$ 是所有从 $[-\tau,0]\times\mathbb{R}^m$ 到 $\mathbb{R}^n$ 的连续函数组成的空间. Ω 是 $\mathbb{R}^m$ 内具有光滑边界 $\partial\Omega$ 有界开区域. $\text{mes}\Omega>0$ 表示 Ω 的测度, $L^2(\Omega)$ 是 Ω 上的实 Lebesgue 可测函数空间且对于 L_2-模

$$\|u(t)\|_2=\sqrt{\sum_{i=1}^n\|u_i(t)\|_2^2}$$

构成一个 Banach 空间, 其中

$$u(t)=(u_1(t),u_2(t),\cdots,u_n(t))^{\mathrm{T}},\quad\|u_i(t)\|_2=\left(\int_\Omega|u_i(t,x)|^2\mathrm{d}x\right)^{1/2}$$

对任意 $\phi(s,x)\in\mathcal{C}\left([-\tau,0]\times\Omega,\mathbb{R}^n\right)$, 定义

$$\|\phi\|_2=\sqrt{\sum_{i=1}^n\|\phi_i\|_2^2}$$

其中

$$\phi(s,x)=(\phi_1(s,x),\phi_2(s,x),\cdots,\phi_n(s,x))^{\mathrm{T}}$$
$$\|\phi_i\|_2=\left(\int_\Omega|\phi_i(x)|_\tau^2\mathrm{d}x\right)^{1/2}$$
$$|\phi_i(x)|_\tau=\sup_{-\tau\leqslant s\leqslant0}|\phi_i(s,x)|$$

下面给出随机模糊细胞神经网络 (3.3.3) 全局均方指数稳定的定义以及一些有用的引理.

定义 3.3.1 如果存在常数 $\varepsilon>0$ 和 $M\geqslant1$ 满足

$$\mathbb{E}\{\|u(t,x)-u^*\|_2\}\leqslant M\mathbb{E}\{\|\phi-u^*\|_2\}\mathrm{e}^{-\varepsilon t},\quad t>0$$

则称系统 (3.3.3) 的稳态解 $u^*=(u_1^*,u_2^*,\cdots,u_n^*)$ 是全局均方指数稳定的.

引理 3.3.1[42]　　设为区间 $|x_k| \leqslant \omega_k (k = 1, 2, \cdots, l)$, $h(x) \in \mathcal{C}^1(\Omega)$ 为满足 $h(x)|_{\partial\Omega} = 0$ 的实值函数, 则有

$$\int_\Omega h^2(x)\mathrm{d}x \leqslant \omega_k^2 \int_\Omega \left|\frac{\partial h}{\partial x_k}\right|^2 \mathrm{d}x$$

引理 3.3.2[43]　　设 u^1 和 u^2 为随机模糊细胞神经网络 (3.3.3) 的两个状态, 则有

$$\left|\bigwedge_{j=1}^n \alpha_{ij} f_j(u_j^1) - \bigwedge_{j=1}^n \alpha_{ij} f_j(u_j^2)\right| \leqslant \sum_{j=1}^n |\alpha_{ij}| \left|f_j(u_j^1) - f_j(u_j^2)\right|$$

$$\left|\bigvee_{j=1}^n \beta_{ij} f_j(u_j^1) - \bigvee_{j=1}^n \beta_{ij} f_j(u_j^2)\right| \leqslant \sum_{j=1}^n |\beta_{ij}| \left|f_j(u_j^1) - f_j(u_j^2)\right|$$

3.3.2　鲁棒稳定性

令 $v_i(t, x) = u_i(t, x) - u_i^*$, 则系统 (3.3.3) 可变成

$$\begin{aligned}
\mathrm{d}v_i(t,x) = &\Bigg[\sum_{k=1}^l \frac{\partial}{\partial x_k}\left(D_{ik}\frac{\partial v_i(t,x)}{\partial x_k}\right) - d_i v_i(t,x) + \sum_{j=1}^n a_{ij}(f_j(u_j(t-\tau_{ij}(t),x)) - f_j(u_j^*)) \\
&+ \bigwedge_{j=1}^n \alpha_{ij}\left(f_j(u_j(t-\tau_{ij}(t),x)) - f_j(u_j^*)\right) \\
&+ \bigvee_{j=1}^n \beta_{ij}\left(f_j(u_j(t-\tau_{ij}(t),x)) - f_j(u_j^*)\right)\Bigg]\mathrm{d}t \\
&+ \sum_{j=1}^n \sigma_{ij}\left(v_j(t,x) + u_j^*, v_j(t-\tau_{ij}(t),x) + u_j^*\right)\mathrm{d}\omega_j(t), \quad i = 1, 2, \cdots, n
\end{aligned}$$
$$(3.3.6)$$

定理 3.3.1　　设假设条件 (H3.3.1) 和 (H3.3.2) 成立. 如果对于 $i = 1, 2, \cdots, n$, 不等式

$$\begin{aligned}
\Pi_i = &-2d_i - 2\sum_{k=1}^l \frac{D_{ik}}{\omega_k^2} + \sum_{j=1}^n \left((1-\gamma)^{-1}(a_{ij}^2 + |\alpha_{ij}|L_j^2 + |\beta_{ij}|L_j^2 + \eta_{ij})\right) \\
&+ L_j^2 + (|\alpha_{ij}| + |\beta_{ij}| + \eta_{ij})) \\
&< 0
\end{aligned}$$
$$(3.3.7)$$

成立, 则系统 (3.3.3) 是全局均方指数稳定的.

　　证明　　由 (3.3.7) 可知, 存在正常数 ε (可能非常小) 满足

$$2\varepsilon - 2d_i - 2\sum_{k=1}^l \frac{D_{ik}}{\omega_k^2} + \sum_{j=1}^n \left((1-\gamma)^{-1}\mathrm{e}^{2\varepsilon\tau}(a_{ij}^2 + |\alpha_{ij}|L_j^2 + |\beta_{ij}|L_j^2 + \eta_{ij})\right) < 0, \quad i = 1, 2, \cdots, n$$
$$(3.3.8)$$

定义正定 Lyapunov-Krasovskii 泛函 $V(t, x(t)) \in \mathcal{C}^{1,2}(\mathbb{R}^+ \times \mathbb{R}^n; \mathbb{R}^+)$ 为

$$V(t, v(t, x)) = \int_\Omega \left(\bar{V}_1(t, v(t, x)) + \bar{V}_2(t, v(t, x)) + \bar{V}_3(t, v(t, x))\right) \mathrm{d}x \qquad (3.3.9)$$

其中

$$\bar{V}_1(t, v(t, x)) = \sum_{i=1}^n \mathrm{e}^{2\varepsilon t} v_i^2(t, x)$$

$$\bar{V}_2(t, v(t, x)) = \sum_{i=1}^n \sum_{j=1}^n \int_{t-\tau_{ij}(t)}^t \mathrm{e}^{2\varepsilon s} \left(f_j(u_j(s, x)) - f_j(u_j^*)\right)^2 \mathrm{d}s$$

$$\bar{V}_3(t, v(t, x)) = (1-\gamma)^{-1} \mathrm{e}^{2\varepsilon\tau} \sum_{i=1}^n \sum_{j=1}^n \int_{t-\tau_{ij}(t)}^t \mathrm{e}^{2\varepsilon s} \left(|\alpha_{ij}|L_j^2 + |\beta_{ij}|L_j^2 + \eta_{ij}\right) v_i^2(s, x) \mathrm{d}s$$

由 Itô 公式可知, $V(t, x(t))$ 沿着系统 (3.3.6) 的轨线的随机导数为

$$
\begin{aligned}
\mathrm{d}V(t, v(t, x)) = &\bigg[\int_\Omega \sum_{i=1}^n \bigg(2\varepsilon \mathrm{e}^{2\varepsilon t} v_i^2(t, x) + \sum_{j=1}^n \big(\mathrm{e}^{2\varepsilon t}(f_j(u_j(t, x)) - f_j(u_j^*))^2 \\
&- (1 - \dot\tau_{ij}(t))\mathrm{e}^{2\varepsilon(t-\tau_{ij}(t))} \left(f_j(u_j(t-\tau_{ij}, x)) - f_j(u_j^*)\right)^2 \big) \\
&+ 2\mathrm{e}^{2\varepsilon t} v_i(t, x) \bigg(-d_i v_i(t, x) + \sum_{j=1}^n a_{ij} \left(f_j(u_j(t-\tau_{ij}(t), x)) - f_j(u_j^*)\right) \\
&+ \overset{n}{\underset{j=1}{\wedge}} \alpha_{ij} (f_j(u_j(t-\tau_{ij}(t), x)) - f_j(u_j^*)) \\
&+ \overset{n}{\underset{j=1}{\vee}} \beta_{ij} (f_j(u_j(t-\tau_{ij}(t), x)) - f_j(u_j^*)) \bigg) \\
&+ (1-\gamma)^{-1}\mathrm{e}^{2\varepsilon\tau} \sum_{j=1}^n \bigg(\mathrm{e}^{2\varepsilon t}(|\alpha_{ij}|L_j^2 + |\beta_{ij}|L_j^2 + \eta_{ij})v_i^2(t, x) \\
&- \frac{(1-\dot\tau_{ij}(t))}{(1-\gamma)} \mathrm{e}^{2\varepsilon(t-\tau_{ij}(t)+\tau)}(|\alpha_{ij}|L_j^2 + |\beta_{ij}|L_j^2 + \eta_{ij})v_i^2(t-\tau_{ij}(t), x) \bigg) \\
&+ \mathrm{e}^{2\varepsilon t} \sum_{j=1}^n \sigma_{ij}^2(u_j(t, x), u_j(t-\tau_{ij}(t), x)) \bigg) \mathrm{d}x \\
&+ \int_\Omega \sum_{i=1}^n 2\mathrm{e}^{2\varepsilon t} v_i(t, x) \sum_{k=1}^l \frac{\partial}{\partial x_k} \left(D_{ik} \frac{\partial v_i(t, x)}{\partial x_k} \right) \mathrm{d}x \bigg] \mathrm{d}t \\
&+ \int_\Omega \sum_{i=1}^n 2\mathrm{e}^{2\varepsilon t} v_i(t, x) \sum_{j=1}^n \sigma_{ij}(u_j(t, x), u_j(t-\tau_{ij}(t), x)) \mathrm{d}x \mathrm{d}\omega_j(t)
\end{aligned}
$$

由边界条件 (3.3.4) 及引理 3.3.1 可知

$$
\int_\Omega \sum_{i=1}^n 2\mathrm{e}^{2\varepsilon t} v_i(t,x) \sum_{k=1}^l \frac{\partial}{\partial x_k}\left(D_{ik}\frac{\partial v_i(t,x)}{\partial x_k}\right)\mathrm{d}x \leqslant -2\mathrm{e}^{2\varepsilon t}\sum_{i=1}^n\sum_{k=1}^l\int_\Omega \frac{D_{ik}}{\omega_k^2}v_i^2(t,x)\mathrm{d}x
$$

$$(3.3.10)$$

将 (3.3.10), (H3.3.1) 和引理 3.3.2 代入 (3.3.9) 有

$$
\begin{aligned}
\mathrm{d}V(t,v(t,x)) \leqslant \mathrm{e}^{2\varepsilon t}\Bigg[&\int_\Omega \sum_{i=1}^n \Bigg(2\varepsilon v_i^2(t,x) \\
&+ \sum_{j=1}^n \big(L_j^2 v_i^2(t,x) - (1-\gamma)\mathrm{e}^{-2\varepsilon\tau}(f_j(u_j(t-\tau_{ij},x)) - f_j(u_j^*))^2\big) \\
&+ 2v_i(t,x)\Bigg(-d_i v_i(t,x) + \sum_{j=1}^n a_{ij}(f_j(u_j(t,x)) - f_j(u_j^*))\Bigg) \\
&+ \sum_{j=1}^n |\alpha_{ij}|v_i^2(t,x) + \sum_{j=1}^n |\alpha_{ij}|L_j^2 v_j^2(t-\tau_{ij}(t),x) + \sum_{j=1}^n |\beta_{ij}|v_i^2(t,x) \\
&+ \sum_{j=1}^n |\beta_{ij}|L_j^2 v_j^2(t-\tau_{ij}(t),x) + (1-\gamma)^{-1}\mathrm{e}^{2\varepsilon\tau}\sum_{j=1}^n \big(|\alpha_{ij}|L_j^2 + |\beta_{ij}|L_j^2 \\
&+ \eta_{ij}\big)v_i^2(t,x) - \sum_{j=1}^n \big(|\alpha_{ij}|L_j^2 + |\beta_{ij}|L_j^2 + \eta_{ij}\big)v_i^2(t-\tau_{ij}(t),x) \\
&+ \sum_{j=1}^n \eta_{ij}\big(v_j^2(t,x) + v_j^2(t-\tau_{ij}(t),x)\big)\Bigg)\mathrm{d}x \\
&- 2\sum_{i=1}^n\sum_{k=1}^l\int_\Omega \sum_{k=1}^l \frac{D_{ik}}{\omega_k^2}v_i^2(t,x)\mathrm{d}x\Bigg]\mathrm{d}t \\
&+ \int_\Omega \sum_{i=1}^n 2\mathrm{e}^{2\varepsilon t}v_i(t,x)\sum_{j=1}^n \sigma_{ij}(u_j(t,x),u_j(t-\tau_{ij}(t),x))\mathrm{d}x\mathrm{d}\omega_j(t)
\end{aligned}
$$

$$(3.3.11)$$

同时, 由不等式

$$
\begin{aligned}
&-(1-\gamma)\mathrm{e}^{-2\varepsilon\tau}(f_j(u_j(t-\tau_{ij},x)) - f_j(u_j^*))^2 + 2v_i(t,x)a_{ij}(f_j(u_j(t-\tau_{ij}(t),x)) - f_j(u_j^*)) \\
&= -\Big[(1-\gamma)^{1/2}\mathrm{e}^{-\varepsilon\tau}(f_j(u_j(t-\tau_{ij},x)) - f_j(u_j^*)) - (1-\gamma)^{-1/2}\mathrm{e}^{\varepsilon\tau}a_{ij}v_i(t,x)\Big]^2 \\
&\quad + (1-\gamma)^{-1}\mathrm{e}^{2\varepsilon\tau}a_{ij}^2 v_i^2(t,x) \\
&\leqslant (1-\gamma)^{-1}\mathrm{e}^{2\varepsilon\tau}a_{ij}^2 v_i^2(t,x)
\end{aligned}
$$

$$(3.3.12)$$

可得

$$
\mathrm{d}V(t,v(t,x)) \leqslant \mathrm{e}^{2\varepsilon t}\Bigg[\int_\Omega \sum_{i=1}^n \Bigg(2\varepsilon - 2d_i - 2\sum_{k=1}^l \frac{D_{ik}}{\omega_k^2}
$$

$$+\sum_{j=1}^{n}\left((1-\gamma)^{-1}\mathrm{e}^{2\varepsilon\tau}\left(a_{ij}^{2}+|\alpha_{ij}|L_{j}^{2}+|\beta_{ij}|L_{j}^{2}+\eta_{ij}\right)\right.$$

$$+L_{j}^{2}+\left(|\alpha_{ij}|+|\beta_{ij}|+\eta_{ij}\right)\Big)\Big)v_{i}^{2}(t,x)\mathrm{d}x\bigg]\mathrm{d}t$$

$$+\int_{\Omega}\sum_{i=1}^{n}2\mathrm{e}^{2\varepsilon t}v_{i}(t,x)\sum_{j=1}^{n}\sigma_{ij}\left(u_{j}(t,x),u_{j}(t-\tau_{ij}(t),x)\right)\mathrm{d}x\mathrm{d}\omega_{j}(t)\quad(3.3.13)$$

对 (3.3.11) 两边取数学期望可得

$$\frac{\mathrm{d}\mathbb{E}V(t,v(t,x))}{\mathrm{d}t}\leqslant\mathrm{e}^{2\varepsilon t}\mathbb{E}\bigg\{\sum_{i=1}^{n}\bigg(2\varepsilon-2d_{i}-2\sum_{k=1}^{l}\frac{D_{ik}}{\omega_{k}^{2}}$$

$$+\sum_{j=1}^{n}\left((1-\gamma)^{-1}\mathrm{e}^{2\varepsilon\tau}\left(a_{ij}^{2}+|\alpha_{ij}|L_{j}^{2}+|\beta_{ij}|L_{j}^{2}+\eta_{ij}\right)\right.$$

$$+L_{j}^{2}+\left(|\alpha_{ij}|+|\beta_{ij}|+\eta_{ij}\right)\bigg)\bigg)\|v_{i}(t,x)\|_{2}^{2}\bigg\}\quad(3.3.14)$$

由 (3.3.8) 和 (3.3.14) 可知

$$\frac{\mathrm{d}\mathbb{E}V(t,v(t,x))}{\mathrm{d}t}\leqslant0\quad(3.3.15)$$

从而

$$\mathbb{E}V(t,v(t,x))\leqslant\mathbb{E}V(0,v(0,x))$$

由

$$\mathbb{E}V(0,v(0,x))$$

$$=\mathbb{E}\bigg\{\int_{\Omega}\sum_{i=1}^{n}\bigg[v_{i}^{2}(0,x)+\sum_{j=1}^{n}\int_{-\tau_{ij}(0)}^{0}\mathrm{e}^{2\varepsilon s}\left(f_{j}(u_{j}(s,x))-f_{j}(u_{j}^{*})\right)^{2}\mathrm{d}s$$

$$+(1-\gamma)^{-1}\mathrm{e}^{2\varepsilon\tau}\sum_{j=1}^{n}\int_{-\tau_{ij}(0)}^{0}\mathrm{e}^{2\varepsilon s}\left(|\alpha_{ij}|L_{j}^{2}+|\beta_{ij}|L_{j}^{2}+\eta_{ij}\right)v_{i}^{2}(s,x)\mathrm{d}s\bigg]\mathrm{d}x\bigg\}$$

$$\leqslant\mathbb{E}\bigg\{\int_{\Omega}\bigg[\sum_{i=1}^{n}v_{i}^{2}(0,x)+\max_{1\leqslant i,j\leqslant n}\left(L_{j}^{2}+(1-\gamma)^{-1}\mathrm{e}^{2\varepsilon\tau}\left(|\alpha_{ij}|L_{j}^{2}+|\beta_{ij}|L_{j}^{2}+\eta_{ij}\right)\right)$$

$$\cdot\sum_{j=1}^{n}\int_{-\tau_{ij}(0)}^{0}\mathrm{e}^{2\varepsilon s}v_{j}^{2}(s,x)\mathrm{d}s\bigg]\mathrm{d}x\bigg\}$$

$$\leqslant\bigg[1+\tau\max_{1\leqslant i,j\leqslant n}\left(L_{j}^{2}+(1-\gamma)^{-1}\mathrm{e}^{2\varepsilon\tau}\left(|\alpha_{ij}|L_{j}^{2}+|\beta_{ij}|L_{j}^{2}+\eta_{ij}\right)\right)\bigg]\mathbb{E}\left\{\|\phi-u^{*}\|_{2}^{2}\right\}$$

及

$$V(t,v(t,x))\geqslant\mathbb{E}\bigg\{\int_{\Omega}\sum_{i=1}^{n}\mathrm{e}^{2\varepsilon t}v_{i}^{2}(t,x)\mathrm{d}x\bigg\}=\mathrm{e}^{2\varepsilon t}\mathbb{E}\left\{\|u(t,x)-u^{*}\|_{2}^{2}\right\}$$

可知

$$\mathrm{e}^{2\varepsilon t}\mathbb{E}\left\{\|u(t,x)-u^*\|_2^2\right\}$$

$$\leqslant \left[1+\tau \max_{1\leqslant i,j\leqslant n}\left(L_j^2+(1-\gamma)^{-1}\mathrm{e}^{2\varepsilon\tau}\left(|\alpha_{ij}|L_j^2+|\beta_{ij}|L_j^2+\eta_{ij}\right)\right)\right]\mathbb{E}\left\{\|\phi-u^*\|_2^2\right\} \tag{3.3.16}$$

令

$$M=\sqrt{1+\tau\max_{1\leqslant i,j\leqslant n}\left(L_j^2+(1-\gamma)^{-1}\mathrm{e}^{2\varepsilon\tau}\left(|\alpha_{ij}|L_j^2+|\beta_{ij}|L_j^2+\eta_{ij}\right)\right)}$$

其中 $M\geqslant 1$, 则对任意 $t\geqslant 0$ 有

$$\mathbb{E}\left\{\|u(t,x)-u^*\|_2\right\}\leqslant M\mathbb{E}\left\{\|\phi-u^*\|_2\right\}\mathrm{e}^{-kt}$$

因此, 系统 (3.3.3) 是全局均方指数稳定的. 证毕.

由定理 3.3.1 可得如下推论.

(1) 若不存在扩散效应, 则系统 (3.3.3) 可简化为

$$\mathrm{d}u_i(t)=\left[-d_iu_i(t)+\sum_{j=1}^n a_{ij}f_j(u_j(t-\tau_{ij}(t)))+\sum_{j=1}^n b_{ij}\mu_j+I_i+\bigwedge_{j=1}^n \alpha_{ij}f_j(u_j(t-\tau_{ij}(t)))\right.$$

$$\left.+\bigvee_{j=1}^n \beta_{ij}f_j(u_j(t-\tau_{ij}(t)))+\bigwedge_{j=1}^n T_{ij}\mu_j+\bigvee_{j=1}^n H_{ij}\mu_j\right]\mathrm{d}t$$

$$+\sum_{j=1}^n \sigma_{ij}\left(u_j(t),u_j(t-\tau_{ij}(t))\right)\mathrm{d}\omega_j(t) \tag{3.3.17}$$

推论 3.3.1　设条件 (H3.3.1) 和 (H3.3.2) 成立. 如果对所有的 $i=1,2,\cdots,n$, 不等式

$$-2d_i+\sum_{j=1}^n\left((1-\gamma)^{-1}|a_{ij}^2|+|\alpha_{ij}|L_j^2+|\beta_{ij}|L_j^2+\eta_{ij}|+L_j^2+(|\alpha_{ij}|+|\beta_{ij}|+\eta_{ij})\right)<0 \tag{3.3.18}$$

成立, 则系统 (3.3.17) 是全局指数稳定的.

(2) 若时滞为常时滞, 则系统 (3.3.3) 可简化为

$$\mathrm{d}u_i(t,x)=\left[\sum_{k=1}^l \frac{\partial}{\partial x_k}\left(D_{ik}\frac{\partial u_i(t,x)}{\partial x_k}\right)-d_iu_i(t,x)+\sum_{j=1}^n a_{ij}f_j(u_j(t-\tau_{ij}(t),x))\right.$$

$$+\sum_{j=1}^n b_{ij}\mu_j+I_i+\bigwedge_{j=1}^n \alpha_{ij}f_j(u_j(t-\tau_{ij}(t),x))+\bigvee_{j=1}^n \beta_{ij}f_j(u_j(t-\tau_{ij}(t)))$$

$$\left.+\bigwedge_{j=1}^n T_{ij}\mu_j+\bigvee_{j=1}^n H_{ij}\mu_j\right]\mathrm{d}t+\sum_{j=1}^n \sigma_{ij}\left(u_j(t,x),u_j(t-\tau_{ij}(t),x)\right)\mathrm{d}\omega_j(t) \tag{3.3.19}$$

则 $\gamma = 0$, 从而有如下不依赖于时滞的稳定性判据.

推论 3.3.2 假设条件 (H3.3.1) 和 (H3.3.2) 成立. 如果对所有的 $i = 1, 2, \cdots,$ n, 不等式

$$-2d_i - 2\sum_{k=1}^{l} \frac{D_{ik}}{\omega_k^2} + \sum_{j=1}^{n} \left(\left(a_{ij}^2 + |\alpha_{ij}| L_j^2 + |\beta_{ij}| L_j^2 + \eta_{ij} \right) + L_j^2 + \left(|\alpha_{ij}| + |\beta_{ij}| + \eta_{ij} \right) \right) < 0$$

(3.3.20)

成立, 则系统 (3.3.19) 是全局均方指数稳定的.

3.3.3 数值模拟

例 3.3.1 考虑具有三个神经元、时变时滞和随机干扰的反应扩散模糊细胞神经网络模型 (物理结构如图 3-5 所示).

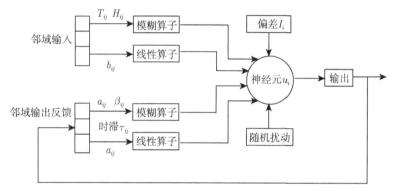

图 3-5 系统 (3.3.21) 的结构图

图 3-5 所表示的反应扩散模糊细胞神经网络为

$$
\begin{cases}
\mathrm{d}u_i(t,x) = \Bigg[\sum_{k=1}^{l} \frac{\partial}{\partial x_k}\left(D_{ik} \frac{\partial u_i(t,x)}{\partial x_k} \right) - d_i u_i(t,x) + \sum_{j=1}^{3} a_{ij} f_j(u_j(t - \tau_{ij}(t), x)) \\
\qquad + \sum_{j=1}^{3} b_{ij}\mu_j + I_i + \bigwedge_{j=1}^{3} \alpha_{ij} f_j(u_j(t - \tau_{ij}(t), x)) \\
\qquad + \bigvee_{j=1}^{3} \beta_{ij} f_j(u_j(t - \tau_{ij}(t), x)) + \bigwedge_{j=1}^{3} T_{ij}\mu_j + \bigvee_{j=1}^{3} H_{ij}\mu_j \Bigg]\mathrm{d}t \\
\qquad + \sum_{j=1}^{3} \sigma_{ij}(u_j(t,x), u_j(t - \tau_{ij}(t)))\mathrm{d}\omega_j(t) \\
u_i(t,x) = 0, \quad (t,x) \in [-\tau, +\infty) \times \partial\Omega \\
u_i(s,x) = \phi_i(s,x), \quad (s,x) \in [-\tau, 0] \times \Omega, \quad i = 1, 2, 3
\end{cases}
$$

(3.3.21)

其中 $\Omega = \{x||x_k| < 1, k = 1\}$ 为一有界紧集; 激励函数为[44,45]

$$f_i(u_i) = \frac{1}{2}\left(|u_i + 1| - |u_i - 1|\right), \quad i = 1, 2, 3$$

同时

$$D = (D_{ik}) = \begin{pmatrix} 1 \\ 1 \\ 1 \end{pmatrix}, \quad D_0 = \mathrm{diag}(d_i) = \begin{pmatrix} 3 & 0 & 0 \\ 0 & 3 & 0 \\ 0 & 0 & 3 \end{pmatrix}$$

$$A = (a_{ij}) = \begin{pmatrix} 1 & 1/3 & 2/3 \\ 1/3 & 1 & 1/2 \\ 2/3 & 1/2 & 1 \end{pmatrix}, \quad B = (b_{ij}) = \begin{pmatrix} 1/5 & 0 & 0 \\ 0 & 1/5 & 0 \\ 0 & 0 & 1/5 \end{pmatrix}$$

$$\alpha = (\alpha_{ij}) = \begin{pmatrix} 1/6 & -1/8 & -1/4 \\ 1/5 & 1/6 & -1/3 \\ 1/3 & 1/5 & 1/6 \end{pmatrix}, \quad \beta = (\beta_{ij}) = \begin{pmatrix} 1/6 & 1/8 & 1/4 \\ -1/5 & 1/6 & 1/3 \\ -1/3 & -1/5 & 1/6 \end{pmatrix}$$

$$T = (T_{ij}) = \begin{pmatrix} 1 & 1/2 & 1/2 \\ 1/2 & 1 & 1/2 \\ 1/2 & 1/2 & 1 \end{pmatrix}, \quad H = (H_{ij}) = \begin{pmatrix} 1 & 1/3 & 1/3 \\ 1/3 & 1 & 1/3 \\ 1/3 & 1/3 & 1 \end{pmatrix}$$

$$\mu = (\mu_i) = \begin{pmatrix} 1 \\ 1 \\ 1 \end{pmatrix}, \quad I = (I_i) = \begin{pmatrix} 1/2 \\ 1/2 \\ 1/2 \end{pmatrix}, \quad \tau_{ij}(t) = 1$$

初始函数 $\phi_i(s, x)(i = 1, 2, 3)$ 是在 $(s, x) \in [-1, 0] \times \Omega$ 上随机生成的.

由 Matlab 线性矩阵不等式工具箱计算可得

$$\Pi_1 = -1.2778 < 0, \quad \Pi_2 = -0.8389 < 0, \quad \Pi_3 = -0.5056 < 0$$

由定理 3.3.1 可知系统 (3.3.21) 是全局均方指数稳定的, 数值仿真如图 3-6 所示.

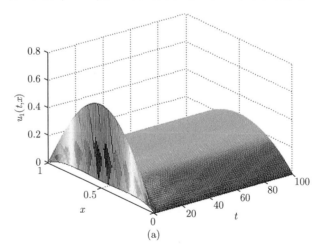

(a)

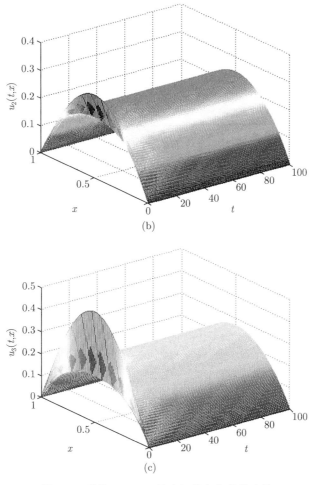

图 3-6 系统 (3.3.21) 是全局均方指数稳定的

参 考 文 献

[1] 王慧. 脉冲时滞神经网络的全局稳定性研究 [D]. 重庆大学博士学位论文, 2007.

[2] Yang T. Impulsive Control Theory [M]. Berlin: Springer-Verlag, 2001.

[3] Zhang B, Liu Y. Global attractivity for certain impulsive delay differential equations [J]. Nonlinear Analysis: Theory, Methods & Applications, 2003, 52: 725–736.

[4] Tang S, Chen L. Global attractivity in a "food-limited" population model with impulsive effects [J]. Journal of Mathematical Analysis and Applications, 2004, 292: 211–221.

[5] Gan Q, Xu R, Yang P. Bifurcation and chaos in a ratio-dependent predator-prey system with time delay [J]. Chaos, Solitons & Fractals, 2009, 39: 1883–1895.

[6]　Liu X. Impulsive stabilization and control of chaotic system [J]. Nonlinear Analysis: Theory, Methods & Applications, 2001, 47: 1081–1092.

[7]　Li C, Liao X. Complete and lag synchronization of chaotic systems via small pulses [J]. Chaos, Solitons & Fractals, 2004, 22: 857–867.

[8]　Li C, Liao X, Zhang X. Impulsive synchronization of chaotic systems [J]. Chaos, 2005, 15: 023104.

[9]　Guan Z, Chen G. On delayed impulsive Hopfield neural networks [J]. Neural Networks, 1999, 12: 272–280.

[10]　Sun G, Li X. A new criterion to global exponential stability for impulsive neural networks with continuously distributed delays [J]. Mathematical Methods in the Applied Sciences, 2010, 33: 2107–2117.

[11]　Xu B, Liu X, Teo K L. Asymptotic stability of impulsive high-order Hopfield type neural networks [J]. Computers and Mathematics with Applications, 2009, 57: 1968–1977.

[12]　Li D, Yang D, Wang H, et al. Asymptotical stability of multi-delayed cellular neural networks with impulsive effects [J]. Physica A, 2009, 388: 218–224.

[13]　Li X. Existence and global exponential stability of periodic solution for delayed neural networks with impulsive and stochastic effects [J]. Neurocomputing, 2010, 73: 749–758.

[14]　Li X, Rakkiyappan R, Balasubramaniam P. Existence and global stability analysis of equilibrium of fuzzy cellular neural networks with time delay in the leakage term under impulsive perturbations [J]. Journal of the Franklin Institute, 2011, 348: 135–155.

[15]　Yang X, Liao X, Evans D J, Tang Y. Existence and stability of periodic solution in impulsive Hopfield neural networks with finite distributed delays [J]. Physics Letters A, 2005, 343: 108–116.

[16]　Li L, Jian J. Exponential convergence and Lagrange stability for impulsive Cohen-Grossberg neural networks with time-varying delays [J]. Journal of Computational and Applied Mathematics, 2015, 277: 23–35.

[17]　Wang X, Guo Q, Xu D. Exponential p-stability of impulsive stochastic Cohen-Grossberg neural networks with mixed delays [J]. Mathematics and Computers in Simulation, 2009, 79: 1698–1710.

[18]　Li X. Exponential stability of Cohen-Grossberg-type BAM neural networks with time-varying delays via impulsive control [J]. Neurocomputing, 2009, 73: 525–530.

[19]　Song X, Xin X, Huang W. Exponential stability of delayed and impulsive cellular neural networks with partially Lipschitz continuous activation functions [J]. Neural Networks, 2012, 29–30: 80–90.

[20]　Song Q, Wang Z. Stability analysis of impulsive stochastic Cohen-Grossberg neural networks with mixed time delays [J]. Physica A, 2008, 387: 3314–3326.

[21]　Li Y, Lu L. Global exponential stability and existence of periodic solution of Hopfield-type neural networks with impulses [J]. Physics Letters A, 2004, 333: 62–71.

[22] Akca H, Alassar R, Covachev V, et al. Continuous-time additive Hopfield-type neural networks with impulses [J]. Journal of Mathematical Analysis and Applications, 2004, 290: 436–451.

[23] Wang H, Liao X, Li C. Existence and exponential stability of periodic solution of BAM neural networks with impulse and time-varying delay [J]. Chaos, Solitons & Fractals, 2007, 33: 1028–1039.

[24] Rong R, Zhong S, Wang X. Stochastic stability criteria with LMI conditions for Markovian jumping impulsive BAM neural networks with mode-dependent time-varying delays and nonlinear reaction-diffusion [J]. Communications in Nonlinear Science and Numerical Simulation, 2014, 19: 258–273.

[25] Yang Y, Cao J. Stability and periodicity in delayed cellular neural networks with impulsive effects [J]. Nonlinear Analysis: Real World Applications, 2007, 8: 362–374.

[26] Bao H, Cao J. Stochastic global exponential stability for neutral-type impulsive neural networks with mixed time-delays and Markovian jumping parameters [J]. Communications in Nonlinear Science and Numerical Simulation, 2011, 16: 3786–3791.

[27] Li X, Chen Z. Stability properties for Hopfield neural networks with delays and impulsive perturbations [J]. Nonlinear Analysis: Real World Applications, 2009, 10: 3253–3265.

[28] Pan J, Liu X, Zhong S. Stability criteria for impulsive reaction-diffusion Cohen-Grossberg neural networks with time-varying delays [J]. Mathematical and Computer Modelling, 2010, 51: 1037–1050.

[29] Gains R E, Mawhin J L. Coincidence Degree and Nonlinear Differential Function [M]. Berlin: Springer-Verlag, 1977.

[30] Berman A, Plemmons R J. Nonnegative Matrices in the Mathematical Science [M]. New York: Academic Press, 1979.

[31] LaSalle J P. The Stability of Dynamical System [M]. Philadelphia: SIAM, 1976.

[32] 王阿明, 刘天放, 王绪. 高阶神经网络模型特性研究 [J]. 中国矿业大学学报, 2003, 32(2): 177–179.

[33] Gan Q, Xu R. Global robust exponential stability of uncertain neutral high-order stochastic Hopfield neural networks with time-varying delays [J]. Neural Processing Letters, 2010, 32: 83–96.

[34] Hale J. Theory of Functional Differential Equations [M]. New York: Springer-Verlag, 1977.

[35] Wang Z, Lauria S, Fang J, Liu X. Exponential stability of uncertain stochastic neural networks with mixed time-delays [J]. Chaos, Solitons & Fractals, 2007, 32: 62–72.

[36] Yang T, Yang L B, Wu C W, Chua L O. Fuzzy cellular neural networks: theory [C]. Proceedings of IEEE International Workshop on Cellular Neural Networks and Applications. Seville, Spain, 1996: 181–186.

[37] Yang T, Yang L B, Wu C W, Chua L O. Fuzzy cellular neural networks: applicatio-ns[C]. Proceedings of IEEE International Workshop on Cellular Neural Networks and Applications. Seville, Spain, 1996: 225–230.

[38] Yang T, Yang L. The global stability of fuzzy neural network [J]. IEEE Transactions on Circuits and Systems I: Fundamental Theory and Applications, 1996, 43(10): 880–883.

[39] Gan Q, Xu R, Yang P. Synchronization of non-identical chaotic delayed fuzzy cellular neural networks based on sliding mode control [J]. Communications in Nonlinear Science and Numerical Simulation, 2012, 17(1): 433–443.

[40] Xia Y, Yang Z, Han M. Lag synchronization of unknown chaotic delayed Yang-Yang-type fuzzy neural networks with noise perturbation based on adaptive control and parameter identification [J]. IEEE Transactions on Neural Networks, 2009, 20(7): 1165–1180.

[41] Gan Q, Xu R, Yang P. Stability analysis of stochastic fuzzy cellular neural networks with time-varying delays and reaction-diffusion terms [J]. Neural Processing Letters, 2010, 32: 45–57.

[42] Park Ju H. An analysis of global robust stability of uncertain cellular neural networks with discrete and distributed delays [J]. Chaos, Solitons & Fractals, 2007, 32: 800–807.

[43] Wang J, Lu J. Global exponential stability of fuzzy cellular neural networks with delays and reaction-diffusion terms [J]. Chaos, Solitons & Fractals, 2008, 38: 878–885.

[44] Wang S, Wang M. A new detection algorithm (NDA) based on fuzzy cellular neural net-works for white blood cell detection [J]. IEEE Transactions on Information Technology in Biomedicine, 2006, 10: 5–10.

[45] Wang S, Fu D, Xu M, Hu D. Applying advanced fuzzy cellular neural network AFCNN to segmentation of serial CT liver images [C]. Proceedings of International Conference on Natural Computation, 2005: 1128–1131.

第4章 具有不同时间尺度的时滞竞争神经网络的同步控制

竞争神经网络是一种无监督学习型的神经网络, 它可以模拟生物神经网络系统依靠神经元之间的兴奋、协调与抑制、竞争的方式进行信息处理. 其神经元网络输入节点与输出节点完全互联, 具有结构简单、运算速度快和学习算法简便等特点, 在图像处理、模式识别、信号处理、优化计算和控制理论中有着广泛的应用. 一个竞争神经网络可以解释为: 在这个神经网络中, 当一个神经元兴奋后, 会通过它的分支对其他神经元产生抑制, 从而使神经元之间出现竞争. 当多个神经元受到抑制, 兴奋最强的神经细胞 "战胜" 了其他神经元的抑制作用脱颖而出, 成为竞争的胜利者, 这时兴奋最强的神经元的净输入被设定为 1, 所有其他神经元的净输入设定为零, 也就是所谓的 "成者为王, 败者为寇"[1]. 文献 [2] 提出了一种具有不同时间尺度的竞争神经网络模型, 并研究了该模型平衡点的全局指数稳定性及吸引性. 这类神经网络模型具有两类状态变量: 一类是用来描述神经网络状态变化的动力学行为, 这类变化比较频繁, 神经网络较活跃, 其相应的记忆模式称为短期记忆 (Short-Term Memory, STM); 另一类状态变量是描述由于外部刺激所引发的无指导下细胞突触变化的动力学行为, 这类变化比较缓慢, 其相应的记忆模式称为长期记忆 (Long-Term Memory, LTM). 具有不同时间尺度的竞争神经网络的一般数学表示为

$$
\begin{cases}
\text{STM}: \varepsilon \dot{x}_i(t) = -a_i x_i(t) + \sum_{k=1}^{N} D_{ik} f_k(x_k(t)) + B_i \sum_{j=1}^{P} m_{ij}(t)\sigma_j \\
\text{LTM}: \dot{m}_{ij}(t) = -c_i m_{ij}(t) + \sigma_j f_i(x_i(t))
\end{cases}
\tag{4.0.1}
$$

其中, $x_i(t)$ 表示神经元当前的活动水平, $f_k(\cdot)$ 是一个输出神经元, σ_j 是一个外部刺激常量, D_{ik} 表示神经元 i 和 k 之间的神经权值, $m_{ij}(t)$ 是一个突触效率, B_i 是外部刺激的强度, P 表示外部刺激的数量, $a_i > 0$ 表示神经元的时间常数, N 是短期记忆的书目, ε 是短期记忆的时间尺度. 具有不同时间尺度的竞争神经网络是 Grossberg 分流网络[3] 以及 Amari 的原始神经元竞争模型[4] 的一种拓展.

文献 [5] 利用不确定奇异干扰系统理论讨论了具有不同时间尺度的竞争神经网络 (4.1.1) 的鲁棒性, 并建立了系统渐近稳定平衡点的存在性判据. 在实际应用中, 由于时滞的出现导致系统的不稳定使系统出现混沌现象, 随着对其他神经网络

同步现象的研究, 对具有不同时间尺度的竞争神经网络的同步现象的研究也得到了人们的广泛关注. 本章将利用线性误差反馈控制和自适应控制方法, 结合划分时滞方法等研究具有不同时间尺度的时滞竞争神经网络的混沌同步问题.

4.1　基于划分时滞方法的同步控制

对于神经网络的时变时滞项的处理通常有两种方法: 自由权矩阵方法[6−9] 和增广 Lyapunov 泛函方法[10−12]. 其中, 自由权矩阵方法可以表示牛顿-莱布尼茨公式中各项的相互关系, 所得结论仅仅依赖于时滞的大小, 能够有效降低时滞神经网络稳定性或同步控制的保守性. 但是, 自由权矩阵方法由于引入了大量的变量使得计算量大幅度增加[13]. 最近, 划分时滞方法被用于处理具有常时滞的神经网络模型[14−16]. 划分时滞方法将时滞区间 $[0, \tau]$ 划分为 m 个子区间 $[0, \tau_1], (\tau_1, \tau_2], \cdots,$ $(\tau_{m-1}, \tau_m]$, 它可以充分利用时滞区间信息, 达到降低保守性的目的. 印度学者 Balasubramaniam 等[17−20] 利用划分时滞方法研究了具有时变时滞的神经网络系统的动力学性态, 他们将时滞区间 $[0, \tau]$ 划分为 m 个子区间 $[0, \tau_1], (\tau_1, \tau_2], \cdots, (\tau_{m-1}, \tau_m]$, 而这里 τ 为时变时滞的上界. 本节将利用划分时滞方法研究具有不同时间尺度的时变时滞竞争神经网络的混沌同步控制问题, 将时变时滞区间 $[0, \tau(t)]$ 及其上界区间 $[0, \tau]$ 均划分为若干子区间, 进一步降低系统同步控制的保守性.

4.1.1　问题的描述

考虑具有不同时间尺度的竞争神经网络模型[21]:

$$\begin{cases} \text{STM}: \varepsilon \dot{x}_i(t) = -a_i x_i(t) + \sum_{k=1}^{N} D_{ik} f_k(x_k(t)) + \sum_{k=1}^{N} D_{ik}^\tau f_k(x_k(t - \tau(t))) + B_i \sum_{j=1}^{P} m_{ij}(t) \sigma_j \\ \text{LTM}: \dot{m}_{ij}(t) = -c_i m_{ij}(t) + \sigma_j f_i(x_i(t)) \end{cases}$$
$$(4.1.1)$$

其中 $\tau(t)$ 表示时变时滞, 为可微的非负函数, D_{ik}^τ 表示第 i 个和第 k 个神经元之间的时滞神经权值, 其他参数、变量同系统 (4.0.1).

令

$$S_i(t) = \sum_{j=1}^{P} m_{ij}(t) \sigma_j = m_i^{\mathrm{T}}(t) \sigma \qquad (4.1.2)$$

其中 $\sigma = (\sigma_1, \sigma_2, \cdots, \sigma_P)^{\mathrm{T}}$, $m_i(t) = (m_{i1}(t), m_{i2}(t), \cdots, m_{iP}(t))^{\mathrm{T}}$, 系统 (4.1.1) 可以表述为

$$\begin{cases} \text{STM}: \varepsilon \dot{x}_i(t) = -a_i x_i(t) + \sum_{k=1}^{N} D_{ik} f_k(x_k(t)) + \sum_{k=1}^{N} D_{ik}^\tau f_k(x_k(t - \tau(t))) + B_i S_i(t) \\ \text{LTM}: \dot{S}_i(t) = -c_i S_i(t) + |\sigma|^2 f_i(x_i(t)) \end{cases}$$
$$(4.1.3)$$

其中 $|\sigma|^2 = \sigma_1^2 + \sigma_2^2 + \cdots + \sigma_P^2$ 为常量. 不失一般性, 假设输入向量 $|\sigma|^2 = 1$, 则上述系统简化为

$$
\begin{cases}
\text{STM} : \varepsilon \dot{x}_i(t) = -a_i x_i(t) + \sum_{k=1}^{N} D_{ik} f_k(x_k(t)) + \sum_{k=1}^{N} D_{ik}^{\tau} f_k(x_k(t - \tau(t))) + B_i S_i(t) \\
\text{LTM} : \dot{S}_i(t) = -c_i S_i(t) + f_i(x_i(t))
\end{cases}
\tag{4.1.4}
$$

或

$$
\begin{cases}
\text{STM} : \dot{x}(t) = -\dfrac{1}{\varepsilon} A x(t) + \dfrac{1}{\varepsilon} D f(x(t)) + \dfrac{1}{\varepsilon} D^{\tau} f(x(t - \tau(t))) + \dfrac{1}{\varepsilon} B S(t) \\
\text{LTM} : \dot{S}(t) = -C S(t) + f(x(t))
\end{cases}
\tag{4.1.5}
$$

其中,

$$
t \in \mathbb{R}^+ = [0, \infty), \quad x(t) = (x_1(t), x_2(t), \cdots, x_N(t))^{\mathrm{T}}, \quad S(t) = (S_1(t), S_2(t), \cdots, S_N(t))^{\mathrm{T}}
$$

$$
A = \operatorname{diag}(a_1, a_2, \cdots, a_N), \quad D = (D_{ik})_{N \times N}, \quad D^{\tau} = (D_{ik}^{\tau})_{N \times N}
$$

$$
B = \operatorname{diag}(B_1, B_2, \cdots, B_N), \quad C = \operatorname{diag}(c_1, c_2, \cdots, c_N)
$$

$$
f(x(t)) = (f_1(x_1(t)), f_2(x_2(t)), \cdots, f_N(x_N(t)))^{\mathrm{T}}
$$

$$
f(x(t - \tau(t))) = (f_1(x_1(t - \tau(t))), \ f_2(x_2(t - \tau(t))), \cdots, f_N(x_N(t - \tau(t))))^{\mathrm{T}}
$$

系统 (4.1.5) 的初始条件为

$$
x(t) = \phi^x(t) \in \mathcal{C}\left([-\hat{\tau}, 0], \mathbb{R}^N\right), \quad S(t) = \phi^S(t) \in \mathcal{C}\left([-\hat{\tau}, 0], \mathbb{R}^N\right), \quad \hat{\tau} = \max_{t \in \mathbb{R}}(\tau(t)),
$$

其中 $\phi^x(t), \phi^S(t) \in \mathcal{C}\left([-\hat{\tau}, 0], \mathbb{R}^N\right)$, 满足 $\sup\limits_{-\hat{\tau} \leqslant \theta \leqslant 0} E|\phi^x(\theta)|^2 < \infty$ 和 $\sup\limits_{-\hat{\tau} \leqslant \theta \leqslant 0} E|\phi^S(\theta)|^2 < \infty$. $\mathcal{C}\left([-\hat{\tau}, 0], \mathbb{R}^N\right)$ 表示由 $[-\hat{\tau}, 0]$ 到 $\mathbb{R}^N$ 空间的连续映射 $\phi^x(t), \phi^S(t)$ 的全体组成的集合, 其范数定义为 $\|\phi^x\| = \sup\limits_{-\hat{\tau} \leqslant \theta \leqslant 0} |\phi^x(\theta)|, \|\phi^S\| = \sup\limits_{-\hat{\tau} \leqslant \theta \leqslant 0} |\phi^S(\theta)|$.

响应系统为

$$
\begin{cases}
\text{STM} : \dot{y}(t) = -\dfrac{1}{\varepsilon} A y(t) + \dfrac{1}{\varepsilon} D f(y(t)) + \dfrac{1}{\varepsilon} D^{\tau} f(y(t - \tau(t))) + \dfrac{1}{\varepsilon} B R(t) + u(t) \\
\text{LTM} : \dot{R}(t) = -C R(t) + f(y(t))
\end{cases}
\tag{4.1.6}
$$

其中, 响应系统的状态变量 $y(t) = (y_1(t), y_2(t), \cdots, y_N(t))^{\mathrm{T}}$ 与驱动系统的状态变量 $x(t)$ 对应, $u(t) = (u_1(t), u_2(t), \cdots, u_N(t))^{\mathrm{T}}$ 表示外界控制输入.

定义同步误差为 $e(t) = y(t) - x(t)$, $z(t) = R(t) - S(t)$, 误差方程为

$$\begin{cases} \text{STM}: \dot{e}(t) = -\frac{1}{\varepsilon}Ae(t) + \frac{1}{\varepsilon}Dg(e(t)) + \frac{1}{\varepsilon}D^{\tau}g(e(t-\tau(t))) + \frac{1}{\varepsilon}Bz(t) + u(t) \\ \text{LTM}: \dot{z}(t) = -Cz(t) + f(e(t)) \end{cases} \tag{4.1.7}$$

其中 $g(e(t)) = f(y(t)) - f(x(t))$, $g(e(t-\tau(t))) = f(y(t-\tau(t))) - f(x(t-\tau(t)))$.

本节中线性误差反馈控制器为

$$u(t) = Ke(t) \tag{4.1.8}$$

其中 $K \in \mathbb{R}^{N \times N}$ 为待设计的反馈增益矩阵.

为方便讨论, 首先给出两个假设.

(H4.1.1) 神经元激励函数 $f(\cdot)$ 满足如下条件

$$0 < \frac{f_i(u_i - v_i)}{u_i - v_i} \leqslant l_i$$

式中, $u \in \mathbb{R}$ 和 $v \in \mathbb{R}$ 为任意实数, 且 $u \neq v$; l_j 是已知正常数, $j = 1, 2, \cdots, N$.

(H4.1.2) 时变时滞 $\tau(t)$ 满足

$$0 \leqslant \tau(t) \leqslant \tau, \quad \dot{\tau}(t) \leqslant \mu$$

式中, τ 为非负数, μ 为任意实数, 不再要求其满足 $\mu \leqslant 1$.

定义 4.1.1　如果对任意的 $t \in \mathbb{R}$,

$$\lim_{t \to +\infty} \|e(t)\|^2 = \|y(t) - x(t)\|^2 = 0, \quad \lim_{t \to +\infty} \|z(t)\|^2 = \|R(t) - S(t)\|^2 = 0$$

则称系统 (4.1.5) 和 (4.1.6) 是全局同步的.

4.1.2　线性误差反馈同步控制策略

定理 4.1.1　对于给定的常量 τ, μ, ρ 以及正整数 m 和 n, 如果存在正定矩阵 P, Q, $M_i(i = 1, 2, \cdots, n)$, Z_1, Z_2 以及

$$W = W^{\mathrm{T}} = \begin{bmatrix} W_{11} & \cdots & W_{1m} \\ \vdots & & \vdots \\ W_{1m}^{\mathrm{T}} & \cdots & W_{mm} \end{bmatrix} > 0$$

实矩阵 X, 正常量 α 和 β, 使得如下 LMI 成立:

$$
\Pi =
\left[
\begin{array}{cccccccc}
\varXi_1 & \varXi_2 & W_{13} & \cdots & W_{1m} & 0 & \varXi_3 & Z_2 \\
* & \varXi_7 & \varXi_8 & \cdots & \varXi_9 & -W_{1m} & 0 & 0 \\
* & * & \varXi_{10} & \cdots & \varXi_{11} & -W_{2m} & 0 & 0 \\
\vdots & \vdots & \vdots & \ddots & \vdots & \vdots & \vdots & \vdots \\
* & * & * & * & \varXi_{12} & \varXi_{13} & 0 & 0 \\
* & * & * & * & * & \varXi_{14} & 0 & 0 \\
* & * & * & * & * & * & \varXi_{15} & 0 \\
* & * & * & * & * & * & * & \varXi_{19} \\
* & * & * & * & * & * & * & * \\
\vdots & \vdots & \vdots & \vdots & \vdots & \vdots & \vdots & \vdots \\
* & * & * & * & * & * & * & * \\
* & * & * & * & * & * & * & * \\
* & * & * & * & * & * & * & * \\
* & * & * & * & * & * & * & *
\end{array}
\right.
$$

$$
\left.
\begin{array}{ccccccc}
0 & \cdots & 0 & 0 & \varXi_4 & \varXi_5 & \varXi_6 \\
0 & \cdots & 0 & 0 & 0 & 0 & 0 \\
0 & \cdots & 0 & 0 & 0 & 0 & 0 \\
\vdots & \ddots & \vdots & \vdots & \vdots & \vdots & \vdots \\
0 & \cdots & 0 & 0 & 0 & 0 & 0 \\
0 & \cdots & 0 & Z_2/n & 0 & 0 & 0 \\
0 & \cdots & 0 & 0 & \varXi_{16} & \varXi_{17} & \varXi_{18} \\
Z_2 & \cdots & 0 & 0 & 0 & 0 & 0 \\
\varXi_{20} & \cdots & 0 & 0 & 0 & 0 & 0 \\
\vdots & \ddots & \vdots & \vdots & \vdots & \vdots & \vdots \\
* & \cdots & \varXi_{21} & Z_2 & 0 & 0 & 0 \\
* & \cdots & * & \varXi_{22} & 0 & 0 & 0 \\
* & \cdots & * & * & -\alpha I & 0 & 0 \\
* & \cdots & * & * & * & -\beta I & 0 \\
* & \cdots & * & * & * & * & -2QC
\end{array}
\right]
\tag{4.1.9}
$$

$$< 0$$

式中，

$$
\varXi_1 = -\frac{3}{\varepsilon}PA + 3X + W_{11} + \sum_{i=1}^{n} M_i - Z_1 - Z_2 + \alpha L^{\mathrm{T}}L
$$

$$\Xi_2 = W_{12} + Z_1, \quad \Xi_3 = -P - \frac{\rho}{\varepsilon}PA + \rho X, \quad \Xi_4 = \frac{2}{\varepsilon}PD$$

$$\Xi_5 = \frac{2}{\varepsilon}PD^\tau, \quad \Xi_6 = \frac{2}{\varepsilon}PB, \quad \Xi_7 = W_{22} - W_{11} - 2Z_1$$

$$\Xi_8 = W_{23} - W_{12} + Z_1, \quad \Xi_9 = W_{2m} - W_{1,m-1}, \quad \Xi_{10} = W_{33} - W_{22} - 2Z_1$$

$$\Xi_{11} = W_{3m} - W_{2,m-1}, \quad \Xi_{12} = W_{m,m} - W_{m-1,m-1} - 2Z_1, \quad \Xi_{13} = -W_{m-1,m} + Z_1$$

$$\Xi_{14} = -W_{m,m} - Z_1 - \frac{Z_2}{n}, \quad \Xi_{15} = -2\rho P + \frac{\tau^2}{m}Z_1 + \frac{\tau^2}{n}Z_2, \quad \Xi_{16} = \frac{\rho}{\varepsilon}PD$$

$$\Xi_{17} = \frac{\rho}{\varepsilon}PD^\tau, \quad \Xi_{18} = \frac{\rho}{\varepsilon}PB, \quad \Xi_{19} = -\left(1 - \frac{\mu}{n}\right)M_1 - 2Z_2$$

$$\Xi_{20} = -\left(1 - \frac{2\mu}{n}\right)M_2 - 2Z_2, \quad \Xi_{21} = -\left(1 - \frac{(n-1)\mu}{n}\right)M_{n-1} - 2Z_2$$

$$\Xi_{22} = -(1-\mu)M_n - Z_2 - \frac{Z_2}{n} + \beta L^\mathrm{T}L$$

则系统 (4.1.5) 和 (4.1.6) 是全局同步的. 同时, 反馈增益矩阵为

$$K = P^{-1}X \tag{4.1.10}$$

证明　定义正定 Lyapunov-Krasovskii 泛函 $V(t)$ 为

$$V(t) = e^\mathrm{T}(t)Pe(t) + z^\mathrm{T}(t)Qz(t) + \int_{t-h}^t \gamma^\mathrm{T}(s)W\gamma(s)\mathrm{d}s + \sum_{i=1}^n \int_{t-i\sigma(t)}^t e^\mathrm{T}(s)M_ie(s)\mathrm{d}s$$

$$+ h\int_{-\tau}^0 \int_{t+\theta}^t \dot{e}^\mathrm{T}(s)Z_1\dot{e}(s)\mathrm{d}s\mathrm{d}\theta + \sigma\int_{-\tau}^0 \int_{t+\theta}^t \dot{e}^\mathrm{T}(s)Z_2\dot{e}(s)\mathrm{d}s\mathrm{d}\theta \tag{4.1.11}$$

其中

$$\gamma(t) = \begin{bmatrix} e^\mathrm{T}(t) \\ e^\mathrm{T}(t-h) \\ e^\mathrm{T}(t-2h) \\ \vdots \\ e^\mathrm{T}(t-(m-1)h) \end{bmatrix}^\mathrm{T}, \quad \sigma(t) = \frac{\tau(t)}{n}, \quad h = \frac{\tau}{m}, \quad \sigma = \frac{\tau}{n}$$

m 和 n 均为固定自然数.

沿式 (4.1.7) 的轨线计算 $V(t)$ 的导数可得

$$\dot{V}(t) = 2e^\mathrm{T}(t)P\dot{e}(t) + 2z^\mathrm{T}(t)Q\dot{z}(t) + \gamma^\mathrm{T}(t)W\gamma(t) - \gamma^\mathrm{T}(t-h)W\gamma(t-h)$$

$$+ \sum_{i=1}^n \left[e^\mathrm{T}(t)M_ie(t) - (1 - i\dot{\sigma}(t))e^\mathrm{T}(t-i\sigma(t))M_ie(t-i\sigma(t))\right] + h\tau\dot{e}^\mathrm{T}(t)Z_1\dot{e}(t)$$

$$- h\int_{-\tau}^0 \dot{e}^\mathrm{T}(t+\theta)Z_1\dot{e}(t+\theta)\mathrm{d}\theta + \sigma\tau\dot{e}^\mathrm{T}(t)Z_2\dot{e}(t) - \sigma\int_{-\tau}^0 \dot{e}^\mathrm{T}(t+\theta)Z_2\dot{e}(t+\theta)\mathrm{d}\theta$$

$$=2e^{\mathrm{T}}(t)P\left[-\frac{1}{\varepsilon}Ae(t)+\frac{1}{\varepsilon}Dg(e(t))+\frac{1}{\varepsilon}D^{\tau}g(e(t-\tau(t)))+\frac{1}{\varepsilon}Bz(t)+Ke(t)\right]$$

$$+2z^{\mathrm{T}}(t)Q\left[-Cz(t)+g(e(t))\right]+\gamma^{\mathrm{T}}(t)W\gamma(t)-\gamma^{\mathrm{T}}(t-h)W\gamma(t-h)$$

$$+\sum_{i=1}^{n}\left[e^{\mathrm{T}}(t)M_ie(t)-(1-i\dot{\sigma}(t))e^{\mathrm{T}}(t-i\sigma(t))M_ie(t-i\sigma(t))\right]+h\tau\dot{e}^{\mathrm{T}}(t)Z_1\dot{e}(t)$$

$$-h\int_{t-\tau}^{t}\dot{e}^{\mathrm{T}}(s)Z_1\dot{e}(s)\mathrm{d}s+\sigma\tau\dot{e}^{\mathrm{T}}(t)Z_2\dot{e}(t)-\sigma\int_{t-\tau}^{t}\dot{e}^{\mathrm{T}}(s)Z_2\dot{e}(s)\mathrm{d}s \qquad (4.1.12)$$

令 $\gamma_1(t)=\left[\gamma^{\mathrm{T}}(t),e^{\mathrm{T}}(t-\tau)\right]^{\mathrm{T}}$, 由引理 3.2.3 可知

$$-h\int_{t-\tau}^{t}\dot{e}^{\mathrm{T}}(s)Z_1\dot{e}(s)\mathrm{d}s$$

$$=-h\int_{t-h}^{t}\dot{e}^{\mathrm{T}}(s)Z_1\dot{e}(s)\mathrm{d}s-h\int_{t-2h}^{t-h}\dot{e}^{\mathrm{T}}(s)Z_1\dot{e}(s)\mathrm{d}s-\cdots-h\int_{t-\tau}^{t-(m-1)h}\dot{e}^{\mathrm{T}}(s)Z_1\dot{e}(s)\mathrm{d}s$$

$$\leqslant-\left[\int_{t-h}^{t}\dot{e}(s)\mathrm{d}s\right]^{\mathrm{T}}Z_1\left[\int_{t-h}^{t}\dot{e}(s)\mathrm{d}s\right]-\left[\int_{t-2h}^{t-h}\dot{e}(s)\mathrm{d}s\right]^{\mathrm{T}}Z_1\left[\int_{t-2h}^{t-h}\dot{e}(s)\mathrm{d}s\right]-\cdots$$

$$-\left[\int_{t-\tau}^{t-(m-1)h}\dot{e}(s)\mathrm{d}s\right]^{\mathrm{T}}Z_1\left[\int_{t-\tau}^{t-(m-1)h}\dot{e}(s)\mathrm{d}s\right]$$

$$=-\left[e(t)-e(t-h)\right]^{\mathrm{T}}Z_1\left[e(t)-e(t-h)\right]-\left[e(t-h)-e(t-2h)\right]^{\mathrm{T}}Z_1\left[e(t-h)-e(t-2h)\right]-\cdots$$

$$-\left[e(t-(m-1)h)-e(t-\tau)\right]^{\mathrm{T}}Z_1\left[e(t-(m-1)h)-e(t-\tau)\right]$$

$$=\gamma_1^{\mathrm{T}}(t)\begin{bmatrix}-Z_1 & Z_1 & 0 & \cdots & 0 & 0\\ * & -2Z_1 & Z_1 & \cdots & 0 & 0\\ * & * & -2Z_1 & \cdots & 0 & 0\\ \vdots & \vdots & \vdots & & \vdots & \vdots\\ * & * & * & * & -2Z_1 & Z_1\\ * & * & * & * & * & -Z_1\end{bmatrix}\gamma_1(t) \qquad (4.1.13)$$

由引理 3.2.3 及 $\sigma(t)\leqslant\sigma$, $\tau(t)\leqslant\tau$ 可知

$$-\sigma\int_{t-\tau}^{t}\dot{e}^{\mathrm{T}}(s)Z_2\dot{e}(s)\mathrm{d}s$$

$$=-\sigma\int_{t-\sigma(t)}^{t}\dot{e}^{\mathrm{T}}(s)Z_2\dot{e}(s)\mathrm{d}s-\sigma\int_{t-2\sigma(t)}^{t-\sigma(t)}\dot{e}^{\mathrm{T}}(s)Z_2\dot{e}(s)\mathrm{d}s-\cdots$$

$$-\sigma\int_{t-\tau(t)}^{t-(n-1)\sigma(t)}\dot{e}^{\mathrm{T}}(s)Z_2\dot{e}(s)\mathrm{d}s-\sigma\int_{t-\tau}^{t-\tau(t)}\dot{e}^{\mathrm{T}}(s)Z_2\dot{e}(s)\mathrm{d}s$$

$$\leqslant -\sigma(t) \int_{t-\sigma(t)}^{t} \dot{e}^{\mathrm{T}}(s) Z_2 \dot{e}(s) \mathrm{d}s - \sigma(t) \int_{t-2\sigma(t)}^{t-\sigma(t)} \dot{e}^{\mathrm{T}}(s) Z_2 \dot{e}(s) \mathrm{d}s - \cdots$$

$$-\sigma(t) \int_{t-\tau(t)}^{t-(n-1)\sigma(t)} \dot{e}^{\mathrm{T}}(s) Z_2 \dot{e}(s) \mathrm{d}s - \sigma(t) \int_{t-\tau}^{t-\tau(t)} \dot{e}^{\mathrm{T}}(s) Z_2 \dot{e}(s) \mathrm{d}s$$

$$= \gamma_2^{\mathrm{T}}(t) \begin{bmatrix} -Z_2 & 0 & Z_2 & 0 & \cdots & 0 & 0 \\ * & -\dfrac{Z_2}{n} & 0 & 0 & \cdots & 0 & \dfrac{Z_2}{n} \\ * & * & -2Z_2 & Z_2 & \cdots & 0 & 0 \\ * & * & * & -2Z_2 & \cdots & 0 & 0 \\ \vdots & \vdots & \vdots & \vdots & \ddots & \vdots & \vdots \\ * & * & * & * & * & -2Z_2 & Z_2 \\ * & * & * & * & * & * & -Z_2 - \dfrac{Z_2}{n} \end{bmatrix} \gamma_2(t) \quad (4.1.14)$$

其中

$$\gamma_2(t) = \left[e^{\mathrm{T}}(t), e^{\mathrm{T}}(t-\tau), e^{\mathrm{T}}(t-\sigma(t)), e^{\mathrm{T}}(t-2\sigma(t)), \cdots, e^{\mathrm{T}}(t-(n-1)\sigma(t)), e^{\mathrm{T}}(t-\tau(t)) \right]^{\mathrm{T}}$$
$$(4.1.15)$$

由假设条件 (H4.1.1) 易知

$$\begin{aligned} g^{\mathrm{T}}(e(t)) g(e(t)) - e^{\mathrm{T}}(t) L^{\mathrm{T}} L e(t) &\leqslant 0 \\ g^{\mathrm{T}}(e(t-\tau(t))) g(e(t-\tau(t))) - e^{\mathrm{T}}(t-\tau(t)) L^{\mathrm{T}} L e(t-\tau(t)) &\leqslant 0 \end{aligned} \quad (4.1.16)$$

其中 $L = \mathrm{diag}(l_1, l_2, \cdots, l_N)$. 因此, 对任意标量 α 和 β, 有

$$\begin{aligned} -\alpha \left[g^{\mathrm{T}}(e(t)) g(e(t)) - e^{\mathrm{T}}(t) L^{\mathrm{T}} L e(t) \right] &\geqslant 0 \\ -\beta \left[g^{\mathrm{T}}(e(t-\tau(t))) g(e(t-\tau(t))) - e^{\mathrm{T}}(t-\tau(t)) L^{\mathrm{T}} L e(t-\tau(t)) \right] &\geqslant 0 \end{aligned} \quad (4.1.17)$$

对任意矩阵 G_1 和 G_2, 误差系统 (4.1.7) 满足:

$$\begin{aligned} 0 = 2 \left[e^{\mathrm{T}}(t) G_1 + \dot{e}^{\mathrm{T}}(t) G_2 \right] &\Big[\dot{e}(t) - \frac{1}{\varepsilon} A e(t) + \frac{1}{\varepsilon} D g(e(t)) + \frac{1}{\varepsilon} D^\tau g(e(t-\tau(t))) \\ &+ \frac{1}{\varepsilon} B z(t) + K e(t) \Big] \end{aligned}$$
$$(4.1.18)$$

由 (4.1.13)–(4.1.14), (4.1.17) 和 (4.1.18) 可以得到

$$\dot{V}(t) \leqslant \zeta^{\mathrm{T}}(t) \Sigma \zeta(t) \quad (4.1.19)$$

其中

$$\Sigma = \begin{bmatrix}
\hat{\Xi}_1 & \Xi_2 & W_{13} & \cdots & W_{1m} & 0 & \hat{\Xi}_3 & Z_2 & 0 & \cdots & 0 & 0 & \hat{\Xi}_4 & \hat{\Xi}_5 & \hat{\Xi}_6 \\
* & \Xi_7 & \Xi_8 & \cdots & \Xi_9 & -W_{1m} & 0 & 0 & 0 & \cdots & 0 & 0 & 0 & 0 & 0 \\
* & * & \Xi_{10} & \cdots & \Xi_{11} & -W_{2m} & 0 & 0 & 0 & \cdots & 0 & 0 & 0 & 0 & 0 \\
\vdots & \vdots & \vdots & \ddots & \vdots & \vdots & \vdots & \vdots & \vdots & \ddots & \vdots & \vdots & \vdots & \vdots & \vdots \\
* & * & * & * & \Xi_{12} & \Xi_{13} & 0 & 0 & 0 & \cdots & 0 & 0 & 0 & 0 & 0 \\
* & * & * & * & * & \Xi_{14} & 0 & 0 & 0 & \cdots & 0 & Z_2/n & 0 & 0 & 0 \\
* & * & * & * & * & * & \hat{\Xi}_{15} & 0 & 0 & \cdots & 0 & 0 & \hat{\Xi}_{16} & \hat{\Xi}_{17} & \hat{\Xi}_{18} \\
* & * & * & * & * & * & * & \Xi_{19} & Z_2 & \cdots & 0 & 0 & 0 & 0 & 0 \\
* & * & * & * & * & * & * & * & \Xi_{20} & \cdots & 0 & 0 & 0 & 0 & 0 \\
\vdots & \vdots & \vdots & \vdots & \vdots & \vdots & \vdots & \vdots & \vdots & \ddots & \vdots & \vdots & \vdots & \vdots & \vdots \\
* & * & * & * & * & * & * & * & * & \cdots & \Xi_{21} & Z_2 & 0 & 0 & 0 \\
* & * & * & * & * & * & * & * & * & \cdots & * & \Xi_{22} & 0 & 0 & 0 \\
* & * & * & * & * & * & * & * & * & \cdots & * & * & -\alpha I & 0 & 0 \\
* & * & * & * & * & * & * & * & * & \cdots & * & * & * & -\beta I & 0 \\
* & * & * & * & * & * & * & * & * & \cdots & * & * & * & * & -2QC
\end{bmatrix}$$

$$\hat{\Xi}_1 = -\frac{2}{\varepsilon}PA + 2PK + W_{11} + \sum_{i=1}^{n} M_i - Z_1 - Z_2 + \alpha L^{\mathrm{T}}L - \frac{1}{\varepsilon}G_1A + G_1K$$

$$\hat{\Xi}_3 = -G_1 - \frac{1}{\varepsilon}G_2 A + G_2 K, \quad \hat{\Xi}_4 = \frac{1}{\varepsilon}PD + \frac{1}{\varepsilon}G_1 D, \quad \hat{\Xi}_5 = \frac{1}{\varepsilon}PD^\tau + \frac{1}{\varepsilon}G_1 D^\tau$$

$$\hat{\Xi}_6 = \frac{1}{\varepsilon}PB + \frac{1}{\varepsilon}G_1 B, \quad \hat{\Xi}_{15} = -2G_2 + h\tau Z_1 + \sigma\tau Z_2, \quad \hat{\Xi}_{16} = \frac{1}{\varepsilon}G_2 D$$

$$\hat{\Xi}_{17} = \frac{1}{\varepsilon}G_2 D^\tau, \quad \hat{\Xi}_{18} = \frac{1}{\varepsilon}G_2 B$$

$$\zeta(t) = \left[\gamma_1^{\mathrm{T}}(t), \dot{e}^{\mathrm{T}}(t), e^{\mathrm{T}}(t - \sigma(t)), e^{\mathrm{T}}(t - 2\sigma(t)), \cdots, e^{\mathrm{T}}(t - (n-1)\sigma(t)),\right.$$
$$\left. e^{\mathrm{T}}(t - \tau(t)), g^{\mathrm{T}}(e(t)), g^{\mathrm{T}}(e(t - \tau(t))), z^{\mathrm{T}}(t)\right]^{\mathrm{T}}$$

令 $G_1 = P$, $G_2 = \rho P$, $X = PK$, 则 $\Pi = \Sigma$. 因此, 若线性矩阵不等式 (4.1.9) 可行, 则系统 (4.1.5) 和 (4.1.6) 是全局同步的. 证毕.

注释 4.1.1 本节所使用的时滞划分方法将时变时滞区间 $[0, \tau(t)]$ 划分为 n 个子区间 $[0, \sigma(t)], (\sigma(t), 2\sigma(t)], \cdots, ((n-1)\sigma(t), \tau(t)]$, 将时变时滞的上界区间 $[0, \tau]$ 划分为 m 个子区间 $[0, h], (\sigma(t), 2h], \cdots, ((n-1)h, \tau]$, 式中 $\sigma(t) = \tau(t)/n, h = \tau/m$, 这使得所得线性矩阵不等式能够在更大范围搜索解, 从而进一步降低系统同步控制的保守性.

注释 4.1.2 当取 $\mu = 0$ 时, 定理 4.1.1 所得结论适用于文献 [22] 所提出的具有常时滞的竞争神经网络模型; 当取 $m = n = 1$ 时, Lyapunov-Krasovskii 泛函 (4.1.11) 变为文献 [23] 所构建的传统的用于处理时变时滞的 Lyapunov-Krasovskii 泛函.

4.1.3　数值模拟

令 $x(t) = (x_1(t), x_2(t))^{\mathrm{T}}$, $S(t) = (S_1(t), S_2(t))^{\mathrm{T}}$, 考虑具有如下参数的时滞竞争神经网络:

$$A = \begin{bmatrix} 1 & 0 \\ 0 & 1 \end{bmatrix}, \quad D = \begin{bmatrix} 2 & -1.1 \\ -3 & 2 \end{bmatrix}, \quad D^\tau = \begin{bmatrix} -1.5 & 1.1 \\ -0.3 & -2.5 \end{bmatrix}$$

$$B = \begin{bmatrix} 0.4 & 0 \\ 0 & 0.3 \end{bmatrix}, \quad C = \begin{bmatrix} 1 & 0 \\ 0 & 1 \end{bmatrix}, \quad \varepsilon = 1$$

激励函数取为 $f(v) = 0.2\tanh v$, 时变时滞为 $\tau(t) = 1.8 + 1.2\sin t$, 同时选取 $m = n = 4$, $\rho = 0.35$. 于是, 由假设 (H4.1.1) 和 (H4.1.2) 可知 $L = \mathrm{diag}(0.2, 0.2)$, $\tau = 3$, $\mu = 1.2$. 图 4-1 显示: 当选取上述参数和初始条件 $x_1(\theta) = 0.3$, $x_2(\theta) = -0.5$, $S_1(\theta) = 0.4$, $S_2(\theta) = -0.3$, $\forall \theta \in [-3, 0]$, 系统 (4.1.5) 存在混沌现象.

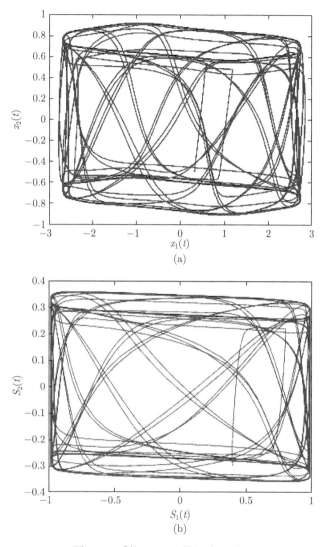

图 4-1　系统 (4.1.5) 的混沌吸引子

借助于 Matlab 线性矩阵不等式工具箱求解式 (4.1.9), 找到的一组可行解为

$$P = \begin{bmatrix} 0.4936 & 0.2454 \\ 0.2454 & 0.2755 \end{bmatrix}, \quad Q = \begin{bmatrix} 0.8783 & 0.3672 \\ 0.3672 & 0.6720 \end{bmatrix}, \quad M_1 = \begin{bmatrix} 0.0770 & -0.0061 \\ -0.0061 & 0.0036 \end{bmatrix}$$

$$M_2 = \begin{bmatrix} 0.0743 & -0.0066 \\ -0.0066 & 0.0030 \end{bmatrix}, \quad M_3 = \begin{bmatrix} 0.1696 & 0.0916 \\ 0.0916 & 0.1011 \end{bmatrix}$$

$$M_4 = \begin{bmatrix} 0.0085 & -0.0008 \\ -0.0008 & 0.0002 \end{bmatrix}, \quad Z_1 = \begin{bmatrix} 0.0014 & -0.0001 \\ -0.0001 & 0.0001 \end{bmatrix}$$

$$Z_2 = \begin{bmatrix} 0.0195 & 0.0152 \\ 0.0152 & 0.0157 \end{bmatrix}, \quad X = \begin{bmatrix} -2.7607 & -1.3200 \\ -1.3200 & -1.5015 \end{bmatrix}$$

$$W_{11} = \begin{bmatrix} 0.3017 & 0.0045 \\ 0.0045 & 0.0418 \end{bmatrix}, \quad W_{12} = \begin{bmatrix} -0.7519 & 0.0674 \\ 0.0674 & -0.0146 \end{bmatrix}$$

$$W_{13} = \begin{bmatrix} 0.0124 & 0.0869 \\ 0.0869 & -0.3571 \end{bmatrix}, \quad W_{14} = \begin{bmatrix} 0.0683 & 0.3755 \\ 0.3755 & 0.0626 \end{bmatrix}$$

$$W_{22} = \begin{bmatrix} 0.2574 & 0.0078 \\ 0.0078 & 0.0393 \end{bmatrix}, \quad W_{23} = \begin{bmatrix} -0.0014 & 0.0001 \\ 0.0001 & -0.0001 \end{bmatrix}$$

$$W_{24} = \begin{bmatrix} 0.2829 & 0.1207 \\ 0.1207 & -0.1855 \end{bmatrix}, \quad W_{33} = \begin{bmatrix} 0.2071 & 0.0119 \\ 0.0119 & 0.0367 \end{bmatrix}$$

$$W_{34} = \begin{bmatrix} -0.4768 & 0.0626 \\ 0.0626 & -0.0060 \end{bmatrix}, \quad W_{44} = \begin{bmatrix} 0.1440 & 0.0177 \\ 0.0177 & 0.0338 \end{bmatrix}$$

$$\alpha = 1.5915, \quad \beta = 0.3288$$

由定理 4.1.1 可知, 系统 (4.1.5) 和 (4.1.6) 是全局同步的, 且反馈增益矩阵为

$$K = P^{-1}X = \begin{bmatrix} -5.7646 & 0.0643 \\ 0.3442 & -5.5074 \end{bmatrix}$$

相关的仿真结果如图 4-2 和图 4-3 所示. 其中, 图 4-2 表示驱动系统的状态变量 x_1, x_2, S_1, S_2 以及响应系统的状态变量 y_1, y_2, R_1, R_2 的时间响应曲线; 图 4-3 是误差状态 $e(t)$ 和 $z(t)$ 的时间响应曲线. 这些仿真结果同样进一步说明了定理 4.1.1 对具有不同时间尺度的时滞竞争神经网络的线性误差反馈同步控制策略的可行性.

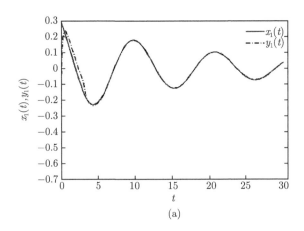

(a)

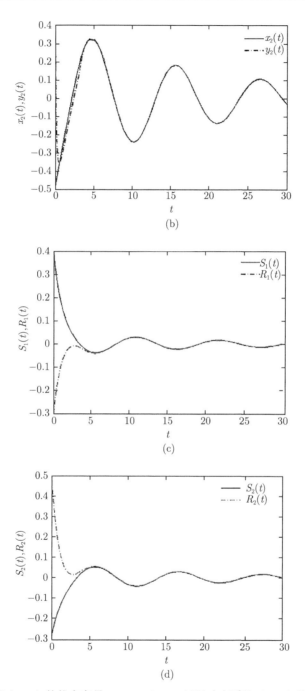

图 4-2 驱动系统 (4.1.5) 的状态变量 x_1, x_2, S_1, S_2 以及响应系统 (4.1.6) 的状态变量 y_1, y_2,
R_1, R_2 的时间响应曲线

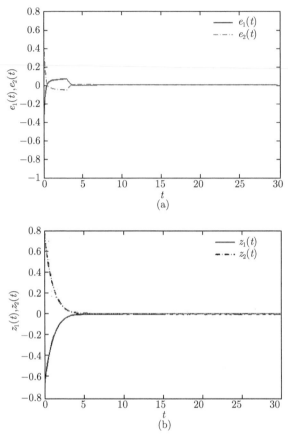

图 4-3　误差状态 $e(t)$ 和 $z(t)$ 的时间响应曲线

4.2　基于自适应控制的混沌同步

按照神经生物学的观点, 生物神经元本质上是随机的, 因为神经网络重复地接受相同的刺激, 其响应并不相同, 这意味着随机性在生物神经网络中具有重要的作用. 对处于白噪声环境中的神经网络研究是神经网络研究领域由粗到细的必然过程并已取得了很多重要的成果. 随机神经网络的稳定性和混沌同步问题包括几乎必然指数稳定 (同步)、均值稳定 (同步)、概率稳定 (同步) 和依概率稳定 (同步) 等. 1996 年, 廖晓昕和毛学荣[24–25] 率先研究了随机人工神经网络的稳定性. 近年来, 许多学者对白噪声干扰下的神经网络模型的稳定性进行了研究.

同时, 随机神经网络的混沌同步问题也受到了人们的广泛关注 (参见文献 [22], [26]–[31]). 论文 [21] 利用 LaSalle 不变性原理研究了具有不同时间尺度的常时滞随机竞争神经网络的自适应同步控制问题; 论文 [26] 通过设计自适应鲁棒控制器, 考虑非线性外部随机干扰, 讨论了具有不同时间尺度的混合时滞竞争神经网络的混沌同步问题; 文献 [27] 通过构建 Lyapunov-Krasovkii 泛函, 利用自由权矩阵方法、牛顿-莱布尼茨公式以及 LaSalle 不变性原理等研究了具有不同时间尺度的混合时滞竞争神经网络的指数混沌同步问题, 其随机干扰服从于多维布朗运动, 而系统则依赖于平均停留时间切换系统.

另外, 由于神经网络由大量的神经元构成, 许多神经元聚成球形或层状结构并相互作用, 且通过轴突又连接成各种复杂神经通路, 因此, 引入分布时滞将更能描述神经网络的特征[32]. 本节将利用自适应同步控制理论, 对具有不同时间尺度的混合时变时滞竞争神经网络的混沌同步问题进行研究.

4.2.1 问题的描述

本节考虑具有不同时间尺度的混合时变时滞竞争神经网络:

$$
\begin{cases}
\text{STM} : \varepsilon \dot{x}_i(t) = -a_i x_i(t) + \sum_{k=1}^{N} D_{ik} f_k(x_k(t)) + \sum_{k=1}^{N} D_{ik}^{\tau} f_k(x_k(t-\tau(t))) \\
\qquad\qquad + \sum_{k=1}^{N} D_{ik}^{\sigma} \int_{t-\sigma(t)}^{t} f_k(x_k(s)) \mathrm{d}s + B_i \sum_{j=1}^{P} m_{ij}(t)\sigma_j \\
\text{LTM} : \dot{m}_{ij}(t) = -c_i m_{ij}(t) + \sigma_j f_i(x_i(t))
\end{cases} \tag{4.2.1}
$$

式中, $\sigma(t)$ 为可微的非负函数, 为分布时变时滞, D_{ik}^{σ} 为神经元 i 和 k 之间的分布时滞神经权值, 其他参数、变量同系统 (4.1.1).

假定快速时标参数 ε 为 1, 并作如下变换 $S_i(t) = \sum_{j=1}^{P} m_{ij}(t)\sigma_j = m_i^{\mathrm{T}}(t)\sigma$. 记 $\sigma = (\sigma_1, \sigma_2, \cdots \sigma_P)^{\mathrm{T}}$ 为单位向量 (若不然, 可单位化), 即 $|\sigma| = 1$, (4.2.1) 可以表述为

$$
\begin{cases}
\text{STM} : \dot{x}(t) = -Ax(t) + Df(x(t)) + D^{\tau} f(x(t-\tau(t))) + D^{\sigma} \int_{t-\sigma(t)}^{t} f(x(s))\mathrm{d}s + BS(t) \\
\text{LTM} : \dot{S}(t) = -CS(t) + f(x(t))
\end{cases} \tag{4.2.2}
$$

其中

$$
t \in \mathbb{R}^+ = [0, \infty), \quad x(t) = (x_1(t), x_2(t), \cdots, x_N(t))^{\mathrm{T}}, \quad S(t) = (S_1(t), S_2(t), \cdots, S_N(t))^{\mathrm{T}}
$$
$$
A = \mathrm{diag}(a_1, a_2, \cdots, a_N), \quad D = (D_{ik})_{N \times N}, \quad D^{\tau} = (D_{ik}^{\tau})_{N \times N}
$$
$$
B = \mathrm{diag}(B_1, B_2, \cdots, B_N), \quad C = \mathrm{diag}(c_1, c_2, \cdots, c_N)
$$
$$
f(x(t)) = (f_1(x_1(t)), f_2(x_2(t)), \cdots, f_N(x_N(t)))^{\mathrm{T}}
$$
$$
f(x(t-\tau(t))) = (f_1(x_1(t-\tau(t))), f_2(x_2(t-\tau(t))), \cdots, f_N(x_N(t-\tau(t))))^{\mathrm{T}}
$$

$$\int_{t-\sigma(t)}^{t} f(x(s))\mathrm{d}s = \left(\int_{t-\sigma(t)}^{t} f_1(x_1(s))\mathrm{d}s, \int_{t-\sigma(t)}^{t} f_2(x_2(s))\mathrm{d}s, \cdots, \int_{t-\sigma(t)}^{t} f_N(x_N(s))\mathrm{d}s\right)^{\mathrm{T}}$$

系统 (4.2.1) 的初始条件为

$$x(t) = \phi^x(t) \in \mathcal{C}\left([-\tau_{\max}, 0], \mathbb{R}^N\right), \quad S(t) = \phi^S(t) \in \mathcal{C}\left([-\tau_{\max}, 0], \mathbb{R}^N\right) \quad (4.2.3)$$

其中 $\phi^x(t) = (\phi_1^x(t), \phi_2^x(t), \cdots, \phi_N^x(t))^{\mathrm{T}}$, $\phi^S(t) = \left(\phi_1^S(t), \phi_2^S(t), \cdots, \phi_N^S(t)\right)^{\mathrm{T}}$, $\tau_{\max} = \max\{\tau, \sigma\}$, $\mathcal{C}\left([-\tau_{\max}, 0], \mathbb{R}^N\right)$ 表示由 $[-\tau_{\max}, 0]$ 到空间 $\mathbb{R}^N$ 的关于 p-范数的连续映射 $\phi^x(\theta)$, $\phi^S(\theta)$ 的全体组成的集合, 其范数定义为

$$\|\phi^x\|_p = \left(\sum_{i=1}^{N} \sup_{-\tau_{\max} \leqslant \theta \leqslant 0} |\phi_i^x(\theta)|^p\right)^{\frac{1}{p}}, \quad \|\phi^S\|_p = \left(\sum_{i=1}^{N} \sup_{-\tau_{\max} \leqslant \theta \leqslant 0} |\phi_i^S(\theta)|^p\right)^{\frac{1}{p}}$$

响应系统为

$$\begin{cases} \text{STM}: \mathrm{d}y(t) = \Big[-Ay(t) + Df(y(t)) + D^\tau f(y(t - \tau(t))) \\ \qquad\qquad + D^\sigma \int_{t-\sigma(t)}^{t} f(y(s))\mathrm{d}s + BR(t) + u(t) \Big]\mathrm{d}t \\ \qquad\qquad + H\left(e(t), e(t - \tau(t)), e(t - \sigma(t))\right)\mathrm{d}\omega(t) \\ \text{LTM}: \dot{R}(t) = -CR(t) + f(y(t)) \end{cases} \quad (4.2.4)$$

其中, 响应系统的状态变量 $y(t) = (y_1(t), y_2(t), \cdots, y_N(t))^{\mathrm{T}}$ 与驱动系统的状态变量 $x(t)$ 对应, $e(t) = y(t) - x(t)$, $z(t) = R(t) - S(t)$ 表示同步误差, $u(t) = (u_1(t), u_2(t), \cdots, u_N(t))^{\mathrm{T}}$ 表示外界控制输入:

$$u(t) = \rho e(t) \quad (4.2.5)$$

不同于传统的线性误差反馈, 反馈增益矩阵 $\rho = \mathrm{diag}(\rho_1, \rho_2, \cdots, \rho_N)$ 满足如下更新率:

$$\dot{\rho}_i = -\lambda_i |e_i(t)|^p \mathrm{e}^{\mu t} \quad (4.2.6)$$

其中 $\lambda_i > 0 \, (i = 1, 2, \cdots, N)$ 为任意正常数. 另外, $H = (h_{ik})_{N \times N}$ 为扩散系数矩阵 (或称噪声密度矩阵), 随机干扰 $\omega(t) = (\omega_1(t), \omega_2(t), \cdots, \omega_N(t))^{\mathrm{T}} \in \mathbb{R}^N$ 为定义在完备的概率空间 $(\Omega, \mathcal{F}, (\mathcal{F}_t)_{t \in \mathbb{R}^+}, \mathcal{P})$ 上具有自然流 $(\mathcal{F}_t)_{t \in \mathbb{R}^+}$ 的 Brown 运动且满足

$$\mathbb{E}\{\mathrm{d}\omega(t)\} = 0, \quad \mathbb{E}\{\mathrm{d}\omega^2(t)\} = \mathrm{d}t$$

系统 (4.2.4) 的初始条件为

$$y(\theta) = \psi^y(\theta), \quad R(\theta) = \psi^R(\theta), \quad -\tau_{\max} \leqslant \theta \leqslant 0 \quad (4.2.7)$$

其中 $\psi^y(t) = (\psi_1^y(t), \psi_2^y(t), \cdots, \psi_N^y(t))^{\mathrm{T}}$, $\psi^R(t) = (\psi_1^R(t), \psi_2^R(t), \cdots, \psi_N^R(t))^{\mathrm{T}} \in \mathcal{C}([-\tau_{\max}, 0], \mathbb{R}^N)$.

为方便讨论, 首先给出几个假设.

(H4.2.1) 神经元激励函数 $f(\cdot)$ 和扩散系数矩阵函数 $H(\cdot, \cdot, \cdot)$ 满足如下条件

$$|f_k(\xi_1) - f_k(\xi_2)| \leqslant L_k|\xi_1 - \xi_2|$$
$$|h_{ik}(\xi_1, \bar{\xi}_1, \tilde{\xi}_1) - f_k(\xi_2, \bar{\xi}_2, \tilde{\xi}_2)| \leqslant \eta_{ik}(|\xi_1 - \xi_2|^2 + |\bar{\xi}_1 - \bar{\xi}_2|^2 + |\tilde{\xi}_1 - \tilde{\xi}_2|^2)$$

式中, $\xi_1, \xi_2, \bar{\xi}_1, \bar{\xi}_2, \tilde{\xi}_1, \tilde{\xi}_2 \in \mathbb{R}$ 为任意实数, L_k 和 η_{ik} 是已知正常数且满足 $h_{ik}(0, 0, 0) = 0$, $i, k = 1, 2, \cdots, N$.

(H4.2.2) 对任意时刻 t, 时变时滞 $\tau(t)$ 和 $\sigma(t)$ 满足 $0 \leqslant \tau(t) \leqslant \tau$, $0 \leqslant \sigma(t) \leqslant \sigma$ 及

(1) $\dot{\tau}_{ij}(t) \leqslant \varrho < 1$(慢时变时滞) 或 $\dot{\tau}_{ij}(t) \geqslant \varrho > 1$(快时变时滞);

(2) $\dot{\tau}_{ij}^*(t) \leqslant \varrho^* < 1$(慢时变时滞) 或 $\dot{\tau}_{ij}^*(t) \geqslant \varrho^* > 1$(快时变时滞),

式中, τ, σ 为非负数, ϱ, ϱ^* 为实数.

将驱动系统 (4.2.1) 代入响应系统 (4.2.2) 可得误差方程为

$$\begin{cases} \text{STM}: \mathrm{d}e(t) = \Big[-Ae(t) + Dg(e(t)) + D^\tau g(e(t - \tau(t))) \\ \qquad\qquad + D^\sigma \int_{t-\sigma(t)}^t g(e(s))\mathrm{d}s + Bz(t) + u(t) \Big]\mathrm{d}t \\ \qquad\qquad + H\big(e(t), e(t - \tau(t)), e(t - \sigma(t))\big)\mathrm{d}\omega(t) \\ \text{LTM}: \mathrm{d}z(t) = [-Cz(t) + g(e(t))]\mathrm{d}t \end{cases} \tag{4.2.8}$$

其中 $g(e(t)) = f(y(t)) - f(x(t))$, $g(e(t - \tau(t))) = f(y(t - \tau(t))) - f(x(t - \tau(t)))$.

对任意 $x(t) = (x_1(t), x_2(t), \cdots, x_N(t))^{\mathrm{T}} \in \mathbb{R}^N$, 定义

$$\|x(t)\|_p = \left(\sum_{i=1}^N |x_i(t)|^p \right)^{\frac{1}{p}}$$

令 $\mathcal{PC} \triangleq \mathcal{PC}([-\tau_{\max}, 0], \mathbb{R}^N)$ 为具有范数

$$\|\phi\|_p = \left(\sum_{i=1}^N \sup_{-\tau_{\max} \leqslant s \leqslant 0} |\phi_i(s)|^p \mathrm{d}x \right)^{\frac{1}{p}}$$

的分段连续函数 $\phi : [-\tau_{\max}, 0] \to \mathbb{R}^N$ 的全体组成的集合.

定义 4.2.1 如果存在常数 $\mu, \mu^* > 0$, $M, M^* \geqslant 1$ 使得对任意的 $t \in [0, +\infty)$ 有

$$\mathbb{E}\left\{ \|y(t) - x(t)\|_p \right\} + \mathbb{E}\left\{ \|R(t) - S(t)\|_p \right\}$$
$$\leqslant M\mathbb{E}\left\{ \|\psi^y - \phi^x\|_p \right\}\mathrm{e}^{-\mu t} + M^*\mathbb{E}\left\{ \|\psi^R - \phi^S\|_p \right\}\mathrm{e}^{-\mu^* t}$$

则称系统 (4.2.1) 和 (4.2.4) 在自适应控制器 (4.2.5)–(4.2.6) 的控制下是关于 p-范数全局同步的.

引理 4.2.1(Hölder 不等式)　设常数 a, b, p 和 q 满足

$$b > a, \quad p, q > 1, \quad \frac{1}{p} + \frac{1}{q} = 1$$

则连续函数 $F(x), G(x) : [a, b] \to \mathbb{R}$ 满足如下不等式

$$\int_a^b |F(x)G(x)|\mathrm{d}x \leqslant \left[\int_a^b |F(x)|^p\mathrm{d}x\right]^{\frac{1}{p}} \left[\int_a^b |G(x)|^q\mathrm{d}x\right]^{\frac{1}{q}}$$

4.2.2　自适应同步控制策略

定理 4.2.1　如果存在非负实数 ϖ_{li}, ϖ_{li}^* 对所有 $i = 1, 2, \cdots, N$ 满足 (H4.2.3)

$$\sum_{l=1}^p \varpi_{li} = 1, \sum_{l=1}^p \varpi_{li}^* = 1, -pc_i + |B_i|^{p\varpi_{pi}} + \sum_{l=1}^{p-1} L_i^{p\varpi_{li}^*} < 0,$$ 则系统 (4.2.1) 和 (4.2.4) 在

自适应控制器 (4.2.5)–(4.2.6) 的控制下是关于 p-范数全局同步的 $(p \geqslant 2)$.

证明　定义正定的 Lyapunov-Krasovskii 泛函

$$
\begin{aligned}
V(t) = \sum_{i=1}^N &\left[V_i(t) + \mathrm{e}^{\mu\tau}\alpha_i \int_{t-\tau(t)}^t V_i(s)\mathrm{d}s + \mathrm{e}^{\mu\tau}\alpha_i \left[1 - r\mathrm{sgn}(1-\varrho)\right] \int_{t-\tau}^{t-\tau(t)} V_i(s)\mathrm{d}s \right. \\
&+ \mathrm{e}^{\mu\sigma}\beta_i \int_{t-\sigma(t)}^t V_i(s)\mathrm{d}s + \mathrm{e}^{\mu\sigma}\beta_i \left[1 - r^*\mathrm{sgn}(1-\varrho^*)\right] \int_{t-\sigma}^{t-\sigma(t)} V_i(s)\mathrm{d}s \\
&\left. + \gamma_i \int_{-\sigma(t)}^0 \int_{t+s}^t V_i(\theta)\mathrm{d}\theta\mathrm{d}s + \mathrm{e}^{\mu t}|z_i(t)|^p + p(\rho_i + s_i)^2/2\lambda_i \right]
\end{aligned}
$$

其中, α_i, β_i, γ_i 为待定正常数, s_i 为待定实数, $0 < r, r^* < 1$ 和 μ 为正常数 (μ 可能非常小), 且

$$V_i(t) = \mathrm{e}^{\mu t}|e_i(t)|^p, \quad i = 1, 2, \cdots, N$$

利用 Itô 公式可知, $V(t)$ 沿误差系统 (4.2.8) 的轨线的随机导数为

$$V(t) = \mathcal{L}V(t)\mathrm{d}t + H\left(e(t), e(t-\tau(t)), e(t-\sigma(t))\right)\mathrm{d}\omega(t) \tag{4.2.9}$$

其中

$$
\begin{aligned}
&\mathcal{L}V(t) \\
&\leqslant \sum_{i=1}^N \left\{ \mu V_i(t) + p\mathrm{e}^{\mu t}|e_i(t)|^{p-1} \left[-a_i e_i(t) + \sum_{k=1}^N \left(D_{ik}g_k\left(|e_k(t)|\right) + D_{ik}^\tau g_k\left(|e_k(t-\tau(t))|\right) \right. \right. \right.
\end{aligned}
$$

$$+D_{ik}^{\sigma}\int_{t-\sigma(t)}^{t}g_k\left(|e_k(s)|\right)\mathrm{d}s\bigg)+B_i|z_i(t)|+\rho_i|e_i(t)|\bigg]+\mathrm{e}^{\mu\tau}\alpha_i\left[V_i(t)-(1-\dot{\tau}(t))\,V_i(t-\tau(t))\right]$$

$$+\,\mathrm{e}^{\mu\tau}\alpha_i\left[1-r\mathrm{sgn}(1-\varrho)\right]\left[(1-\dot{\tau}(t))\,V_i(t-\tau(t))-V_i(t-\tau)\right]$$

$$+\,\mathrm{e}^{\mu\sigma}\beta_i\left[V_i(t)-(1-\dot{\sigma}(t))\,V_i(t-\sigma(t))\right]+\mathrm{e}^{\mu\sigma}\beta_i\left[1-r^*\mathrm{sgn}(1-\varrho^*)\right]$$

$$\cdot\left[(1-\dot{\sigma}(t))\,V_i(t-\sigma(t))-V_i(t-\sigma)\right]+\gamma_i\left[\sigma V_i(t)-\int_{t-\sigma(t)}^{t}V_i(s)\mathrm{d}s\right]$$

$$+\,\mu\mathrm{e}^{\mu t}|z_i(t)|^p+p\mathrm{e}^{\mu t}|z_i(t)|^{p-1}\left[-c_iz_i(t)+g_i(e_i(t))\right]-p(\rho_i+s_i)\mathrm{e}^{\mu t}|e_i(t)|^p$$

$$+\frac{p(p-1)}{2}\mathrm{e}^{\mu t}|e_i(t,x)|^{p-2}\sum_{k=1}^{N}\eta_{ik}\left[e_k^2(t,x),e_k^2(t-\tau(t),x),e_k^2(t-\sigma(t),x)\right]\bigg\} \quad (4.2.10)$$

由假设 (H4.2.1) 以及不等式

$$a_1^p+a_2^p+\cdots+a_p^p\geqslant pa_1a_2\cdots a_p,\quad a_1,a_2,\cdots,a_p\geqslant 0$$

可知

$$p|e_i(t)|^{p-1}\sum_{k=1,k\neq i}^{N}D_{ik}g_k\left(|e_k(t)|\right)$$

$$\leqslant p|e_i(t)|^{p-1}\sum_{k=1,k\neq i}^{N}|D_{ik}|L_k|e_k(t)|$$

$$=\sum_{k=1,k\neq i}^{N}p\left[\prod_{l=1}^{p-1}\left(|D_{ik}|^{\xi_{lik}}L_k^{\zeta_{lik}}|e_i(t)|\right)\right]\left(|D_{ik}|^{\xi_{pik}}L_k^{\zeta_{pij}}|e_k(t)|\right)$$

$$\leqslant\sum_{k=1,k\neq i}^{N}\sum_{l=1}^{p-1}|D_{ik}|^{p\xi_{lij}}L_k^{p\zeta_{lik}}|e_i(t)|^p+\sum_{k=1,k\neq i}^{N}|D_{ik}|^{p\xi_{pik}}L_k^{p\zeta_{pik}}|e_k(t)|^p \quad (4.2.11)$$

其中, ξ_{lik} 和 ζ_{lik} 为非负实数且满足

$$\sum_{l=1}^{p}\xi_{lik}=1,\quad\sum_{l=1}^{p}\zeta_{lik}=1$$

采用类似的处理方式可得

$$p|e_i(t)|^{p-1}\sum_{k=1}^{N}D_{ik}^{\tau}g_k\left(|e_k(t-\tau(t))|\right)$$

$$\leqslant\sum_{k=1}^{N}\sum_{l=1}^{p-1}|D_{ik}^{\tau}|^{p\xi_{lik}^*}L_k^{p\zeta_{lij}^*}|e_i(t)|^p+\sum_{k=1}^{N}|D_{ik}^{\tau}|^{p\xi_{pik}^*}L_k^{p\zeta_{pik}^*}|e_k(t-\tau(t))|^p \quad (4.2.12)$$

$$p|e_i(t)|^{p-1} \sum_{k=1}^{N} D_{ik}^{\sigma} \int_{t-\sigma(t)}^{t} g_k\left(|e_k(s)|\right) \mathrm{d}s$$

$$\leqslant \sum_{k=1}^{N} \sum_{l=1}^{p-1} |D_{ik}^{\sigma}|^{p\xi_{lik}^{**}} L_k^{p\zeta_{lik}^{**}} |e_i(t)|^p + \sum_{k=1}^{N} |D_{ik}^{\sigma}|^{p\xi_{pik}^{**}} L_k^{p\zeta_{pik}^{**}} \left[\int_{t-\sigma(t)}^{t} |e_k(s)| \mathrm{d}s \right]^p \tag{4.2.13}$$

$$p|e_i(t)|^{p-1} B_i |z_i(t)| \leqslant \sum_{l=1}^{p-1} |B_i|^{p\varpi_{li}} |e_i(t)|^p + |B_i|^{p\varpi_{pi}} |z_i(t)|^p \tag{4.2.14}$$

$$p|z_i(t)|^{p-1} g_i\left(|e_i(t)|\right) \leqslant \sum_{l=1}^{p-1} L_i^{p\varpi_{li}^{*}} |z_i(t)|^p + L_i^{p\varpi_{pi}^{*}} |e_i(t)|^p \tag{4.2.15}$$

$$p|e_i(t,x)|^{p-2} \sum_{k=1,k\neq i}^{N} \eta_{ik} |e_k(t)|^2$$

$$= \sum_{k=1,k\neq i}^{N} p \left[\prod_{l=1}^{p-2} \left(\eta_{ik}^{\varepsilon_{lik}} |e_i(t)|\right) \right] \left(\eta_{ik}^{\varepsilon_{(p-1)ik}} |e_k(t,x)|\right) \cdot \left(\eta_{ik}^{\varepsilon_{pik}} |e_k(t)|\right) \tag{4.2.16}$$

$$\leqslant \sum_{k=1,k\neq i}^{N} \sum_{l=1}^{p-2} \eta_{ik}^{p\varepsilon_{lik}} |e_i(t)|^p + \sum_{k=1,k\neq i}^{N} \left(\eta_{ik}^{p\varepsilon_{(p-1)ik}} + \eta_{ik}^{p\varepsilon_{pik}}\right) |e_k(t)|^p$$

$$p|e_i(t)|^{p-2} \sum_{j=1}^{N} \eta_{ik} |e_k(t-\tau(t))|^2 \leqslant \sum_{k=1}^{N} \sum_{l=1}^{p-2} \eta_{ik}^{p\varepsilon_{lik}^{*}} |e_i(t)|^p$$

$$+ \sum_{k=1}^{N} \left(\eta_{ik}^{p\varepsilon_{(p-1)ik}^{*}} + \eta_{ik}^{p\varepsilon_{pik}^{*}}\right) |e_k(t-\tau(t))|^p \tag{4.2.17}$$

$$p|e_i(t)|^{p-2} \sum_{j=1}^{N} \eta_{ik} |e_k(t-\sigma(t))|^2 \leqslant \sum_{k=1}^{N} \sum_{l=1}^{p-2} \eta_{ik}^{p\varepsilon_{lik}^{**}} |e_i(t)|^p$$

$$+ \sum_{k=1}^{N} \left(\eta_{ik}^{p\varepsilon_{(p-1)ik}^{**}} + \eta_{ik}^{p\varepsilon_{pik}^{**}}\right) |e_k(t-\sigma(t))|^p \tag{4.2.18}$$

其中 ξ_{lik}^{*}, ζ_{lik}^{*}, ξ_{lik}^{**}, ζ_{lik}^{**}, ε_{lik}, ε_{lik}^{*}, ε_{lik}^{**} 为非负实数且满足

$$\sum_{l=1}^{p} \xi_{lik}^{*} = 1, \quad \sum_{l=1}^{p} \zeta_{lik}^{*} = 1, \quad \sum_{l=1}^{p} \xi_{lik}^{**} = 1, \quad \sum_{l=1}^{p} \zeta_{lik}^{**} = 1, \quad \sum_{l=1}^{p} \varepsilon_{lik} = 1$$

$$\sum_{l=1}^{p} \varepsilon_{lik}^{*} = 1, \quad \sum_{l=1}^{p} \varepsilon_{lik}^{**} = 1$$

通过将 (4.2.11)–(4.2.18) 及假设条件 (H4.2.1)–(H4.2.2) 应用于 (4.2.10) 可以得到

$$
\begin{aligned}
\mathcal{L}V(t) \leqslant \sum_{i=1}^{N} \Bigg\{ & \Bigg[\mu - p\left(a_i + s_i - pD_{ii}L_i - (p-1)\eta_{ii}/2\right) + \sum_{k=1,k\neq i}^{N}\sum_{l=1}^{p-1} |D_{ik}|^{p\xi_{lij}} L_k^{p\zeta_{lik}} \\
& + \sum_{k=1}^{N}\sum_{l=1}^{p-1} (|D_{ik}^{\tau}|^{p\xi_{lik}^*} L_k^{p\zeta_{lik}^*} + |D_{ik}^{\sigma}|^{p\xi_{lik}^{**}} L_k^{p\zeta_{lik}^{**}}) + \sum_{l=1}^{p-1} |B_i|^{p\varpi_{li}} + L_i^{p\varpi_{pi}^*} |e_i(t)|^p \\
& + \sum_{k=1,k\neq i}^{N}\sum_{l=1}^{p-2} \eta_{ik}^{p\varepsilon_{lik}} + \sum_{k=1}^{N}\sum_{l=1}^{p-2} (\eta_{ik}^{p\varepsilon_{lik}^*} + \eta_{ik}^{p\varepsilon_{lik}^{**}}) + \mathrm{e}^{\mu\tau}(\alpha_i + \beta_i) + \sigma\gamma_i \Bigg] V_i(t) \\
& - r\alpha_i\mathrm{e}^{\mu\tau}|1-\varrho| V_i(t-\tau(t)) - r^*\beta_i\mathrm{e}^{\mu\sigma}|1-\varrho^*| V_i(t-\sigma(t)) - \gamma_i\int_{t-\sigma(t)}^{t} V_i(s)\mathrm{d}s \\
& + \Bigg(\mu - pc_i + |B_i|^{p\varpi_{pi}} + \sum_{l=1}^{p-1} L_i^{p\varpi_{li}^*}\Bigg)\mathrm{e}^{\mu t}|z_i(t)|^p + \Bigg[\sum_{k=1,k\neq i}^{N} |D_{ik}|^{p\xi_{pik}} L_k^{p\zeta_{pik}} \\
& + \frac{p-1}{2} + \sum_{k=1,k\neq i}^{N} (\eta_{ik}^{p\varepsilon_{(p-1)ik}} + \eta_{ik}^{p\varepsilon_{pik}}) \Bigg] V_k(t) + \Bigg[\sum_{k=1}^{N} |D_{ik}^{\tau}|^{p\xi_{pik}^*} L_k^{p\zeta_{pik}^*} \\
& + \sum_{k=1}^{N} \frac{p-1}{2}(\eta_{ik}^{p\varepsilon_{(p-1)ik}^*} + \eta_{ik}^{p\varepsilon_{pik}^*}) \Bigg] V_k(t-\tau(t)) \\
& + \sum_{k=1}^{N} \frac{p-1}{2}(\eta_{ik}^{p\varepsilon_{(p-1)ik}^{**}} + \eta_{ik}^{p\varepsilon_{pik}^{**}}) V_k(t-\sigma(t)) \\
& + \sum_{k=1}^{N} |D_{ik}^{\sigma}|^{p\xi_{pik}^{**}} L_k^{p\zeta_{pik}^{**}} \Bigg[\int_{t-\sigma(t)}^{t} |e_k(s)|\mathrm{d}s \Bigg]^p \Bigg\}
\end{aligned}
$$

$$(4.2.19)$$

由假设条件 (H4.2.3) 可知对任意 $i = 1, 2, \cdots, N$ 有

$$
\mu - pc_i + |B_i|^{p\varpi_{pi}} + \sum_{l=1}^{p-1} L_i^{p\varpi_{li}^*} \leqslant 0 \tag{4.2.20}
$$

令

$$
\alpha_i = \frac{1}{r|1-\varrho|} \sum_{k=1}^{N} \Bigg[|D_{ki}^{\tau}|^{p\xi_{pki}^*} L_i^{p\zeta_{pki}} + \frac{p-1}{2}(\eta_{ki}^{p\varepsilon_{(p-1)ki}^*} + \eta_{ki}^{p\varepsilon_{pki}^*}) \Bigg]
$$

$$
\beta_i = \frac{1}{r^*|1-\varrho^*|} \sum_{k=1}^{N} \frac{p-1}{2}(\eta_{ki}^{p\varepsilon_{(p-1)ki}^{**}} + \eta_{ki}^{p\varepsilon_{pki}^{**}})
$$

$$
\gamma_i = \sigma^{p-1} \sum_{k=1}^{N} |D_{ki}^{\sigma}|^{p\xi_{pki}^{**}} L_i^{p\zeta_{pki}^{**}}
$$

$$s_i = \frac{1}{p}\left\{ \mu - p\left(a_i - pD_{ii}L_i - (p-1)\eta_{ii}/2\right) + \sum_{k=1,k\neq i}^{N}\sum_{l=1}^{p-1}|D_{ik}|^{p\xi_{lij}}L_k^{p\zeta_{lik}} \right.$$

$$+ \sum_{k=1,k\neq i}^{N}\sum_{l=1}^{p-2}\eta_{ik}^{p\varepsilon_{lik}} + \sum_{k=1}^{N}\sum_{l=1}^{p-1}\left(|D_{ik}^{\tau}|^{p\xi_{lik}^{*}}L_k^{p\zeta_{lik}^{*}} + |D_{ik}^{\sigma}|^{p\xi_{lik}^{**}}L_k^{p\zeta_{lik}^{**}}\right)$$

$$+ \sum_{l=1}^{p-1}|B_i|^{p\varpi_{li}} + L_i^{p\varpi_{pi}^{*}}|e_i(t)|^p + \sum_{k=1}^{N}\sum_{l=1}^{p-2}\left(\eta_{ik}^{p\varepsilon_{lik}^{*}} + \eta_{ik}^{p\varepsilon_{lik}^{**}}\right)$$

$$\left. + \mathrm{e}^{\mu\tau}(\alpha_i + \beta_i) + \sigma\gamma_i\sum_{k=1,k\neq i}^{N}\left[|D_{ki}|^{p\xi_{pki}}L_i^{p\zeta_{pki}} + \frac{p-1}{2}\left(\eta_{ki}^{p\varepsilon_{(p-1)ki}} + \eta_{ki}^{p\varepsilon_{pki}}\right)\right]\right\}$$

由引理 4.2.1 及 (4.2.19) 和 (4.2.20) 可得

$$\mathcal{L}V(t) \leqslant 0 \tag{4.2.21}$$

对等式 (4.2.9) 两侧取数学期望, 有

$$\frac{\mathrm{d}\mathbb{E}\{V(t)\}}{\mathrm{d}t} \leqslant 0 \tag{4.2.22}$$

即

$$\mathbb{E}\{V(t)\} \leqslant \mathbb{E}\{V(0)\} \tag{4.2.23}$$

定义

$$W(t) = \frac{p}{2\lambda_i}\left(\rho_i(t) + s_i\right)^2 \tag{4.2.24}$$

另外, 根据 Lyapunov-Krasovskii 泛函有

$$\mathbb{E}\{V(0)\} = \sum_{i=1}^{N}\left[V_i(0) + \mathrm{e}^{\mu\tau}\alpha_i\int_{-\tau(0)}^{0}V_i(s)\mathrm{d}s + \mathrm{e}^{\mu\tau}\alpha_i[1-r\mathrm{sgn}(1-\varrho)]\int_{-\tau}^{-\tau(0)}V_i(s)\mathrm{d}s\right.$$

$$+ \mathrm{e}^{\mu\sigma}\beta_i\int_{-\sigma(0)}^{0}V_i(s)\mathrm{d}s + \mathrm{e}^{\mu\sigma}\beta_i[1-r^*\mathrm{sgn}(1-\varrho^*)]\int_{-\sigma}^{-\sigma(0)}V_i(s)\mathrm{d}s$$

$$\left. + \gamma_i\int_{-\sigma(0)}^{0}\int_{s}^{0}V_i(\theta)\mathrm{d}\theta\mathrm{d}s + |z_i(0)|^p + W(0)\right]$$

$$\leqslant \sum_{i=1}^{N}\left[|e_i(0)|^p + \mathrm{e}^{\mu\tau}\alpha_i\int_{-\tau(0)}^{0}\mathrm{e}^{\mu s}|e_i(s)|^p\mathrm{d}s + \mathrm{e}^{\mu\tau}\alpha_i[1-r\mathrm{sgn}(1-\varrho)]\right.$$

$$\cdot\int_{-\tau}^{-\tau(0)}\mathrm{e}^{\mu s}|e_i(s)|^p\mathrm{d}s + \mathrm{e}^{\mu\sigma}\beta_i\int_{-\sigma(0)}^{0}\mathrm{e}^{\mu s}|e_i(s)|^p\mathrm{d}s + \mathrm{e}^{\mu\sigma}\beta_i[1-r^*\mathrm{sgn}(1-\varrho^*)]$$

$$\left. \cdot\int_{-\sigma}^{-\sigma(0)}\mathrm{e}^{\mu s}|e_i(s)|^p\mathrm{d}s + \gamma_i\int_{-\sigma(0)}^{0}\int_{s}^{0}\mathrm{e}^{\mu\theta}|e_i(\theta)|^p\mathrm{d}\theta\mathrm{d}s + |z_i(0)|^p + W(0)\right]$$

$$\leqslant \left[1 + \tau \mathrm{e}^{\mu\tau} \min_{i=1,2,\cdots,N} \left\{\alpha_i \left(1 - r\mathrm{sgn}(1 - \varrho)\right)\right\} + \sigma \mathrm{e}^{\mu\sigma} \right.$$
$$\cdot \min_{i=1,2,\cdots,N} \left\{\beta_i \left(1 - r^*\mathrm{sgn}(1 - \varrho^*)\right)\right\}$$
$$\left. + \sigma^2 \min_{i=1,2,\cdots,N} \left\{\gamma_i\right\} + W(0)\right] \mathbb{E}\left\{\left\|\psi^y - \phi^x\right\|_p^p\right\} + \mathbb{E}\left\{\left\|\psi^R - \phi^S\right\|_p^p\right\} \quad (4.2.25)$$

及

$$\mathbb{E}\left\{V(t)\right\} \geqslant \sum_{i=1}^{N} \mathrm{e}^{\mu t}|e_i(t)|^p + \sum_{i=1}^{N} \mathrm{e}^{\mu t}|z_i(t)|^p$$
$$= \mathrm{e}^{\mu t}\mathbb{E}\left\{\left\|y(t) - x(t)\right\|_p^p\right\} + \mathrm{e}^{\mu t}\mathbb{E}\left\{\left\|R(t) - S(t)\right\|_p^p\right\} \quad (4.2.26)$$

令

$$M = \left[1 + \tau\mathrm{e}^{\mu\tau} \min_{i=1,2,\cdots,N} \left\{\alpha_i\left(1 - r\mathrm{sgn}(1 - \varrho)\right)\right\}\right.$$
$$\left. + \sigma\mathrm{e}^{\mu\sigma} \min_{i=1,2,\cdots,N} \left\{\beta_i\left(1 - r^*\mathrm{sgn}(1 - \varrho^*)\right)\right\} + \sigma^2 \min_{i=1,2,\cdots,N} \left\{\gamma_i\right\} + W(0)\right]^{\frac{1}{p}} \geqslant 1$$
$$M^* = 1$$
$$\mu = \mu^* > 0$$

由 (4.2.24)–(4.2.26) 可得

$$\mathbb{E}\left\{\left\|y(t) - x(t)\right\|_p\right\} + \mathbb{E}\left\{\left\|R(t) - S(t)\right\|_p\right\} \leqslant M\mathbb{E}\left\{\left\|\psi^y - \phi^x\right\|_p\right\} \mathrm{e}^{-\mu t}$$
$$+ M^*\mathbb{E}\left\{\left\|\psi^R - \phi^S\right\|_p\right\} \mathrm{e}^{-\mu^* t}$$

所以系统 (4.2.1) 和 (4.2.4) 在自适应控制器 (4.2.5)–(4.2.6) 的控制下关于 p-范数全局同步 $(p \geqslant 2)$. 证毕.

注释 4.2.1 唐漾等[33] 在假定离散时变时滞 $\tau(t)$ 和分布时变时滞 $\sigma(t)$ 的变化率 (或时滞关于时间的导数) 均小于 1 的情况下, 讨论了具有随机干扰和未知参数的混沌神经网络的延迟同步问题. 而本节所构建的新的 Lyapunov-Krasovskii 泛函, 其中 $\int_{t-\tau}^{t} V_i(s)\mathrm{d}s$ 和 $\int_{t-\sigma}^{t} V_i(s)\mathrm{d}s$ 分别被分为两个部分, 即 $\alpha_i \int_{t-\tau(t)}^{t} V_i(s)\mathrm{d}s$, $\alpha_i\left[1 - r\mathrm{sgn}(1 - \varrho)\right] \int_{t-\tau}^{t-\tau(t)} V_i(s)\mathrm{d}s$ 和 $\beta_i \int_{t-\sigma(t)}^{t} V_i(s)\mathrm{d}s$, $\beta_i\left[1 - r^*\mathrm{sgn}(1 - \varrho^*)\right] \cdot \int_{t-\sigma}^{t-\sigma(t)} V_i(s)\mathrm{d}s$, 这在一定程度上降低了对时变时滞 $\tau(t)$ 和 $\sigma(t)$ 的保守性要求.

注释 4.2.2 分布时滞包括无穷分布时滞和有限分布时滞. 无穷分布时滞形如 $\int_{-\infty}^{t} K_{ij}(s)u(t - s)\mathrm{d}s$ 和 $\int_{0}^{\infty} K_{ij}(t - s)u(s)\mathrm{d}s$, 说明过去的所有历史信息对当前时

刻状态信息的作用和影响. 由于过去的信息过于庞杂, 不仅在计算量方面增加负担, 而且由于信息传输的衰减性, 离当前时刻越远的信息对当前的贡献度就越小, 这样用无穷分布时滞来刻画这类系统的特性就存在很大的保守性. 将离当前时刻最近的一些过去信息搜集起来以描述过去信息对当前时刻的主要影响, 由此引入有限分布时滞 (或称为时间窗) $\int_{t-\tau(t)}^{t} u(s)\mathrm{d}s$ 或 $\int_{t-\tau(t)}^{t} K_{ij}(s)u(t-s)\mathrm{d}s$, 其中 $K_{ij}(s)$ 是满足一定条件的核函数, 以此来确定或衡量分布时滞的作用效果等[34].

4.2.3 数值模拟

考虑如下具有不同时间尺度的竞争神经网络系统:

$$\begin{cases} \text{STM}: \dot{x}(t) = -Ax(t) + Df(x(t)) + D^\tau f(x(t-\tau(t))) + D^\sigma \int_{t-\sigma(t)}^{t} f(x(s))\mathrm{d}s + BS(t) \\ \text{LTM}: \dot{S}(t) = -CS(t) + f(x(t)) \end{cases}$$

$$(4.2.27)$$

其中

$$x(t) = (x_1(t), x_2(t))^{\mathrm{T}}, \quad S(t) = (S_1(t), S_2(t))^{\mathrm{T}}, \quad f(\cdot) = \tanh(\cdot)$$

$$A = \begin{bmatrix} 1 & 0 \\ 0 & 1 \end{bmatrix}, \quad B = \begin{bmatrix} 0.4 & 0 \\ 0 & 0.3 \end{bmatrix}, \quad C = \begin{bmatrix} 2 & 0 \\ 0 & 2 \end{bmatrix}$$

$$D = \begin{bmatrix} 1 & 1 \\ -3 & -3 \end{bmatrix}, \quad D^\tau = \begin{bmatrix} -1.5 & 2 \\ 3 & 3.5 \end{bmatrix}, \quad D^\sigma = \begin{bmatrix} 1 & 2 \\ -1 & 3 \end{bmatrix}$$

$$\tau(t) = 1.8 + 0.1\sin t, \quad \sigma(t) = 2.2 + 0.1\cos t$$

初始条件为

$$x_1(\theta) = 0.5, \quad x_2(\theta) = -0.3, \quad S_1(\theta) = -0.3, \quad S_2(\theta) = 0.1, \quad \forall \theta \in [-2.3, 0]$$

如图 4-4 所示, 当系统 (4.2.27) 取上述参数时存在混沌现象.

选择具有随机干扰的响应系统为

$$\begin{cases} \text{STM}: \mathrm{d}y(t) = \Big[-Ay(t) + Df(y(t)) + D^\tau f(y(t-\tau(t))) \\ \qquad\qquad + D^\sigma \int_{t-\sigma(t)}^{t} f(y(s))\mathrm{d}s + BR(t) + u(t) \Big] \mathrm{d}t \\ \qquad\qquad + H\left(e(t), e(t-\tau(t)), e(t-\sigma(t)) \right) \mathrm{d}\omega(t) \\ \text{LTM}: \dot{R}(t) = -CR(t) + f(y(t)) \end{cases}$$

$$(4.2.28)$$

其中

$$y(t) = (y_1(t), y_2(t))^{\mathrm{T}}$$

$$R(t) = (R_1(t), R_2(t))^{\mathrm{T}}$$

$$h_{11}(e_1(t), e_1(t - \tau(t)), e_1(t - \sigma(t))) = e_1(t) + 2e_1(t - \tau(t)) + 3e_1(t - \sigma(t))$$

$$h_{12}(e_2(t), e_2(t - \tau(t)), e_2(t - \sigma(t))) = h_{21}(e_1(t), e_1(t - \tau(t)), e_1(t - \sigma(t))) = 0$$

$$h_{22}(e_2(t), e_2(t - \tau(t)), e_2(t - \sigma(t))) = 2e_2(t) + 3e_2(t - \tau(t)) + 4e_2(t - \sigma(t))$$

初始条件为

$$y_1(\theta) = -1, \quad y_2(\theta) = 1, \quad R_1(\theta) = 1, \quad R_2(\theta) = -1, \quad \forall \theta \in [-2.3, 0]$$

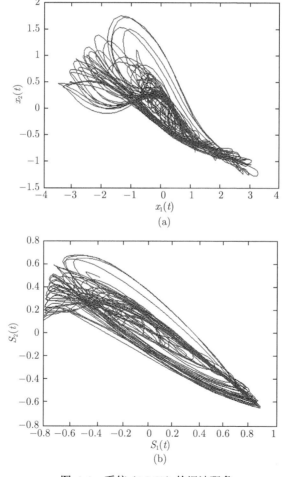

图 4-4　系统 (4.2.27) 的混沌现象

令 $p = 2$, $\lambda_1 = \lambda_2 = 0.1$, $\mu = 0.01$, 通过计算可知定理 4.2.1 成立, 因此系统 (4.2.27) 和 (4.2.28) 在自适应控制器 (4.2.5)–(4.2.6) 的控制下是关于 p- 范数全局同

步的. 图 4-5 描述了驱动系统 (4.2.27) 和响应系统 (4.2.28) 的时间响应曲线, 图 4-6 描述了误差系统的收敛行为. 数值模拟说明了自适应控制设计应用于具有不同时间尺度的竞争神经网络的同步问题的有效性.

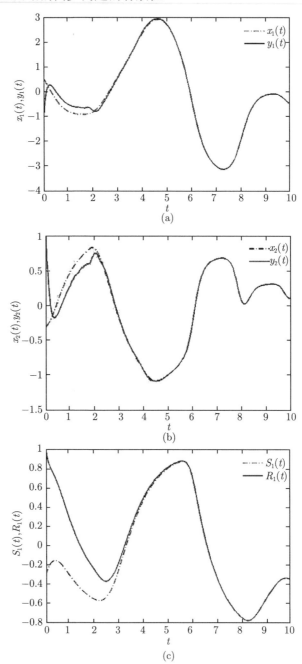

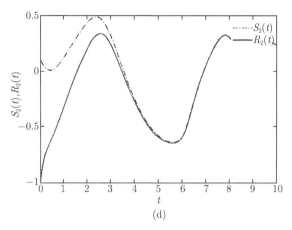

(d)

图 4-5 系统 (4.2.27) 和 (4.2.28) 的时间响应图

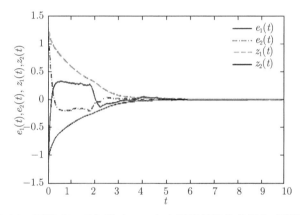

图 4-6 系统 (4.2.27) 和 (4.2.28) 之间误差的收敛行为 (后附彩图)

4.3 基于自适应控制和参数识别的混沌同步

在通信领域, 主要利用混沌信号的不可预测性和对初始条件及系统参数变化的高度敏感性等特点及其实现同步的可能性来进行混沌通信. 混沌同步是实现混沌通信的关键, 很多方法包括传统的一些线性和非线性控制方法已经成功地应用于混沌同步的实现. 但是, 这些同步都事先假定系统的参数已知, 而实际情况下, 参数是不可能确切知道的, 这些不确定因素将会破坏系统的同步. 因此, 在系统参数未知的情况下, 混沌系统的自适应同步的实现一直是一个非常重要的问题.

目前常用的系统参数辨识方法有: 最小均方自适应算法、扩展卡尔曼滤波法、递推最小二乘算法和扩展的最小方差自适应算法等方法, 其中 LMS 算法已经被成功地应用到语音扩频混沌保密通信系统中.

　　针对参数未知的时滞神经网络系统, 很多学者将未知参数作为系统的未知状态来处理, 从而将辨识参数问题转化为未知状态的观测辨识问题, 研究了参数未知的时滞神经网络系统的混沌同步控制问题[33,35−40]. 本节利用自适应控制方法和参数识别技术讨论参数未知的具有不同时间尺度的竞争神经网络的混沌同步问题, 并将所得理论应用于保密通信.

4.3.1　问题的描述

　　考虑具有不同时间尺度的竞争神经网络模型:

$$
\begin{cases}
\text{STM}: \varepsilon\dot{x}_i(t) = -a_i x_i(t) + \sum_{k=1}^{N} D_{ik} f_k(x_k(t)) + \sum_{k=1}^{N} D_{ik}^{\tau} f_k(x_k(t-\tau_k)) + B_i \sum_{j=1}^{P} m_{ij}(t)\sigma_j \\
\text{LTM}: \dot{m}_{ij}(t) = -c_i m_{ij}(t) + \sigma_j f_i(x_i(t))
\end{cases}
\tag{4.3.1}
$$

其中 τ_k 为常时滞, 其他参数、变量的含义与系统 (4.1.2) 相同, 不同之处在于: ε, τ_k 和 σ_j 为已知常量, 而参数 a_i, c_i, B_i, D_{ik} 和 D_{ik}^{τ} 均为未知常量.

　　类似于 4.1 节的处理方法, 系统 (4.3.1) 可以重新表示为

$$
\begin{cases}
\text{STM}: \dot{x}(t) = -\dfrac{1}{\varepsilon} A x(t) + \dfrac{1}{\varepsilon} D f(x(t)) + \dfrac{1}{\varepsilon} D^{\tau} f(x(t-\tau)) + \dfrac{1}{\varepsilon} B S(t) \\
\text{LTM}: \dot{S}(t) = -C S(t) + f(x(t))
\end{cases}
\tag{4.3.2}
$$

其中 $f(x(t-\tau)) = (f_1(x_1(t-\tau_1)), f_2(x_2(t-\tau_2)), \cdots, f_N(x_N(t-\tau_N)))^{\mathrm{T}}$.

　　响应系统为

$$
\begin{cases}
\text{STM}: \dot{y}(t) = -\dfrac{1}{\varepsilon} \hat{A} y(t) + \dfrac{1}{\varepsilon} \hat{D} f(y(t)) + \dfrac{1}{\varepsilon} \hat{D}^{\tau} f(y(t-\tau)) + \dfrac{1}{\varepsilon} \hat{B} R(t) + u(t) \\
\text{LTM}: \dot{R}(t) = -\hat{C} R(t) + f(y(t))
\end{cases}
\tag{4.3.3}
$$

其中 $\hat{A} = \operatorname{diag}(\hat{a}_1, \hat{a}_2, \cdots, \hat{a}_N)$, $\hat{B} = \operatorname{diag}(\hat{b}_1, \hat{b}_2, \cdots, \hat{b}_N)$, $\hat{C} = \operatorname{diag}(\hat{c}_1, \hat{c}_2, \cdots, \hat{c}_N)$, $\hat{D} = (\hat{D}_{ik})_{N\times N}$ 和 $\hat{D}^{\tau} = (\hat{D}_{ik}^{\tau})_{N\times N}$ 分别为未知矩阵 A, B, C, D 和 D^{τ} 的估计, $u(t) = (u_1(t), u_2(t), \cdots, u_N(t))^{\mathrm{T}}$ 表示外界控制输入.

　　定义同步误差为 $e(t) = y(t) - x(t)$, $z(t) = R(t) - S(t)$, 误差系统为

$$
\begin{cases}
\text{STM}: \dot{e}(t) = -\dfrac{1}{\varepsilon} A e(t) + \dfrac{1}{\varepsilon} D g(e(t)) + \dfrac{1}{\varepsilon} D^{\tau} g(e(t-\tau)) + \dfrac{1}{\varepsilon} B z(t) - \dfrac{1}{\varepsilon}(\hat{A} - A) y(t) \\
\qquad\qquad + \dfrac{1}{\varepsilon}(\hat{D} - D) f(y(t)) + \dfrac{1}{\varepsilon}(\hat{D}^{\tau} - D^{\tau}) f(y(t-\tau)) + \dfrac{1}{\varepsilon}(\hat{B} - B) R(t) + u(t) \\
\text{LTM}: \dot{z}(t) = -C z(t) + g(e(t)) - (\hat{C} - C) R(t)
\end{cases}
$$

$$
\tag{4.3.4}
$$

其中 $g(e(t)) = f(y(t)) - f(x(t)),\ g(e(t-\tau)) = f(y(t-\tau)) - f(x(t-\tau)).$

本节假设神经元激励函数 $f(\cdot)$ 满足条件 (H4.1.1).

引理 4.3.1 对任意向量 $\varXi_1, \varXi_2 \in \mathbb{R}^N$ 和正定矩阵 $\varOmega \in \mathbb{R}^{N \times N}$, 如下不等式成立:

$$2\varXi_1^{\mathrm{T}}\varXi_2 \leqslant \varXi_1^{\mathrm{T}}\varOmega\varXi_1 + \varXi_2^{\mathrm{T}}\varOmega^{-1}\varXi_2$$

4.3.2 自适应同步控制策略及参数识别

定理 4.3.1 在反馈控制器

$$u(t) = \delta e(t) \tag{4.3.5}$$

的控制下, 具有不同时间尺度的竞争神经网络 (4.3.2) 和 (4.3.3) 是全局同步的, 其中反馈增益矩阵 $\delta = \mathrm{diag}(\delta_1, \delta_2, \cdots, \delta_N)$ 满足自适应更新律:

$$\dot{\delta}_i = -\lambda_i e_i^2(t) \tag{4.3.6}$$

未知参数的估计情况为

$$\begin{cases} \dfrac{\mathrm{d}\hat{a}_i}{\mathrm{d}t} = \alpha_i e_i(t) y_i(t) \\[2mm] \dfrac{\mathrm{d}\hat{D}_{ik}}{\mathrm{d}t} = -\beta_{ik} e_i(t) f_k(y_k(t)) \\[2mm] \dfrac{\mathrm{d}\hat{D}_{ik}^{\tau}}{\mathrm{d}t} = -\gamma_{ik} e_i(t) f_k(y_k(t - \tau_k)) \\[2mm] \dfrac{\mathrm{d}\hat{B}_i}{\mathrm{d}t} = -\xi_i e_i(t) r_i(t) \\[2mm] \dfrac{\mathrm{d}\hat{c}_i}{\mathrm{d}t} = \eta_i z_i(t) r_i(t) \end{cases}$$

式中, $\lambda_i,\ \alpha_i,\ \beta_{ik},\ \gamma_{ik},\ \xi_i$ 和 $\eta_i(i, k = 1, 2, \cdots, N)$ 为任意正常数.

证明 定义正定的 Lyapunov-Krasovskii 泛函

$$V(t) = \frac{1}{2}e^{\mathrm{T}}(t)e(t) + \frac{1}{2}z^{\mathrm{T}}(t)z(t) + \int_{t-\tau}^{t} e^{\mathrm{T}}(s)Qe(s)\mathrm{d}s + \frac{1}{2}\sum_{i=1}^{N}\left[\frac{1}{\lambda_i}(\delta_i + \rho_i)^2 + \frac{1}{\varepsilon\alpha_i}(\hat{a}_i - a_i)^2\right.$$

$$\left. + \sum_{k=1}^{N}\frac{1}{\varepsilon\beta_{ik}}(\hat{D}_{ik} - D_{ik})^2 + \sum_{k=1}^{N}\frac{1}{\varepsilon\gamma_{ik}}(\hat{D}_{ik}^{\tau} - D_{ik}^{\tau})^2 + \frac{1}{\varepsilon\xi_i}(\hat{B}_i - B_i)^2 + \frac{1}{\eta_i}(\hat{c}_i - c_i)^2\right]$$

式中, Q 为正定矩阵, $\rho_i(i = 1, 2, \cdots, N)$ 为待定常数.

沿式 (4.3.4) 的轨线计算 $V(t)$ 的导数可得

$$\dot{V}(t) = e^{\mathrm{T}}(t)\left[-\frac{1}{\varepsilon}Ae(t) + \frac{1}{\varepsilon}Dg(e(t)) + \frac{1}{\varepsilon}D^{\tau}g(e(t - \tau)) + \frac{1}{\varepsilon}Bz(t) - \frac{1}{\varepsilon}(\hat{A} - A)y(t)\right.$$

$$+\frac{1}{\varepsilon}(\hat{D} - D)f(y(t)) + \frac{1}{\varepsilon}(\hat{D}^{\tau} - D^{\tau})f(y(t-\tau)) + \frac{1}{\varepsilon}(\hat{B} - B)R(t) + \delta e(t)\Big]$$

$$+ z^{\mathrm{T}}(t)\Big[-Cz(t) + g(e(t)) - (\hat{C} - C)R(t)\Big] + e^{\mathrm{T}}(t)Qe(t) - e^{\mathrm{T}}(t-\tau)Qe(t-\tau)$$

$$-\sum_{i=1}^{N}(\delta_i+\rho_i)e_i^2(t)+\sum_{i=1}^{N}\frac{1}{\varepsilon}(\hat{a}_i - a_i)e_i(t)y_i(t)-\sum_{i=1}^{N}\sum_{k=1}^{N}\frac{1}{\varepsilon}(\hat{D}_{ik}-D_{ik})e_i(t)f_k(y_k(t))$$

$$-\sum_{i=1}^{N}\sum_{k=1}^{N}\frac{1}{\varepsilon}(\hat{D}_{ik}^{\tau} - D_{ik}^{\tau})e_i(t)f_k(y_k(t-\tau))$$

$$-\sum_{i=1}^{N}\frac{1}{\varepsilon}(\hat{B}_i - B_i)e_i(t)r_i(t) + z^{\mathrm{T}}(t)(\hat{C} - C)R(t)$$

$$=e^{\mathrm{T}}(t)\left[-\frac{1}{\varepsilon}Ae(t) + \frac{1}{\varepsilon}Dg(e(t)) + \frac{1}{\varepsilon}D^{\tau}g(e(t-\tau)) + \frac{1}{\varepsilon}Bz(t)\right] - e^{\mathrm{T}}(t)\rho e(t)$$

$$+ z^{\mathrm{T}}(t)\left[-Cz(t) + g(e(t))\right] + e^{\mathrm{T}}(t)Qe(t) - e^{\mathrm{T}}(t-\tau)Qe(t-\tau) \tag{4.3.7}$$

对待定正常数 r_1 和 r_2, 由引理 4.3.1 和假设条件 (H4.1.1) 可知

$$e^{\mathrm{T}}(t)Dg(e(t)) \leqslant \frac{1}{2}e^{\mathrm{T}}(t)D^{\mathrm{T}}De(t) + \frac{1}{2}g^{\mathrm{T}}(e(t))g(e(t))$$

$$\leqslant \frac{1}{2}e^{\mathrm{T}}(t)D^{\mathrm{T}}De(t) + \frac{1}{2}e^{\mathrm{T}}(t)L^{\mathrm{T}}Le(t) \tag{4.3.8}$$

$$e^{\mathrm{T}}(t)D^{\tau}g(e(t-\tau)) \leqslant \frac{1}{2}e^{\mathrm{T}}(t)(D^{\tau})^{\mathrm{T}}De(t) + \frac{1}{2}g^{\mathrm{T}}(e(t-\tau))g(e(t-\tau))$$

$$\leqslant \frac{1}{2}e^{\mathrm{T}}(t)(D^{\tau})^{\mathrm{T}}D^{\tau}e(t) + \frac{1}{2}e^{\mathrm{T}}(t-\tau)L^{\mathrm{T}}Le(t-\tau) \tag{4.3.9}$$

$$e^{\mathrm{T}}(t)Bz(t) \leqslant \frac{r_1}{2}e^{\mathrm{T}}(t)B^{\mathrm{T}}Be(t) + \frac{1}{2r_1}z^{\mathrm{T}}(t)z(t) \tag{4.3.10}$$

$$z^{\mathrm{T}}(t)g(e(t)) \leqslant \frac{1}{2r_2}z^{\mathrm{T}}(t)z(t) + \frac{r_2}{2}g^{\mathrm{T}}(e(t))g(e(t))$$

$$\leqslant \frac{1}{2r_2}z^{\mathrm{T}}(t)z(t) + \frac{r_2}{2}e^{\mathrm{T}}(t)L^{\mathrm{T}}Le(t) \tag{4.3.11}$$

式中 $L = \mathrm{diag}(l_1, l_2, \cdots, l_N)$.

将 (4.3.8)–(4.3.11) 代入 (4.3.7) 可知

$$\dot{V}(t) \leqslant -e^{\mathrm{T}}(t)\left[\rho+\frac{1}{\varepsilon}A-Q-\frac{1}{2\varepsilon}D^{\mathrm{T}}D-\frac{1}{2\varepsilon}L^{\mathrm{T}}L-\frac{1}{2\varepsilon}(D^{\tau})^{\mathrm{T}}D^{\tau}-\frac{r_1}{2\varepsilon}B^{\mathrm{T}}B-\frac{r_2}{2\varepsilon}L^{\mathrm{T}}L\right]e(t)$$

$$+ e^{\mathrm{T}}(t-\tau)\left[\frac{1}{2\varepsilon}L^{\mathrm{T}}L - Q\right]e(t-\tau) + z^{\mathrm{T}}(t)\left[\frac{I}{2\varepsilon r_1} + \frac{I}{2\varepsilon r_2} - C\right]z(t) \tag{4.3.12}$$

式中, $\rho = \mathrm{diag}(\rho_1, \rho_2, \cdots, \rho_N)$, I 为具有适当维数的单位矩阵.

由于存在实数 r_1 和 r_2 满足

$$\frac{I}{2\varepsilon r_1} + \frac{I}{2\varepsilon r_2} < \min_{1 \leqslant i \leqslant N}\{c_i\}$$

因此,

$$\frac{I}{2\varepsilon r_1} + \frac{I}{2\varepsilon r_2} - C < 0 \tag{4.3.13}$$

令

$$Q = \frac{1}{2\varepsilon} L^{\mathrm{T}} L$$

$$\rho = -\frac{1}{\varepsilon} A + Q - \frac{1}{2\varepsilon}\left[\lambda_{\max}\left(D^{\mathrm{T}} D\right) + \lambda_{\max}\left(L^{\mathrm{T}} L\right) + \lambda_{\max}\left((D^\tau)^{\mathrm{T}} D^\tau\right)\right.$$
$$\left. + r_1 \lambda_{\max}\left(B^{\mathrm{T}} B\right) + r_2 \lambda_{\max}\left(L^{\mathrm{T}} L\right)\right] + \omega I$$

式中, $\lambda_{\max}(M)$ 表示矩阵 M 的最大特征值. 由式 (4.3.12) 和 (4.3.13) 可知

$$\dot{V}(t) \leqslant -\omega\left(\|e(t)\|^2 + \|z(t)\|^2\right) \tag{4.3.14}$$

此外, 当且仅当 $\|e(t)\|^2 + \|z(t)\|^2 = 0$, 即 $\|e(t)\|^2 = 0$ 且 $\|z(t)\|^2 = 0$ 时, 不等式 (4.3.14) 成立. 由 Lyapunov 稳定性理论可知

$$\lim_{t \to +\infty} \|e(t)\|^2 = 0, \quad \lim_{t \to +\infty} \|z(t)\|^2 = 0$$

由定义 4.1.1 可知, 误差系统 (4.3.4) 是全局同步的. 同时有

$$\frac{\mathrm{d}\hat{a}_i}{\mathrm{d}t}, \frac{\mathrm{d}\hat{D}_{ik}}{\mathrm{d}t}, \frac{\mathrm{d}\hat{D}_{ik}^\tau}{\mathrm{d}t}, \frac{\mathrm{d}\hat{B}_i}{\mathrm{d}t}, \frac{\mathrm{d}\hat{c}_i}{\mathrm{d}t} \to 0$$

即 $\hat{a}_i, \hat{D}_{ik}, \hat{D}_{ik}^\tau, \hat{B}_i, \hat{c}_i$ 均趋向于某些固定常数. 证毕.

4.3.3 数值模拟

考虑具有如下参数的时滞竞争神经网络:

$$A = \begin{bmatrix} 2 & 0 \\ 0 & 0 \end{bmatrix}, \quad D = \begin{bmatrix} 2 & -1 \\ -0.1 & 3.5 \end{bmatrix}, \quad D^\tau = \begin{bmatrix} -2 & -0.5 \\ -0.3 & -2 \end{bmatrix}$$

$$B = \begin{bmatrix} 1.6 & 0 \\ 0 & -0.4 \end{bmatrix}, \quad C = \begin{bmatrix} 1 & 0 \\ 0 & -2 \end{bmatrix}, \quad \varepsilon = 1, \quad \tau_1 = \tau_2 = 3$$

神经元的激励函数选取为 $f(x) = \tanh x$, 初始条件为

$$x_1(\theta) = 0.5, \quad x_2(\theta) = -0.3, \quad S_1(\theta) = -0.4, \quad S_2(\theta) = 0.8, \quad \forall \theta \in [-3, 0]$$

如图 4-7 所示, 当系统 (4.3.2) 取上述参数时存在混沌现象.

响应系统的初始条件选为

$$y_1(\theta) = -0.6, \quad y_2(\theta) = 0.5, \quad R_1(\theta) = -0.3, \quad R_2(\theta) = 0.1, \quad \forall \theta \in [-3, 0]$$

未知参数的初始条件选取为

$$\hat{A}(0) = \begin{bmatrix} 0.8 & 0 \\ 0 & 0.2 \end{bmatrix}, \quad \hat{B}(0) = \begin{bmatrix} 1 & 0 \\ 0 & -1 \end{bmatrix}, \quad \hat{C}(0) = \begin{bmatrix} 0.1 & 0 \\ 0 & 0.7 \end{bmatrix}$$

$$\hat{D}(0) = \begin{bmatrix} 0.8 & 0.7 \\ -0.4 & -0.8 \end{bmatrix}, \quad \hat{D}^\tau(0) = \begin{bmatrix} -1.2 & 0.5 \\ -0.3 & 0.9 \end{bmatrix}, \quad \forall \theta \in [-3, 0]$$

自适应反馈控制强度的初始条件选取为

$$\delta_1(\theta) = \delta_2(\theta) = -0.5, \quad \forall \theta \in [-3, 0]$$

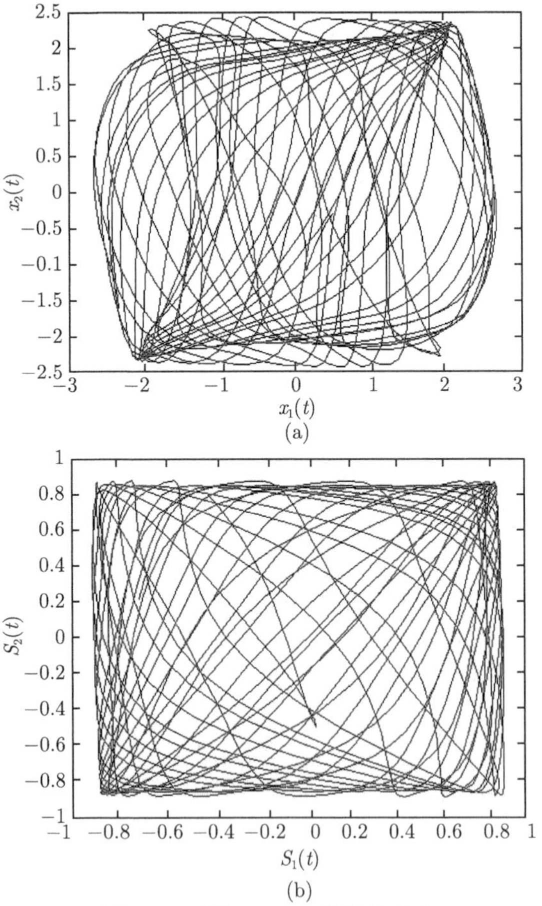

图 4-7   系统 (4.3.2) 的混沌现象

令 $\lambda_i = \alpha_i = \beta_{ik} = \gamma_{ik} = \xi_i = \eta_i = 1(i, k = 1, 2)$. 通过计算可知定理 4.3.1 成立, 因此系统 (4.3.2) 和 (4.3.3) 在自适应控制器 (4.3.5)–(4.3.6) 的控制下是全局同步的. 图 4-8 描述了驱动系统 (4.3.2) 和响应系统 (4.3.3) 的时间响应曲线; 图 4-9 描述了误差系统的收敛行为; 图 4-10 说明自适应参数 $\hat{A}, \hat{B}, \hat{C}, \hat{D}$ 及 $\hat{D}^\tau$ 渐近趋近于某些固定的常数. 数值模拟说明了自适应控制设计应用于参数未知的具有不同时间尺度的竞争神经网络的同步问题的有效性.

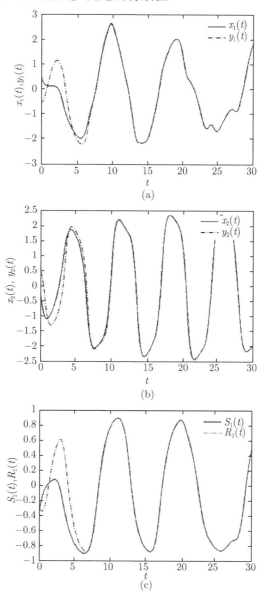

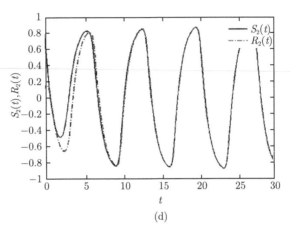

(d)

图 4-8　驱动系统 (4.3.2) 和响应系统 (4.3.3) 的状态轨线

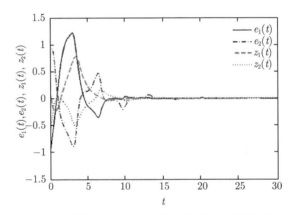

图 4-9　误差系统 (4.3.4) 的收敛行为 (后附彩图)

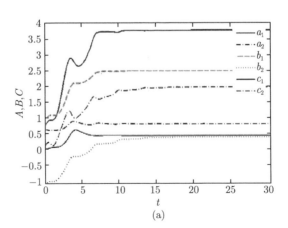

(a)

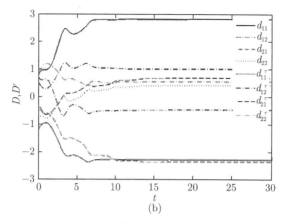

图 4-10 自适应参数 $\hat{A}, \hat{B}, \hat{C}, \hat{D}$ 及 $\hat{D}^\tau$ 的估计 (后附彩图)

4.3.4 基于自适应控制的混沌保密通信

在混沌应用研究中, 混沌保密通信研究已经成为保密通信的一个新的发展方向. 混沌信号具有非周期性连续宽带频谱, 类似噪声的特点, 即具有天然的隐蔽性. 同时, 混沌信号对初始条件的极端敏感, 使得混沌信号具有长期不可预测性和抗截获能力. 同时, 混沌系统本身又是确定性的, 由非线性系统的方程、参数和初始条件所完全决定, 因此, 又使得混沌信号易于产生和复制. 混沌信号具有隐蔽性、不可预测性和高复杂度等特点, 所以非常适用于保密通信、扩频通信等领域. 许多发达国家的科研和军事部门已经投入了大量人力物力开展混沌在保密通信中应用的理论和实验研究, 如美国麻省理工学院、华盛顿大学以及伯克利加利福尼亚大学的科学家都在研制新的混沌系统和有效的混沌信号处理技术. 美国陆军和海军实验室也积极参与竞争, 并投入了大量研究经费, 以期望研制出高度保密的混沌通信系统, 来满足现代化战争对军事通信的要求.

在民用领域, 随着网络通信技术的飞速发展, 信息需求量不断增长, "频率拥挤"现象正在形成. 人们开始寻求效率更高、容量更大的新通信体制. 由于混沌信号具有较为理想的相关特性和伪随机性以及混沌系统固有的对初始条件的敏感依赖性, 基于混沌系统的通信技术就有了坚实理论基础. 与此同时, 大众对于信息的保密性和信息传输系统的安全性的要求也越来越高, 通信双方都不希望有第三者进行非法的 "窃听" 而导致特殊信息的泄露, 因此保密通信已经成为计算机通信、网络、应用数学、微电子等有关学科的研究热点. 由此逐渐形成了混沌密码学, 专门研究利用混沌信号的伪随机性、遍历性等特性, 致力于把混沌应用于保密通信中.

将混沌的同步与控制应用于保密通信, 是一种动态方法. 由于其处理速度和密钥长度无关, 因此这种方法计算效率很高. 用这种方法加密的信息很难破译, 具有很高的保密度, 尤其是它可用于实时信号处理, 同时也适用于静态加密的场合. 尽管目前这项新技术的研究尚处于实验室阶段, 但由于它的实时性强、保密度高、运算速度快等明显优势, 已经显示出其在保密通信领域中的强大生命力, 混沌学家已经开始注意到混沌在保密通信中的应用价值.

　　自适应同步法就是动态训整响应系统的某些参数, 从而实现驱动系统与响应系统同步. 自适应控制混沌同步可选择响应系统中任一参数作控制函数, 故选择空间大, 应用到保密通信上达到的保密性较强, 是一种较好的同步控制方法.

　　在本小节, 我们将 4.3.3 小节得到的自适应混沌同步控制方案应用于混沌保密通信. 如图 4-11 所示, 将待传输的信号 $m(t)$ 采用一定的方式加载到混沌信号 $x_1(t)$, 得到包含传输信号的混沌信号 $s(t)$ 并进行传输, 接收器接收到信号并利用响应系统的混沌信号 $y_1(t)$, 通过混沌同步控制方案即可恢复出传输信号 $m(t)$.

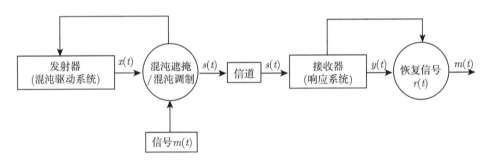

图 4-11　基于混沌同步的保密通信系统

　　常用的信号加载方式包括混沌遮掩和混沌调制.

1) 混沌遮掩

　　通信时, 发射端将信息 $m(t)$ 作为小信号附在混沌载波 $x(t)$ 上, 在接收端与发送端实现混沌同步后, 可以获得原来混沌载波的副本 $s(t) = x(t) + m(t)$, 这种信道上的信号类似于噪声信号, 使得窃听者无法识别, 而在接收端, 应用混沌自同步技术, 去除混沌信号, 检出有用信号, 即完成了收发双方的保密通信, 其基本原理如图 4-12 所示. 混沌同步特别适用于用混沌系统对模拟信号的加密传输, 易于电路硬件实现.

　　在上述加密、解密过程中, 用于驱动接收端混沌系统的是混合信号 $s(t) = x(t) + m(t)$, 所以恢复出的信号 $m'(t) \neq m(t)$. 研究发现, 当信息信号 $m(t)$ 的幅度相对于混沌信号 $x(t)$ 的幅度较小时, $s(t)$ 与 $x(t)$ 之间的差别不大, 在混沌系统的同步效应作用下, $m'(t) \approx m(t)$. 因此, $m'(t) = s(t) - y(t) \approx m(t)$, 能从混合信号中恢复出信息信号 $m(t)$.

　　该通信方案比较简单, 用 $s(t)$ 驱动接收端混沌系统时, 经过一个短暂的同步过渡时间后, 发送端和接收端实现了近似同步, 恢复出有用信息, 但它也存在下列问题.

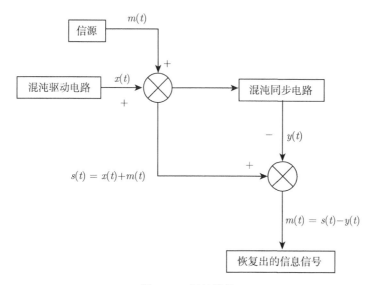

图 4-12　混沌遮掩

(1) 原始信号只能 "漂浮" 在混沌载波上.

当信号幅度稍有增大, 混合信号就将泄露原始信息特征, 失去了保密功能, 因此只能传输小能量信号.

(2) 很容易受到外界噪音影响.

没有考虑噪声和信道畸变带来的负面作用, 而在实际信息传递过程中, 它们是不可避免的. 由于所能传递的信号能量比较低, 很小的噪声就能破坏系统的同步效果, 造成较大的误码率.

(3) 信息恢复精度低.

主要是在该方案中, 混合信号 $s(t)$ 不足以精确驱动接收端与发送端同步.

针对以上的缺点, 可以在其发送端的混沌系统中也引入混合信号的驱动, 从而实现接收、发送双方混沌系统更精确的同步. 改进的通信方案与原方案相比, 有着诸多优势. 首先, 由于发送端和接收端混沌系统中都引入了混合信号的反馈, 它们的运动是与混沌运动和加密信息有复杂关系的类混沌运动, 预测更困难; 其次, 所传输信息的能量可以与载波同数量级, 因为信息信号反馈回发送端, 完全融合到混沌系统的运动当中, 不仅消除了波形叠加引起的信息外泄, 系统的抗噪声干扰能力也增强了; 最后, 同步精度更高, 根源在于改进方案中接收、发送双方受同一信号驱动, 由此信息恢复精度也大为提高. 为了进一步提高混沌系统的保密性能, 还可以将多个混沌系统级连在一起, 形成多级混沌通信系统.

2) 混沌调制

直接利用信息信号去调制发射端系统中的某个状态变量(参数), 利用该状态变量驱动混沌电路产生含有信息的混沌载波信号, 接收端的混沌电路在该混沌载波的驱动下与发送端的混沌电路实现混沌同步, 然后提取出相应的状态变量, 恢复出所发送的信息, 其基本原理如图 4-13 所示.

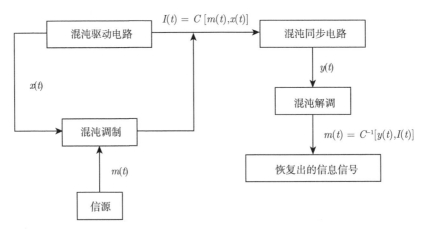

图 4-13　混沌调制

由于信息隐藏在混沌系统参数内, 保密性能相比混沌遮掩更具优越. 参数调制的混沌通信方式虽然具有比较好的应用前景, 但依旧存在抗噪性能不强、信道容易发生畸变等缺陷. 而光纤能够提供很高的带宽, 且不受外界电磁信号的影响, 同步精度足够高, 因此, 基于光纤的混沌调制保密通信更具应用前景.

在这里, 我们仅考虑采用改进的混沌遮掩方式对传输信号进行加载, 信号传输器则设计为

$$\begin{cases} \text{STM} : \dot{x}(t) = -\frac{1}{\varepsilon}Ax(t) + \frac{1}{\varepsilon}Df(x(t)) + \frac{1}{\varepsilon}D^{\tau}f(x(t-\tau)) + \frac{1}{\varepsilon}BS(t) + M(t) \\ \text{LTM} : \dot{S}(t) = -CS(t) + f(x(t)) \end{cases} \quad (4.3.15)$$

式中 $x(t), S(t), M(t) = (m_1(t), m_2(t))^{\mathrm{T}} \in \mathbb{R}^2$. 不失一般性, 假定 $m_2(t) = 0$, $m_1(t) = \varepsilon m(t)$ 为传输信号. 为了达到良好的保密通信效果, 传输信号相对于混沌载波信号而言应相对较小, 故可假定 $\varepsilon = 0.05$[39].

接收器设计为

$$\begin{cases} \text{STM} : \dot{y}(t) = -\frac{1}{\varepsilon}\hat{A}y(t) + \frac{1}{\varepsilon}\hat{D}f(y(t)) + \frac{1}{\varepsilon}\hat{D}^{\tau}f(y(t-\tau)) + \frac{1}{\varepsilon}\hat{B}R(t) - y(t) + u(t) + H(t) \\ \text{LTM} : \dot{R}(t) = -\hat{C}R(t) + f(y(t)) \end{cases} \quad (4.3.16)$$

式中, $y(t), R(t), H(t) = (h_1(t), h_2(t))^{\mathrm{T}} \in \mathbb{R}^2$, $h_1(t) = s(t) = x_1(t) + \varepsilon m(t)$ 为传输信号, $h_2(t) = x_2(t)$, 则传输信号能够通过 $r(t) = \varepsilon^{-1}[s(t) - y_1(t)]$ 进行恢复.

在数值模拟时, 传输信号设为 $m(t) = \sin t$, 初始条件和其他参数值与 4.3.3 小节相同, 图 4-14 描述了采用上述保密通信方案得到的恢复信号; 图 4-15 则描述了传输信号 $m(t)$ 与恢复信号 $r(t)$ 之间的误差.

通过数值模拟可以发现, 加密信号能够被精确地恢复, 有力地说明了基于自适应控制的时滞竞争神经网络的同步策略应用于混沌保密通信系统的有效性.

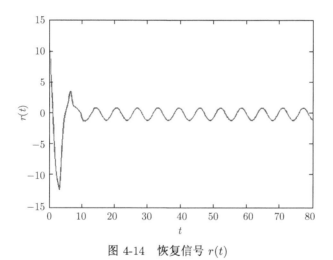

图 4-14　恢复信号 $r(t)$

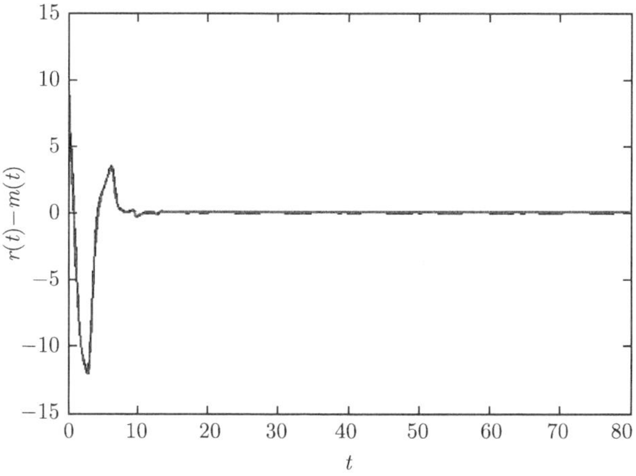

图 4-15　传输信号 $m(t)$ 与恢复信号 $r(t)$ 之间的误差

参 考 文 献

[1]   Sowmya B, Sheela Rani B. Colour image segmentation using fuzzy clustering techniques and competitive neural network [J]. Applied Soft Computing, 2011, 11: 3170–3178.

[2]   Meyer-Base A, Pilyugin S S, Chen Y. Global exponential stability of competitive neural networks with different time scales [J]. IEEE Transactions on Neural Networks, 2003, 14(3): 716–719.

[3]   Grossberg S. Adaptive pattern classification and universal recording, I: parallel development and coding of neural feature detectors[J]. Biological Cybernetics, 1976, 23: 121–134.

[4]   Amari S. Field theory of self-organizing neural nets [J]. IEEE Transactions on Systems, Man, and Cybernetics, 1983, 13: 741–748.

[5]   Civalleri P P, Gilli M, Pandolfi L. On stability of cellular neural networks with delay [J]. IEEE Transactions on Circuits and Systems I: Fundamental Theory and Applications, 1993, 40(3): 157–164.

[6]   He Y, Wang Q, Xie L, Lin C. Further improvement of free-weighting matrices technique for systems with time-varying delay [J]. IEEE Transactions on Automatic Control, 2007, 52: 293–299.

[7]   He Y, Wu M, She J, Liu G. Delay-dependent robust stability criteria for uncertain neutral systems with mixed delays [J]. Systems & Control Letters, 2004, 51: 57–65.

[8]   Mai H, Liao X, Li C. A semi-free weighting matrices approach for neutral-type delayed neural networks [J]. Journal of Computational and Applied Mathematics, 2009, 225: 44–55.

[9]   Zhang C, He Y, Wu M. Exponential synchronization of neural networks with time varying mixed delays and sampled-data [J]. Neurocomputing, 2010, 74: 265–273.

[10] Li X, Zhu X. Stability analysis of neutral systems with distributed delays [J]. Automatica, 2008, 44: 2197–2201.

[11] Parlakci M. Robust stability of uncertain neutral systems: a novel augmented Lyapunov functional approach [J]. IET Control Theory and Applications, 2007, 1: 802–809.

[12] Peng C, Tian Y. Delay-dependent robust stability criteria for uncertain systems with interval time-varying delay [J]. Journal of Computational and Applied Mathematics, 2008, 214: 480–494.

[13] Chen W, Zheng W. Delay-dependent robust stabilization for uncertain neutral systems with distributed delays [J]. Automatica, 2007, 43: 95–104.

[14] Du B, Lam J. Stability analysis of static recurrent neural networks using delay partitioning and projection [J]. Neural Networks, 2009, 22: 343–347.

[15] Mou S, Gao H, Lam J, Qiang W. A new criterion of delay dependent asymptotic stability for Hopfield neural networks with time delay [J]. IEEE Transactions on Neural Networks,

2008, 19: 532–535.

[16] Yuan K, Cao J. Periodic oscillatory solution in delayed competitive-cooperative neural networks: a decomposition approach [J]. Chaos, Solitons & Fractals, 2006, 27: 223–231.

[17] Balasubramaniam P, Chandran R. Delay decomposition approach to stability analysis for uncertain fuzzy Hopfield neural networks with time-varying delay [J]. Communications in Nonlinear Science and Numerical Simulation, 2011, 16: 2098–2108.

[18] Balasubramaniam P, Nagamani G. A delay decomposition approach to delay-dependent passivity analysis for interval neural networks with time-varying delay [J]. Neurocomputing, 2011, 74: 1646–1653.

[19] Balasubramaniam P, Chandran R. Robust asymptotic stability of fuzzy Markovian jumping genetic regulatory networks with time-varying delays by delay decomposition approach [J]. Communications in Nonlinear Science and Numerical Simulation, 2011, 16: 928–939.

[20] Balasubramaniam P, Sathy R, Rakkiyappan R. A delay decomposition approach to fuzzy Markovian jumping genetic regulatory networks with time-varying delays [J]. Fuzzy Sets and Systems, 2011, 164: 82–100.

[21] Gan Q. Synchronization of competitive neural networks with different time scales and time-varying delay based on delay partitioning approach [J]. International Journal of Machine Learning and Cybernetics, 2013, 4: 327–337.

[22] Gu H. Adaptive synchronization for competitive neural networks with different time scales and stochastic perturbation [J]. Neurocomputing, 2009, 73: 350–356.

[23] Lou X, Cui B. Synchronization of competitive neural networks with different time scales [J]. Physica A, 2007, 380: 563–576.

[24] Liao X, Mao X. Exponential stability and instability of stochastic neural networks [J]. Stochastic Analysis and Applications, 1996, 14: 165–185.

[25] Liao X, Mao X. Stability of stochastic neural networks [J]. Neural Parallel & Scientific Computations, 1996, 4: 205–224.

[26] Yang X, Cao J, Long Y, Wei R. Adaptive lag synchronization for competitive neural networks with mixed delays and uncertain hybrid perturbations [J]. IEEE Transactions on Neural Networks, 2010, 21: 1656–1667.

[27] Yang X, Huang C, Cao J. An LMI approach for exponential synchronization of switched stochastic competitive neural networks with mixed delays [J]. Neural Computing & Applications, 2012, 21(8): 2033–2047.

[28] Gan Q. Adaptive synchronization of stochastic neural networks with mixed time delays and reaction-diffusion terms [J]. Nonlinear Dynamics, 2012, 69(4): 2207–2219.

[29] Gan Q. Global exponential synchronization of generalized stochastic neural networks with mixed time-varying delays and reaction-diffusion terms [J]. Neurocomputing, 2012, 89: 96–105.

[30] Gan Q, Li Y. Exponential synchronization of stochastic reaction-diffusion fuzzy Cohen-Grossberg neural networks with time-varying delays via periodically intermittent control [J]. Journal of Dynamic Systems, Measurement and Control, 2013, 135: 061009.

[31] Gan Q, Liang Y. Synchronization of non-identical unknown chaotic delayed neural networks based on adaptive sliding mode control [J]. Neural Processing Letters, 2012, 35(3): 245–255.

[32] Gan Q, Xu R, Kang X. Synchronization of chaotic neural networks with mixed time delays [J]. Communications in Nonlinear Science and Numerical Simulation, 2011, 16: 966–974.

[33] Tang Y, Qiu R, Fang J, et al. Adaptive lag synchronization in unknown stochastic chaotic neural networks with discrete and distributed time-varying delays [J]. Physics Letters A, 2008, 372: 4425–4433.

[34] 王占山. 复杂神经动力网络的稳定性与同步性 [M]. 北京: 科学出版社, 2014.

[35] Zhou J, Chen T, Xiang L. Chaotic lag synchronization of coupled delayed neural networks and its applications in secure communication [J]. Circuits Systems Signal Processing, 2005, 24: 599–613.

[36] Zhou J, Chen T, Xiang L. Robust synchronization of delayed neural networks based on adaptive control and parameters identification [J]. Chaos, Solitons & Fractals, 2006, 27: 905–913.

[37] He W, Cao J. Adaptive synchronization of a class of chaotic neural networks with known or unknown parameters [J]. Physics Letters A, 2008, 372: 408–416.

[38] Wang Z, Shi X. Anti-synchronization of Liu system and Lorenz system with known or unknown parameters [J]. Nonlinear Dynamics, 2009, 57: 425–430.

[39] Xia Y, Yang Z, Han M. Lag synchronization of unknown chaotic delayed Yang-Yang-type fuzzy neural networks with noise perturbation based on adaptive control and parameter identification [J]. IEEE Transactions on Neural Networks, 2009, 20: 1165–1180.

[40] Mu X, Pei L. Synchronization of the near-identical chaotic systems with the unknown parameters [J]. Applied Mathematical Modelling, 2010, 34: 1788–1797.

第5章 具有 leakage 时滞的神经网络的同步控制

在研究中我们发现, 大多数神经网络模型都是如下模型的变形:

$$\dot{x}_i(t) = -a_i x_i(t) + \sum_{j=1}^{n} \alpha_{ij} f_j(x_j(t)) + \sum_{j=1}^{n} \beta_{ij} f_j(x_j(t-\tau_{ij})) + I_i, \quad i,j=1,2,\cdots,n$$

$$(5.0.1)$$

等式右边第一项是系统的稳定负反馈, 它是没有时滞的, 该项通常称为 "leakage" 或 "forgettable" 项[1-3]. 但事实上, 由于神经元的自衰减过程不是瞬时的, 当神经元与神经网络和外部输入切断时, 重置到隔离静止状态需要时间, 为了刻画这种现象, 有必要引入 "leakage" 时滞. 具有 leakage 时滞的神经网络模型可表示为

$$\dot{x}_i(t) = -a_i x_i(t-\tau_i) + \sum_{j=1}^{n} \alpha_{ij} f_j(x_j(t)) + \sum_{j=1}^{n} \beta_{ij} f_j(x_j(t-\sigma_{ij})) + I_i, \quad i,j=1,2,\cdots,n$$

$$(5.0.2)$$

式中, τ_i 即被称为 leakage 时滞. 正如 K. Gopalsamy[1] 所描述的那样, leakage 时滞也会对系统的动力学性态产生重要影响. 例如, 考虑如下神经网络模型:

$$\dot{x}(t) = \begin{bmatrix} -10 & 0 \\ 0 & -9 \end{bmatrix} x(t-\sigma) + \begin{bmatrix} 1 & 1 \\ -1 & 1 \end{bmatrix} f(x(t)), \quad t > 0 \qquad (5.0.3)$$

式中 $f(x(t)) = \tanh(x(t))$, σ 为 leakage 时滞. 由图 5-1 和图 5-2 可知, 当 $\sigma = 0$ 时, 系统 (5.0.3) 稳定, 而当 $\sigma = 0.2$ 时, 系统 (5.0.3) 则变为不稳定的, 这也在一定程度上说明 leakage 时滞会对神经网络系统的动力学性态产生很大的影响.

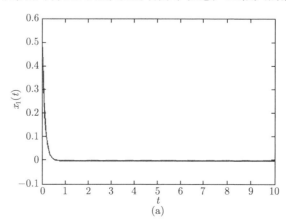

(a)

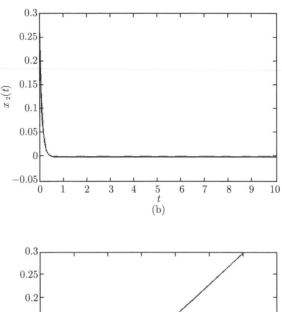

图 5-1　当 $\sigma = 0$ 时系统 (5.0.3) 是稳定的

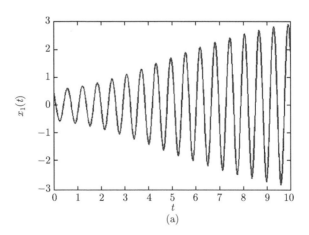

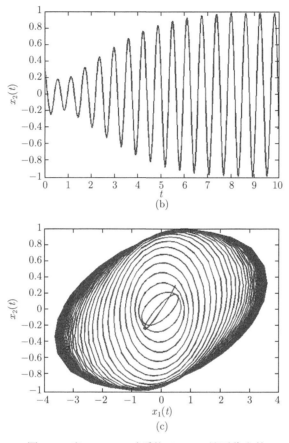

图 5-2 当 $\sigma = 0.2$ 时系统 (5.0.3) 是不稳定的

目前只有少量文献对具有 leakage 时滞的神经网络进行了探讨, 且大部分都是针对模型的稳定性问题 (参见文献 [4]–[9]), 而对具有 leakage 时滞的神经网络模型的同步研究则起步较晚. 本章将分别利用线性误差反馈控制、自适应控制、样本控制和周期间歇控制系统分析具有 leakage 时滞的神经网络的混沌同步问题, 研究 leakage 时滞、扩散效应、样本时间间隔以及自适应更新律等对系统同步能力的影响, 并通过数值模拟验证所设计的控制器对于噪声干扰和参数摄动表现出的鲁棒性.

5.1 具有 leakage 时滞的随机模糊细胞神经网络的同步控制

5.1.1 问题的描述

考虑如下具有 leakage 时滞的模糊细胞神经网络模型[10]:

$$\dot{x}_i(t) = -d_i x_i(t-\sigma) + \sum_{j=1}^{n} a_{ij} f_j(x_j(t)) + \sum_{j=1}^{n} b_{ij} f_j(x_j(t-\tau_{ij}(t)))$$

$$+ \bigwedge_{j=1}^{n} \alpha_{ij} f_j(x_j(t-\tau_{ij}(t)))$$

$$+ \bigvee_{j=1}^{n} \beta_{ij} f_j(x_j(t-\tau_{ij}(t))) + \sum_{j=1}^{n} c_{ij}\mu_j + \bigwedge_{j=1}^{n} T_{ij}\mu_j + \bigvee_{j=1}^{n} H_{ij}\mu_j + I_i \quad (5.1.1)$$

其中 $i = 1, 2, \cdots, n$, n 为神经元的数量; $x(t) = (x_1(t), x_2(t), \cdots, x_n(t))^{\mathrm{T}} \in \mathbb{R}^n$ 为神经元状态向量; d_i 为神经元的衰减时间常数; α_{ij}, β_{ij}, T_{ij} 和 H_{ij} 分别为模糊后向 MIN 模板、模糊后向 MAX 模板、模糊前向 MIN 模板和模糊前向 MAX 模板的元素; a_{ij} 和 b_{ij} 分别为后向模板和前向模板的元素; $\wedge$ 和 $\vee$ 为代表模糊 AND 和模糊 OR 运算; μ_i 和 I_i 分别为神经元的输入和偏差; $f_j(\cdot)$ 为第 j 个神经元在时间 t 的激励函数; τ_{ij} 表示神经轴突信号传输时滞.

响应系统为

$$\mathrm{d}y_i(t) = \left[-d_i y_i(t-\sigma) + \sum_{j=1}^{n} a_{ij} f_j(y_j(t)) + \sum_{j=1}^{n} b_{ij} f_j(y_j(t-\tau_{ij}(t))) \right.$$

$$+ \bigwedge_{j=1}^{n} \alpha_{ij} f_j(x_j(t-\tau_{ij}(t)))$$

$$\left. + \bigvee_{j=1}^{n} \beta_{ij} f_j(x_j(t-\tau_{ij}(t))) + \sum_{j=1}^{n} c_{ij}\mu_j + \bigwedge_{j=1}^{n} T_{ij}\mu_j + \bigvee_{j=1}^{n} H_{ij}\mu_j + I_i + u_i(t) \right]\mathrm{d}t$$

$$+ \sum_{j=1}^{n} h_{ij}\left(t, e_j(t), e_j(t-\sigma), e_j(t-\tau_{ij}(t))\right) \mathrm{d}\omega_j(t) \quad (5.1.2)$$

式中, $y(t) = (y_1(t), y_2(t), \cdots, y_n(t))^{\mathrm{T}} \in \mathbb{R}^n$ 为响应系统神经元状态向量; $e(t) = (e_1(t), e_2(t), \cdots, e_n(t))^{\mathrm{T}} = y(t) - x(t)$ 为误差状态向量; $u(t) = (u_1(t), u_2(t), \cdots, u_n(t))^{\mathrm{T}}$ 为外部控制向量; $H = (h_{ik})_{n \times n}$ 为扩散系数矩阵 (或称 "噪声密度矩阵"), 随机干扰 $\omega(t) = (\omega_1(t), \omega_2(t), \cdots, \omega_n(t))^{\mathrm{T}} \in \mathbb{R}^n$ 为定义在完备的概率空间 $(\Omega, \mathcal{F}, (\mathcal{F}_t)_{t \in \mathbb{R}^+}, \mathcal{P})$ 上具有自然流 $(\mathcal{F}_t)_{t \in \mathbb{R}^+}$ 的 Brown 运动且满足

$$\mathbb{E}\{\mathrm{d}\omega(t)\} = 0, \quad \mathbb{E}\{\mathrm{d}\omega^2(t)\} = \mathrm{d}t$$

将驱动系统 (5.1.1) 代入响应系统 (5.1.2), 得到误差系统为

$$\mathrm{d}e_i(t) = \left[-d_i e_i(t-\sigma) + \sum_{j=1}^{n} a_{ij} g_j(e_j(t)) + \sum_{j=1}^{n} b_{ij} g_j(e_j(t-\tau_{ij}(t))) \right.$$

$$\left. + \bigwedge_{j=1}^{n} \alpha_{ij} g_j^*(e_j(t-\tau_{ij}(t))) + \bigvee_{j=1}^{n} \beta_{ij} g_j^{**}(e_j(t-\tau_{ij}(t))) + u_i(t) \right]\mathrm{d}t$$

$$+ \sum_{j=1}^{n} h_{ij}\left(t, e_j(t), e_j(t-\sigma), e_j(t-\tau_{ij}(t))\right) \mathrm{d}\omega_j(t) \tag{5.1.3}$$

式中,

$$g_j(e_j(\cdot)) = f_j(y_j(\cdot)) - f_j(x_j(\cdot))$$

$$\bigwedge_{j=1}^{n} \alpha_{ij} g_j^*(e_j(t-\tau_{ij}(t))) = \bigwedge_{j=1}^{n} \alpha_{ij} f_j(y_j(t-\tau_{ij}(t))) - \bigwedge_{j=1}^{n} \alpha_{ij} f_j(x_j(t-\tau_{ij}(t)))$$

$$\bigvee_{j=1}^{n} \beta_{ij} g_j^{**}(e_j(t-\tau_{ij}(t))) = \bigvee_{j=1}^{n} \beta_{ij} f_j(y_j(t-\tau_{ij}(t))) - \bigvee_{j=1}^{n} \beta_{ij} f_j(x_j(t-\tau_{ij}(t)))$$

为方便讨论, 首先给出两个假设.

(H5.1.1) 对任意 $\xi_1, \xi_2 \in \mathbb{R}$, $t \in \mathbb{R}^+$, $\bar{\xi}_1, \tilde{\xi}_1, \hat{\xi}_1, \bar{\xi}_2, \tilde{\xi}_2, \hat{\xi}_2 \in \mathbb{R}^n$, 存在正常量 L_j 和 $\eta_{ij}(i, j = 1, 2, \cdots, n)$, 使得函数 $f_j(\cdot)$ 和 $h_{ij}(\cdot)$ 分别满足

$$|f_j(\xi_1) - f_j(\xi_2)| \leqslant L_j |\xi_1 - \xi_2|$$

$$|h_{ij}(t, \bar{\xi}_1, \tilde{\xi}_1, \hat{\xi}_1) - h_{ij}(t, \bar{\xi}_2, \tilde{\xi}_2, \hat{\xi}_2)|^2 \leqslant \eta_{ij}(|\bar{\xi}_1 - \bar{\xi}_2|^2 + |\tilde{\xi}_1 - \tilde{\xi}_2|^2 + |\hat{\xi}_1 - \hat{\xi}_2|^2)$$

$$h_{ij}(t, 0, 0, 0) = 0, \quad i, j = 1, 2, \cdots, n$$

(H5.1.2) 对任意 t, 时变时滞 $\tau_{ij}(t)$ 满足 $0 \leqslant \tau_{ij}(t) \leqslant \tau$, $\dot{\tau}_{ij}(t) \leqslant \gamma < 1$, 其中 τ 为正常数, γ 为实数.

5.1.2 自适应同步控制策略

定理 5.1.1 在反馈控制器

$$u_i(t) = \varepsilon_i e_i(t) \tag{5.1.4}$$

的控制下, 具有 leakage 时滞的神经网络 (5.1.1) 和 (5.1.2) 是全局同步的, 其中反馈强度 $\varepsilon_i(i = 1, 2, \cdots, n)$ 满足自适应更新律:

$$\dot{\varepsilon}_i = -\lambda_i e_i^2(t) \tag{5.1.5}$$

其中 $\lambda_i(i = 1, 2, \cdots, n)$ 为任意正常数.

证明 定义正定的 Lyapunov-Krasovskii 泛函 $V(t, e(t)) \in \mathcal{C}^{2,1}(\mathbb{R}^+ \times \mathbb{R}^n; \mathbb{R}^+)$:

$$V(t, e(t)) = \sum_{i=1}^{4} V_i(t, e(t)) + \sum_{i=1}^{n} \frac{1}{\lambda_i}(\varepsilon_i + \rho_i)^2 \tag{5.1.6}$$

其中 $\rho_i(i = 1, 2, \cdots, n)$ 为待定常数且

$$V_1(t, e(t)) = \sum_{i=1}^{n} e_i^2(t)$$

$$V_2(t, e(t)) = \sum_{i=1}^{n} \sum_{j=1}^{n} \int_{t-\sigma}^{t} (1 + \eta_{ij}) e_j^2(s) \mathrm{d}s$$

$$V_3(t, e(t)) = \sum_{i=1}^{n} \sum_{j=1}^{n} \int_{t-\tau_{ij}(t)}^{t} g_j^2(e_j(s)) \mathrm{d}s$$

$$V_4(t, e(t)) = (1 - \gamma)^{-1} \sum_{i=1}^{n} \sum_{j=1}^{n} \int_{t-\tau_{ij}(t)}^{t} \left(|\alpha_{ij}| L_j^2 + |\beta_{ij}| L_j^2 + \eta_{ij} \right) e_i^2(s) \mathrm{d}s$$

利用 Itô 公式可知, $V(t, e(t))$ 沿误差系统 (5.1.3) 的轨线的随机导数为

$$\mathrm{d}V(t, e(t)) = \mathcal{L}V(t, e(t))\mathrm{d}t + H\left(t, e(t), e(t-\sigma), e(t-\tau(t))\right) \mathrm{d}\omega(t) \tag{5.1.7}$$

式中, 算子 $\mathcal{L}$ 为

$$\mathcal{L}V(t, e(t)) = \left[\sum_{i=1}^{n} \left(\sum_{j=1}^{n} \left(g_j^2(e_j(t)) - (1 - \dot{\tau}_{ij}(t)) g_j^2(e_j(t - \tau_{ij}(t))) \right. \right. \right.$$
$$+ (1 + \eta_{ij}) \left(e_j^2(t) - e_j^2(t - \sigma) \right))$$
$$+ 2e_i(t) \left(-d_i e_i(t - \sigma) + \sum_{j=1}^{n} a_{ij} g_j(e_j(t)) + \sum_{j=1}^{n} b_{ij} g_j(e_j(t - \tau(t))) \right.$$
$$+ \bigwedge_{j=1}^{n} \alpha_{ij} g_j^*(e_j(t - \tau_{ij}(t))) + \bigvee_{j=1}^{n} \beta_{ij} g_j^{**}(e_j(t - \tau_{ij}(t))) + \varepsilon_i e_i(t) \right)$$
$$- 2(\varepsilon_i + \rho_i) e_i^2(t)$$
$$+ (1 - \gamma)^{-1} \sum_{j=1}^{n} \left(\left(|\alpha_{ij}| L_j^2 + |\beta_{ij}| L_j^2 + \eta_{ij} \right) e_i^2(t) \right.$$
$$- \frac{(1 - \dot{\tau}_{ij}(t))}{(1 - \gamma)} \left(|\alpha_{ij}| L_j^2 + |\beta_{ij}| L_j^2 + \eta_{ij} \right) e_i^2(t - \tau_{ij}(t)))$$
$$\left. \left. + \sum_{j=1}^{n} h_{ij}^2 \left(t, e_j(t), e_j(t - \sigma), e_j(t - \tau_{ij}(t))\right) \right) \right] \mathrm{d}t \tag{5.1.8}$$

将 (H5.1.1), (H5.1.2) 及引理 3.3.2 应用于 (5.1.8) 可得

$$\mathcal{L}V(t, e(t)) = \left[\sum_{i=1}^{n} \left(\sum_{j=1}^{n} \left(L_j^2 e_j^2(t) - (1 - \gamma) g_j^2(e_j(t - \tau_{ij}(t))) \right. \right. \right.$$
$$+ (1 + \eta_{ij}) \left(e_j^2(t) - e_j^2(t - \sigma) \right))$$
$$+ 2e_i(t) \left(-d_i e_i(t - \sigma) + \sum_{j=1}^{n} b_{ij} g_j(e_j(t - \tau(t))) \right) + \sum_{j=1}^{n} (1 + L_j^2) |a_{ij}| e_j^2(t)$$
$$+ \sum_{j=1}^{n} |\alpha_{ij}| e_i^2(t) + \sum_{j=1}^{n} |\alpha_{ij}| L_j^2 e_j^2(t - \tau_{ij}(t))$$

$$+ \sum_{j=1}^{n} |\beta_{ij}| e_i^2(t) + \sum_{j=1}^{n} |\beta_{ij}| L_j^2 e_j^2(t - \tau_{ij}(t))$$

$$+ (1-\gamma)^{-1} \sum_{j=1}^{n} \left(\left(|\alpha_{ij}| L_j^2 + |\beta_{ij}| L_j^2 + \eta_{ij} \right) e_i^2(t) \right.$$

$$- \sum_{j=1}^{n} \left(|\alpha_{ij}| L_j^2 + |\beta_{ij}| L_j^2 + \eta_{ij} \right) e_i^2(t - \tau_{ij}(t))$$

$$+ \sum_{j=1}^{n} \eta_{ij} \left(e_j^2(t) + e_j^2(t-\sigma) + e_j^2(t - \tau_{ij}(t)) \right) - 2\rho_i e_i^2(t) \bigg) \mathrm{d}x \Bigg] \mathrm{d}t \quad (5.1.9)$$

易知:

$$- (1-\gamma) g_j^2(e_j(t - \tau_{ij}(t))) + a_{ij} e_i(t,x) g_j(e_j(t - \tau_{ij}(t)))$$

$$= - \left[(1-\gamma)^{1/2} g_j(e_j(t - \tau_{ij}(t))) - (1-\gamma)^{-1/2} a_{ij} e_i(t) \right]^2 + (1-\gamma)^{-1} a_{ij}^2 e_i^2(t)$$

$$\leqslant (1-\gamma)^{-1} a_{ij}^2 e_i^2(t) \quad (5.1.10)$$

及

$$-e_i^2(t-\sigma) - 2d_i e_i(t,x) e_i(t-\sigma) = - \left[e_i(t-\sigma) + d_i e_i(t) \right]^2 + d_i^2 e_i^2(t) \leqslant d_i^2 e_i^2(t,x) \quad (5.1.11)$$

将 (5.1.10)–(5.1.11) 代入 (5.1.9) 可知

$$\mathcal{L}V(t, e(t)) \leqslant \Bigg[\sum_{i=1}^{n} \sum_{j=1}^{n} \left(L_j^2 + (1-\gamma)^{-1} \left(a_{ij}^2 + |\alpha_{ij}| L_j^2 + |\beta_{ij}| L_j^2 + \eta_{ij} \right) + 1 + 2\eta_{ij} \right.$$

$$+ (1+L_j^2)|a_{ij}| + |\alpha_{ij}| + |\beta_{ij}| \big) e_j^2(t) + \sum_{i=1}^{n} (d_i^2 - 2\rho_i) e_i^2(t) \Bigg] \mathrm{d}t \quad (5.1.12)$$

令

$$\rho_i = \frac{1}{2} \sum_{j=1}^{n} \left(L_j^2 + (1-\gamma)^{-1} (a_{ij}^2 + |\alpha_{ij}| L_j^2 + |\beta_{ij}| L_j^2 + \eta_{ij}) + 1 + 2\eta_{ij} \right.$$

$$+ (1+L_j^2)|a_{ij}| + |\alpha_{ij}| + |\beta_{ij}| \big) + \frac{1}{2} d_i^2 + 1$$

由 (5.1.12) 可知

$$\mathcal{L}V(t, e(t)) \leqslant -e^{\mathrm{T}}(t) e(t) \quad (5.1.13)$$

对表达式 (5.1.7) 两侧分别取数学期望可得

$$\frac{\mathrm{d}\mathbb{E}V(t, e(t))}{\mathrm{d}t} \leqslant -e^{\mathrm{T}}(t) e(t), \quad t \geqslant 0 \quad (5.1.14)$$

即

$$\mathbb{E}V(t,e(t)) + \int_0^t e^{\mathrm{T}}(s)e(s)\mathrm{d}s \leqslant \mathbb{E}V(0,e(0)) < \infty, \quad t \geqslant 0 \tag{5.1.15}$$

由于

$$
\begin{aligned}
\mathbb{E}V(0,e(0)) &= \mathbb{E}\Bigg\{ \sum_{i=1}^n e_i^2(0) + \sum_{i=1}^n \sum_{j=1}^n \int_{-\sigma}^0 (1+\eta_{ij})e_j^2(s)\mathrm{d}s + \sum_{i=1}^n \sum_{j=1}^n \int_{-\tau_{ij}(0)}^0 g_j^2(e_j(s))\mathrm{d}s \\
&\quad + (1-\gamma)^{-1} \sum_{i=1}^n \sum_{j=1}^n \int_{-\tau_{ij}(0)}^0 \left(|\alpha_{ij}|L_j^2 + |\beta_{ij}|L_j^2 + \eta_{ij}\right)e_i^2(s)\mathrm{d}s \Bigg\} \\
&\leqslant \mathbb{E}\Bigg\{ \sum_{i=1}^n \Bigg[e_i^2(0) + \max_{1\leqslant j\leqslant n}(1+\eta_{ij}) \sum_{j=1}^n \int_{-\sigma}^0 e_j^2(s)\mathrm{d}s \\
&\quad + \max_{1\leqslant j\leqslant n} L_j \sum_{j=1}^n \int_{-\tau_{ij}(0)}^0 e_j^2(s)\mathrm{d}s \\
&\quad + (1-\gamma)^{-1} \max_{1\leqslant j\leqslant n}\left(|\alpha_{ij}|L_j^2 + |\beta_{ij}|L_j^2 + \eta_{ij}\right) \sum_{j=1}^n \int_{-\tau_{ij}(0)}^0 e_i^2(s)\mathrm{d}s \Bigg] \Bigg\} \\
&\leqslant \Bigg[1 + \sum_{i=1}^n \max_{1\leqslant j\leqslant n}\left(\sigma(1+\eta_{ij}) + \tau L_j \right. \\
&\quad \left. + \tau(1-\gamma)^{-1}\left(|\alpha_{ij}|L_j^2 + |\beta_{ij}|L_j^2 + \eta_{ij}\right)\right) \Bigg]\mathbb{E}\|\varphi - \phi\|^2 \\
&< +\infty \tag{5.1.16}
\end{aligned}
$$

及

$$\mathbb{E}V(t,e(t)) \geqslant \mathbb{E}\left\{ \sum_{i=1}^n e_i^2(t) \right\} = \mathbb{E}\|e(t)\|^2 \tag{5.1.17}$$

因此

$$\mathbb{E}\{\|e(t)\|\} \leqslant \sqrt{1 + \sum_{i=1}^n \max_{1\leqslant j\leqslant n}\left(\sigma(1+\eta_{ij}) + \tau L_j + \tau(1-\gamma)^{-1}\left(|\alpha_{ij}|L_j^2 + |\beta_{ij}|L_j^2 + \eta_{ij}\right)\right)\mathbb{E}\|\varphi - \phi\|} \tag{5.1.18}$$

这说明 $e(t) = 0$ 是局部稳定的且有

$$\frac{\mathrm{d}\mathbb{E}e_i(t)}{\mathrm{d}t} \leqslant +\infty \tag{5.1.19}$$

下面证明当 $t \to +\infty$ 时 $\mathbb{E}\|e(t)\|^2 \to 0$。

首先, 对任意常数 $\theta \in [0,1]$, 由引理 1.4.5 和不等式 (5.1.19) 可知

$$\mathbb{E}\|e(t-\theta)-e(t)\|^2 = \left[\int_t^{t+\theta}\mathrm{d}\mathbb{E}e(s)\right]^{\mathrm{T}}\left[\int_t^{t+\theta}\mathrm{d}\mathbb{E}e(s)\right]$$

$$\leqslant \theta\int_t^{t+\theta}\mathrm{d}\mathbb{E}e(s)\mathrm{d}\mathbb{E}e^{\mathrm{T}}(s)$$

$$\leqslant \int_t^{t+1}\mathrm{d}\mathbb{E}e(s)\mathrm{d}\mathbb{E}e^{\mathrm{T}}(s) \to 0, \quad t \to +\infty$$

即对任意 $\varepsilon > 0$, 存在 $T_1 = T_1(\varepsilon) > 0$ 使得

$$\mathbb{E}\|e(t-\theta)-e(t)\| < \frac{\varepsilon}{2}, \quad t > T_1, \quad \theta \in [0,1] \tag{5.1.20}$$

其次, 由 (5.1.15) 可知

$$\left\|\int_t^{t+1}e(s)\mathrm{d}s\right\|^2 \leqslant \left[\int_t^{t+1}e(s)\mathrm{d}s\right]^{\mathrm{T}}\left[\int_t^{t+1}e(s)\mathrm{d}s\right] \leqslant \int_t^{t+1}e(s)e^{\mathrm{T}}(s)\mathrm{d}s \to 0, \quad t \to +\infty$$

类似于文献 [11], 对任意 $\varepsilon > 0$, 存在 $T_2 = T_2(\varepsilon) > 0$ 及向量 $\zeta_t = (\zeta_{t1}, \zeta_{t2}, \cdots, \zeta_{tn})^{\mathrm{T}} \in \mathbb{R}^n$, $\zeta_{tj} \in [t, t+1]$, 使得

$$\|e(\zeta_t)\| = \left\|\int_t^{t+1}e(s)\mathrm{d}s\right\| < \frac{\varepsilon}{2}, \quad t > T_2 \tag{5.1.21}$$

由 (5.1.20) 和 (5.1.21) 可知, 对任意 $\varepsilon > 0$, 存在 $T = \max\{T_1, T_2\} > 0$ 使得当 $t > T$ 时有

$$\lim_{t\to+\infty}\mathbb{E}\|e(t)\| = \lim_{t\to+\infty}\mathbb{E}\|y(t)-x(t)\| = 0$$

因此, 响应系统 (5.1.2) 与驱动系统 (5.1.1) 是全局渐近同步的. 证毕.

5.1.3 数值模拟

考虑如下具有 leakage 时滞的模糊细胞神经网络:

$$\dot{x}_i(t) = -d_i x_i(t-\sigma) + \sum_{j=1}^2 a_{ij}f_j(x_j(t)) + \sum_{j=1}^2 b_{ij}f_j(x_j(t-\tau_{ij}(t)))$$

$$+ \bigwedge_{j=1}^2 \alpha_{ij}f_j(x_j(t-\tau_{ij}(t)))$$

$$+ \bigvee_{j=1}^2 \beta_{ij}f_j(x_j(t-\tau_{ij}(t))) + \sum_{j=1}^2 c_{ij}\mu_j + \bigwedge_{j=1}^2 T_{ij}\mu_j + \bigvee_{j=1}^2 H_{ij}\mu_j \tag{5.1.22}$$

其中 $i = 1, 2$, $f_i(x_i) = \tanh x_i$, $d_1 = d_2 = 1$, $a_{11} = 2$, $a_{12} = -0.11$, $a_{21} = -5$, $a_{22} = 2.2$, $b_{11} = -1.6$, $b_{12} = -0.1$, $b_{21} = -0.18$, $b_{22} = -2.4$, $\mu_1 = 0$, $\mu_2 = 1$, $c_{11} = c_{22} = 0.1$,

$c_{12} = c_{22} = 0$, $\alpha_{11} = 0.02$, $\alpha_{12} = \alpha_{21} = 0$, $\alpha_{22} = 0.8$, $\beta_{11} = 0.02$, $\beta_{12} = 0.01$, $\beta_{21} = 0$, $\beta_{22} = 0.9$, $T_{11} = T_{22} = H_{11} = H_{22} = 0.1$, $T_{12} = T_{21} = H_{12} = H_{21} = 0$, $\sigma = 0.1$, $\tau_{11} = \tau_{12} = 1$, $\tau_{21} = \tau_{22} = 1.5$, 系统的初始条件为 $x_0(\theta) = (0.5, -0.5)$, $\forall \theta \in [-1.5, 0]$. 如图 5-3 所示, 当系统 (5.1.22) 取上述参数时呈现出混沌现象.

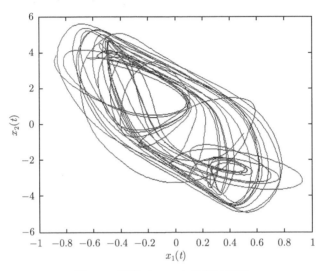

图 5-3　系统 (5.1.22) 的混沌现象

具有随机扰动的响应系统为

$$
\begin{aligned}
\mathrm{d}y_i(t) = &\left[-d_i y_i(t - \sigma) + \sum_{j=1}^{2} a_{ij} f_j(y_j(t)) + \sum_{j=1}^{2} b_{ij} f_j(y_j(t - \tau_{ij}(t))) \right. \\
&+ \bigwedge_{j=1}^{2} \alpha_{ij} f_j(y_j(t - \tau_{ij}(t))) \\
&\left. + \bigvee_{j=1}^{2} \beta_{ij} f_j(y_j(t - \tau_{ij}(t))) + \sum_{j=1}^{2} c_{ij}\mu_j + \bigwedge_{j=1}^{2} T_{ij}\mu_j + \bigvee_{j=1}^{2} H_{ij}\mu_j + \varepsilon_i e_i(t) \right] \mathrm{d}t \\
&+ \sum_{j=1}^{2} h_{ij}\left(t, e_j(t), e_j(t - \sigma), e_j(t - \tau_{ij}(t))\right) \mathrm{d}\omega_j(t)
\end{aligned}
\tag{5.1.23}
$$

初始条件为 $y_0(\theta) = (-1, 0.8)$, $\forall \theta \in [-1.5, 0]$, 且有

$$h_{11}\left(t, e_1(t), e_1(t - \sigma), e_1(t - \tau_{11})\right) = 0.1e_1(t) + 0.2e_1(t - \sigma) + 0.3e_1(t - \tau_{11})$$

$$h_{12}\left(t, e_2(t), e_2(t - \sigma), e_2(t - \tau_{12})\right) = h_{21}(t, e_1(t), e_1(t - \sigma), e_1(t - \tau_{21})) = 0$$

$$h_{22}\left(t, e_2(t), e_2(t - \sigma), e_2(t - \tau_{22})\right) = 0.2e_2(t) + 0.3e_2(t - \sigma) + 0.4e_2(t - \tau_{22})$$

令 $\lambda_i = 1$, $\varepsilon_i(0) = 0.1 (i = 1, 2)$, 图 5-4 描述了具有随机扰动的响应系统的混沌行为.

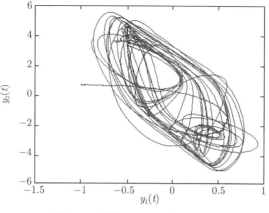

图 5-4 系统 (5.1.23) 的混沌现象

通过计算可以得知定理 5.1.1 成立, 因此系统 (5.1.22) 和 (5.1.23) 在自适应控制器 (5.1.4)–(5.1.5) 的控制下是全局同步的. 图 5-5 描述了驱动系统 (5.1.22) 和

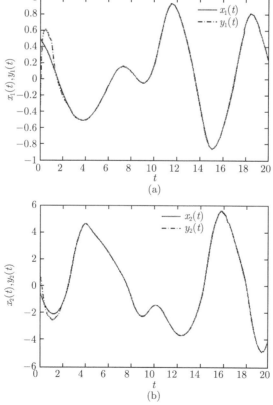

图 5-5 驱动系统 (5.1.22) 和响应系统 (5.1.23) 的时间状态曲线

响应系统 (5.1.23) 的时间响应曲线, 图 5-6 描述了误差系统的收敛行为, 数值模拟说明了自适应控制设计应用于具有 leakage 时滞的模糊细胞神经网络系统的同步问题的有效性.

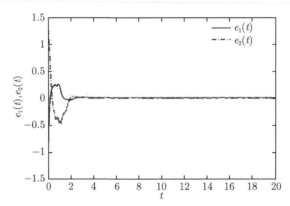

图 5-6　系统 (5.1.22) 和 (5.1.23) 之间误差的收敛行为

5.2　具有混合时滞的随机神经网络的同步控制

5.2.1　问题的描述

考虑具有混合时滞(leakage 时滞、离散时变时滞和分布时变时滞)的神经网络[12]:

$$\dot{x}(t) = -Cx(t-\sigma) + Af(x(t)) + Bf(x(t-\tau_1(t))) + D\int_{t-\tau_2(t)}^{t} f(x(s))\mathrm{d}s + J \quad (5.2.1)$$

式中, $x(t) = (x_1(t), x_2(t), \cdots, x_n(t))^{\mathrm{T}} \in \mathbb{R}^n$ 为神经元状态向量; $C = \mathrm{diag}(c_1, c_2, \cdots, c_n)$ 为正的对角矩阵; $A = (a_{ij})_{n \times n}$, $B = (b_{ij})_{n \times n}$ 和 $D = (d_{ij})_{n \times n}$ 分别为连接矩阵、时变时滞连接矩阵和分布时滞连接矩阵; A, B, C 和 D 均为未知矩阵; $J = (J_1, J_2, \cdots, J_n)^{\mathrm{T}}$ 为外部输入常向量; $\sigma \geqslant 0$ 为正常量, 表示 leakage 时滞; $\tau_1(t)$ 和 $\tau_2(t)$ 表示传输时滞; $f(x(\cdot)) = (f_1(x_1(\cdot)), f_2(x_2(\cdot)), \cdots, f_n(x_n(\cdot)))^{\mathrm{T}}$ 为激励函数, 满足假设条件 (H4.1.1).

系统 (5.1.1) 的初始条件为

$$x(t) = x_0(t) \in \mathcal{C}([-\tau_{\max}, 0], \mathbb{R})$$

式中, $\tau_{\max} = \max\{\tau_1(t), \tau_2(t), \sigma\}$, $\mathcal{C}([-\tau_{\max}, 0], \mathbb{R})$ 表示由区间 $[-\tau_{\max}, 0]$ 到空间 $\mathbb{R}$ 的连续映射的全体组成的集合.

响应系统为

$$
\mathrm{d}y(t) = \left[-\hat{C}y(t-\sigma) + \hat{A}f(y(t)) + \hat{B}f(y(t-\tau_1(t))) + \hat{D}\int_{t-\tau_2(t)}^{t} f(y(s))\mathrm{d}s + J_1 + u(t) \right]\mathrm{d}t
$$
$$
+ H\left(t, e(t), e(t-\sigma), e(t-\tau_1(t))\right)\mathrm{d}\omega(t) \tag{5.2.2}
$$

式中, $\hat{C} = \mathrm{diag}(\hat{c}_1, \hat{c}_2, \cdots, \hat{c}_n)$, $\hat{A} = (\hat{a}_{ij})_{n\times n}$, $\hat{B} = (\hat{b}_{ij})_{n\times n}$ 和 $\hat{D} = (\hat{d}_{ij})_{n\times n}$ 分别为未知矩阵 A, B, C 和 D 的估计; $e(t) = (e_1(t), e_2(t), \cdots, e_n(t))^\mathrm{T} = y(t) - x(t)$ 为误差状态向量; $u(t) = (u_1(t), u_2(t), \cdots, u_n(t))^\mathrm{T}$ 为外部控制向量; $H = (h_{ik})_{n\times n}$ 为扩散系数矩阵 (或称 "噪声密度矩阵"), 随机干扰 $\omega(t) = [\omega_1(t), \omega_2(t), \cdots, \omega_n(t)]^\mathrm{T} \in \mathbb{R}^n$ 为定义在完备的概率空间 $(\Omega, \mathcal{F}, (\mathcal{F}_t)_{t\in\mathbb{R}^+}, \mathcal{P})$ 上具有自然流 $(\mathcal{F}_t)_{t\in\mathbb{R}^+}$ 的 Brown 运动且满足

$$
\mathbb{E}\{\mathrm{d}\omega(t)\} = 0, \quad \mathbb{E}\{\mathrm{d}\omega^2(t)\} = \mathrm{d}t
$$

将驱动系统 (5.2.1) 代入响应系统 (5.2.2), 得到误差系统为

$$
\mathrm{d}e(t) = \Big[-Ce(t-\sigma) + Ag(e(t)) + Bg(e(t-\tau_1(t)))
$$
$$
+ D\int_{t-\tau_2(t)}^{t} g(e(s))\mathrm{d}s - (\hat{C} - C)y(t-\sigma)
$$
$$
+ (\hat{A} - A)f(y(t)) + (\hat{B} - B)f(y(t-\tau_1(t)))
$$
$$
+ (\hat{D} - D)\int_{t-\tau_2(t)}^{t} f(y(s))\mathrm{d}s + u(t) \Big]\mathrm{d}t
$$
$$
+ H\left(t, e(t), e(t-\sigma), e(t-\tau_1(t))\right)\mathrm{d}\omega(t) \tag{5.2.3}
$$

为方便讨论, 首先给出几个假设:

(H5.2.1) 对任意 $(t, u_1, u_2, u_3) \in \mathbb{R}^+ \times \mathbb{R}^n \times \mathbb{R}^n \times \mathbb{R}^n$, $H(t, u_1, u_2, u_3)$ 满足

$$
\mathrm{trace}\left[H^\mathrm{T}(t, u_1, u_2, u_3)H(t, u_1, u_2, u_3)\right] \leqslant \|M_1 u_1\|^2 + \|M_2 u_2\|^2 + \|M_3 u_3\|^2
$$

式中, M_1, M_2 和 M_3 为具有适当维数的实矩阵.

(H5.2.2) 对任意 t, 时变时滞 $\tau_1(t)$ 和 $\tau_2(t)$ 满足 $0 \leqslant \tau_1(t) \leqslant \bar{\tau}_1$, $0 \leqslant \tau_2(t) \leqslant \bar{\tau}_2$, $\dot{\tau}_1(t) \leqslant \varrho_1 < 1$, $\dot{\tau}_2(t) \leqslant \varrho_2$, 其中 $\bar{\tau}_1$ 和 $\bar{\tau}_2$ 为正常数, ϱ_1 和 ϱ_2 为实数.

5.2.2 自适应同步控制策略及参数识别

定理 5.2.1 在反馈控制器

$$
u(t) = \varepsilon e(t) \tag{5.2.4}
$$

的控制下, 系统 (5.2.1) 和 (5.2.2) 是全局同步的, 其中反馈增益矩阵 $\varepsilon = \text{diag}(\varepsilon_1, \varepsilon_2, \cdots, \varepsilon_n)$ 满足自适应更新律:

$$\dot{\varepsilon}_i = -\lambda_i e_i^2(t) \tag{5.2.5}$$

未知参数的估计情况为

$$\begin{cases} \dfrac{\mathrm{d}\hat{c}_i}{\mathrm{d}t} = k_i e_i(t) y_i(t) \\[2mm] \dfrac{\mathrm{d}\hat{a}_{ik}}{\mathrm{d}t} = -q_{ij} e_i(t) f_j(y_j(t)) \\[2mm] \dfrac{\mathrm{d}\hat{b}_{ij}}{\mathrm{d}t} = -r_{ij} e_i(t) f_j(y_j(t - \tau_1(t))) \\[2mm] \dfrac{\mathrm{d}\hat{d}_{ij}}{\mathrm{d}t} = -s_{ij} e_i(t) \displaystyle\int_{t-\tau_2(t)}^{t} f_j(y_j(s)) \mathrm{d}s \end{cases} \tag{5.2.6}$$

式中, $\lambda = \text{diag}(\lambda_1, \lambda_2, \cdots, \lambda_n) > 0$, $K = \text{diag}(k_1, k_2, \cdots k_n)$, $Q = (q_{ij})_{n \times n}$, $R = (r_{ij})_{n \times n}$, $S = (s_{ij})_{n \times n}$ 为任意矩阵. 同时, 对任意 $i, j = 1, 2, \cdots, n$, 有

$$\lim_{t \to +\infty} (\hat{a}_{ij} - a_{ij}) = 0, \quad \lim_{t \to +\infty} (\hat{b}_{ij} - b_{ij}) = 0, \quad \lim_{t \to +\infty} (\hat{c}_i - c_i) = 0, \quad \lim_{t \to +\infty} (\hat{d}_{ij} - d_{ij}) = 0$$

证明　定义正定的 Lyapunov-Krasovskii 泛函 $V(t, e(t)) \in \mathcal{C}^{1,2}(\mathbb{R}^+ \times \mathbb{R}^n; \mathbb{R}^+)$:

$$V(t, e(t)) = \frac{1}{2} e^{\mathrm{T}}(t) e(t) + \int_{t-\sigma}^{t} e^{\mathrm{T}}(s) P_1 e(s) \mathrm{d}s + \int_{t-\tau_1(t)}^{t} e^{\mathrm{T}}(s) P_2 e(s) \mathrm{d}s$$

$$+ \int_{-\bar{\tau}_2}^{0} \int_{t+s}^{t} g^{\mathrm{T}}(e(\eta)) P_3 g(e(\eta)) \mathrm{d}\eta \mathrm{d}s + \frac{1}{2} \sum_{i=1}^{n} \left[\frac{1}{\lambda_i} (\varepsilon_i + \rho_i)^2 + \frac{1}{k_i} (\hat{c}_i - c_i)^2 \right]$$

$$+ \frac{1}{2} \sum_{i=1}^{n} \sum_{j=1}^{n} \left[\frac{1}{q_{ij}} (\hat{a}_{ij} - a_{ij})^2 + \frac{1}{r_{ij}} (\hat{b}_{ij} - b_{ij})^2 + \frac{1}{s_{ij}} \right] \tag{5.2.7}$$

式中, $P_i (i = 1, 2, 3)$ 为正定实矩阵, $\rho_i (i = 1, 2, \cdots, n)$ 为待定实常数.

令

$$\phi(t, s) = \int_{t+s}^{t} g^{\mathrm{T}}(e(\eta)) P_3 g(e(\eta)) \mathrm{d}\eta$$

易知

$$\int_{-\bar{\tau}_2}^{0} \int_{t+s}^{t} g^{\mathrm{T}}(e(\eta)) P_3 g(e(\eta)) \mathrm{d}\eta \mathrm{d}s$$

$$= \frac{\mathrm{d}}{\mathrm{d}t} \int_{-\bar{\tau}_2}^{0} \phi(t, s) \mathrm{d}s$$

$$= -\frac{\mathrm{d}}{\mathrm{d}t}\int_0^{-\bar{\tau}_2}\phi(t,s)\mathrm{d}s$$

$$= -\phi(t,-\bar{\tau}_2)(-\bar{\tau}_2)' - \int_0^{-\bar{\tau}_2}\phi'(t,s)\mathrm{d}s$$

$$= \int_{-\bar{\tau}_2}^0 \phi'(t,s)\mathrm{d}s$$

$$= \int_{-\bar{\tau}_2}^0 \left[g^{\mathrm{T}}(e(t))P_3 g(e(t)) - g^{\mathrm{T}}(e(t+s))P_3 g(e(t+s))\right]\mathrm{d}s$$

$$= \bar{\tau}_2 g^{\mathrm{T}}(e(t))P_3 g(e(t)) - \int_{t-\bar{\tau}_2}^t g^{\mathrm{T}}(e(s))P_3 g(e(s))\mathrm{d}s$$

$$\leqslant \bar{\tau}_2 g^{\mathrm{T}}(e(t))P_3 g(e(t)) - \int_{t-\tau_2(t)}^t g^{\mathrm{T}}(e(s))P_3 g(e(s))\mathrm{d}s \qquad (5.2.8)$$

利用 Itô 公式可知, $V(t,e(t))$ 沿误差系统 (5.2.3) 的轨线的随机导数为

$$\mathrm{d}V(t,e(t)) = \mathcal{L}V(t,e(t))\mathrm{d}t + H\left(t,e(t),e(t-\sigma),e(t-\tau_1(t))\right)\mathrm{d}\omega(t) \qquad (5.2.9)$$

式中, 算子 $\mathcal{L}$ 为

$$\mathcal{L}V(t,e(t)) = e^{\mathrm{T}}(t)\Bigg[-Ce(t-\sigma)+Ag(e(t))+Bg(e(t-\tau_1(t)))+D\int_{t-\tau_2(t)}^t g(e(s))\mathrm{d}s$$

$$- (\hat{C}-C)y(t-\sigma) + (\hat{A}-A)f(y(t)) + (\hat{B}-B)f(y(t-\tau_1(t)))$$

$$+ (\hat{D}-D)\int_{t-\tau_2(t)}^t f(y(s))\mathrm{d}s + \varepsilon e(t)\Bigg] + e^{\mathrm{T}}(t)P_1 e(t) - e^{\mathrm{T}}(t-\sigma)P_1 e(t-\sigma)$$

$$+ e^{\mathrm{T}}(t)P_2 e(t) - (1-\dot{\tau}_1(t))e^{\mathrm{T}}(t-\tau_1(t))P_2 e(t-\tau_1(t)) + \bar{\tau}_2 g^{\mathrm{T}}(e(t))P_3 g(e(t))$$

$$- \int_{t-\bar{\tau}_2}^t g^{\mathrm{T}}(e(s))P_3 g(e(s))\mathrm{d}s - \sum_{i=1}^n (\varepsilon_i+\rho_i)e_i^2(t) + \sum_{i=1}^n (\hat{c}_i-c_i)e_i(t)y_i(t-\sigma)$$

$$- \sum_{i=1}^n\sum_{j=1}^n (\hat{a}_{ij}-a_{ij})e_i(t)f_j(y_j(t)) - \sum_{i=1}^n\sum_{j=1}^n (\hat{b}_{ij}-b_{ij})e_i(t)f_j(y_j(t-\tau_1(t)))$$

$$- \sum_{i=1}^n\sum_{j=1}^n (\hat{d}_{ij}-d_{ij})e_i(t)\int_{t-\tau_2(t)}^t f_j(y_j(s))\mathrm{d}s$$

$$+ \frac{1}{2}\mathrm{trace}\big[H^{\mathrm{T}}\left(t,e(t),e(t-\sigma),e(t-\tau_1(t))\right)H\left(t,e(t),e(t-\sigma),e(t-\tau_1(t))\right)\big]$$

由假设 (H5.2.1) 可知

$$\text{trace}\left[H^{\mathrm{T}}\left(t, e(t), e(t-\sigma), e(t-\tau_1(t))\right) H\left(t, e(t), e(t-\sigma), e(t-\tau_1(t))\right)\right]$$

$$\leqslant e^{\mathrm{T}}(t)M_1^{\mathrm{T}}M_1 e(t) + e^{\mathrm{T}}(t-\sigma)M_2^{\mathrm{T}}M_2 e(t-\sigma)$$

$$+ e^{\mathrm{T}}(t-\tau_1(t))M_3^{\mathrm{T}}M_3 e(t-\tau_1(t)) \tag{5.2.10}$$

根据 (5.2.9), (5.2.10) 和假设 (H5.2.2), 可以计算出

$$\mathcal{L}V(t, e(t)) = e^{\mathrm{T}}(t)\left[-Ce(t-\sigma) + Ag(e(t)) + Bg(e(t-\tau_1(t)))\right.$$

$$\left. + D\int_{t-\tau_2(t)}^{t} g(e(s))\mathrm{d}s - \rho e(t)\right]$$

$$+ e^{\mathrm{T}}(t)P_1 e(t) - e^{\mathrm{T}}(t-\sigma)P_1 e(t-\sigma) + e^{\mathrm{T}}(t)P_2 e(t)$$

$$- (1-\varrho_1)e^{\mathrm{T}}(t-\tau_1(t))P_2 e(t-\tau_1(t)) - \int_{t-\tau_2(t)}^{t} g^{\mathrm{T}}(e(s))P_3 g(e(s))\mathrm{d}s$$

$$+ \bar{\tau}_2 g^{\mathrm{T}}(e(t))P_3 g(e(t)) + \frac{1}{2}[e^{\mathrm{T}}(t)M_1^{\mathrm{T}}M_1 e(t) + e^{\mathrm{T}}(t-\sigma)M_2^{\mathrm{T}}M_2 e(t-\sigma)$$

$$+ e^{\mathrm{T}}(t-\tau_1(t))M_3^{\mathrm{T}}M_3 e(t-\tau_1(t))] \tag{5.2.11}$$

式中 $\rho = \text{diag}(\rho_1, \rho_2, \cdots, \rho_n)$.

由引理 4.3.1 和假设 (H4.1.1) 可知

$$-e^{\mathrm{T}}(t)Ce(t-\sigma) \leqslant |e(t)|^{\mathrm{T}}Ce|(t-\sigma)| \leqslant \frac{1}{2}e^{\mathrm{T}}(t)e(t) + \frac{1}{2}e^{\mathrm{T}}(t-\sigma)C^{\mathrm{T}}Ce(t-\sigma) \tag{5.2.12}$$

$$\bar{\tau}_2 g^{\mathrm{T}}(e(t))P_3 g(e(t)) \leqslant \bar{\tau}_2 e^{\mathrm{T}}(t)L^{\mathrm{T}}P_3 Le(t) \tag{5.2.13}$$

$$e^{\mathrm{T}}(t)Ag(e(t)) \leqslant \frac{1}{2}e^{\mathrm{T}}(t)A^{\mathrm{T}}Ae(t) + \frac{1}{2}g^{\mathrm{T}}(e(t))g(e(t))$$

$$\leqslant \frac{1}{2}e^{\mathrm{T}}(t)A^{\mathrm{T}}Ae(t) + \frac{1}{2}e^{\mathrm{T}}(t)L^{\mathrm{T}}Le(t) \tag{5.2.14}$$

以及

$$e^{\mathrm{T}}(t)Bg(e(t-\tau_1(t))) \leqslant \frac{1}{2}e^{\mathrm{T}}(t)B^{\mathrm{T}}Be(t) + \frac{1}{2}g^{\mathrm{T}}(e(t-\tau_1(t)))g(e(t-\tau_1(t)))$$

$$\leqslant \frac{1}{2}e^{\mathrm{T}}(t)B^{\mathrm{T}}Be(t) + \frac{1}{2}e^{\mathrm{T}}(t-\tau_1(t))L^{\mathrm{T}}Le(t-\tau_1(t)) \tag{5.2.15}$$

式中 $L = \mathrm{diag}(l_1, l_2, \cdots, l_n)$.

由引理 3.2.3 和引理 4.3.1 可知, 存在正定矩阵 G 使得

$$2e^{\mathrm{T}}(t)D\int_{t-\tau_2(t)}^{t}g(e(s))\mathrm{d}s \leqslant e^{\mathrm{T}}(t)DG^{-1}D^{\mathrm{T}}e(t)+\left[\int_{t-\tau_2(t)}^{t}g(e(s))\mathrm{d}s\right]^{\mathrm{T}}G\left[\int_{t-\tau_2(t)}^{t}g(e(s))\mathrm{d}s\right]$$

$$\leqslant e^{\mathrm{T}}(t)DG^{-1}D^{\mathrm{T}}e(t)+\bar{\tau}_2\int_{t-\tau_2(t)}^{t}g^{\mathrm{T}}(e(s))Gg(e(s))\mathrm{d}s \quad (5.2.16)$$

将不等式 (5.2.12)–(5.2.16) 代入 (5.2.11) 可得

$$\begin{aligned}
\mathcal{L}V(t,e(t)) \leqslant &-e^{\mathrm{T}}(t)\left[\rho-\frac{1}{2}I-\frac{1}{2}A^{\mathrm{T}}A-\frac{1}{2}B^{\mathrm{T}}B-\frac{1}{2}DG^{-1}D^{\mathrm{T}}\right.\\
&-P_1-P_2-\frac{1}{2}L^{\mathrm{T}}L-\bar{\tau}_2L^{\mathrm{T}}P_3L\\
&\left.-\frac{1}{2}M_1^{\mathrm{T}}M_1\right]e(t)+e^{\mathrm{T}}(t-\sigma)\left[\frac{1}{2}C^{\mathrm{T}}C+\frac{1}{2}L^{\mathrm{T}}L+\frac{1}{2}M_2^{\mathrm{T}}M_2-P_1\right]e(t-\sigma)\\
&+e^{\mathrm{T}}(t-\tau_1(t))\left[\frac{1}{2}L^{\mathrm{T}}L+\frac{1}{2}M_3^{\mathrm{T}}M_3-(1-\varrho_1)P_2\right]e(t-\tau_1(t))\\
&+\int_{t-\tau_2(t)}^{t}g^{\mathrm{T}}(e(s))\left[\frac{1}{2}\bar{\tau}_2G+\frac{1}{2}\bar{\tau}_2M_4^{\mathrm{T}}M_4-P_3\right]g(e(s))\mathrm{d}s \quad (5.2.17)
\end{aligned}$$

令

$$P_1 = \frac{1}{2}(C^{\mathrm{T}}C+L^{\mathrm{T}}L+M_2^{\mathrm{T}}M_2)$$

$$P_2 = \frac{1}{2}(1-\varrho_1)^{-1}(L^{\mathrm{T}}L+M_3^{\mathrm{T}}M_3)$$

$$P_3 = \frac{1}{2}\bar{\tau}_2(G+M_4^{\mathrm{T}}M_4)$$

$$\begin{aligned}
\rho = &\frac{1}{2}I+\frac{1}{2}\left[\pi_{\max}(A^{\mathrm{T}}A)+\lambda_{\max}(B^{\mathrm{T}}B)+\lambda_{\max}(DG^{-1}D^{\mathrm{T}})+2\lambda_{\max}(P_1)\right.\\
&\left.+2\pi_{\max}(P_2)+\lambda_{\max}(L^{\mathrm{T}}L)+2\bar{\tau}_2\lambda_{\max}(L^{\mathrm{T}}P_3L)+\lambda_{\max}(M_1^{\mathrm{T}}M_1)\right]I+I
\end{aligned}$$

由 (5.2.17) 得到

$$\mathcal{L}V(t,e(t)) \leqslant -e^{\mathrm{T}}(t)e(t) \quad (5.2.18)$$

根据随机微分方程的 LaSalle 不变性原理可以得出 $e(t) \to 0$ 的结论, 因此有

$$\lim_{t\to+\infty}\mathbb{E}\|e(t)\|^2 = \lim_{t\to+\infty}\mathbb{E}\|y(t)-x(t)\|^2 = 0 \quad (5.2.19)$$

由定义 5.2.1 可知, 响应系统 (5.2.2) 与驱动系统 (5.2.1) 是全局渐近同步的. 同时, 由 (5.2.6) 和 (5.2.19) 可以得到

$$\frac{\mathrm{d}\hat{c}_i}{\mathrm{d}t}, \frac{\mathrm{d}\hat{a}_{ij}}{\mathrm{d}t}, \frac{\mathrm{d}\hat{b}_{ij}}{\mathrm{d}t}, \frac{\mathrm{d}\hat{d}_{ij}}{\mathrm{d}t} \to 0 \quad (i, j = 1, 2, \cdots, n)$$

即 $\hat{C}$, $\hat{A}$, $\hat{B}$ 和 $\hat{D}$ 渐近趋近于某些固定常数. 证毕.

5.2.3　数值模拟

考虑具有如下参数的神经网络:

$$A = \begin{bmatrix} 1.8 & -0.15 \\ -5.2 & 3.5 \end{bmatrix}, \quad B = \begin{bmatrix} -1.7 & -0.12 \\ -0.26 & -2.5 \end{bmatrix}, \quad C = \begin{bmatrix} 2 & 0 \\ 0 & 1 \end{bmatrix}, \quad D = \begin{bmatrix} 0.6 & 0.15 \\ -2 & -0.12 \end{bmatrix}$$

神经元的激励函数选取为 $f(x) = \tanh x$, leakage 时滞、离散时变时滞和分布时变时滞分别选取为 $\sigma = 1$, $\tau_1(t) = 0.9 + 0.2\sin t$ 和 $\tau_2(t) = 2.3 + 0.3\cos t$, 初始条件为

$$x_1(\theta) = 0.5, \quad x_2(\theta) = -0.3, \quad \forall \theta \in [-2.6, 0]$$

如图 5-7 所示, 当系统 (5.2.1) 取上述参数时存在混沌现象. 混沌现象的一个明显特征是初始条件的极端敏感性, 由图 5-8 可以发现, 当初始条件由 $x_1(\theta) = 0.5, x_2(\theta) = -0.3$ 变为 $x_1(\theta) = 0.501, x_2(\theta) = -0.301, \forall \theta \in [-2.6, 0]$ 时, 系统的动力学性态发生了很大的变化, 这正是混沌现象的一个重要特征.

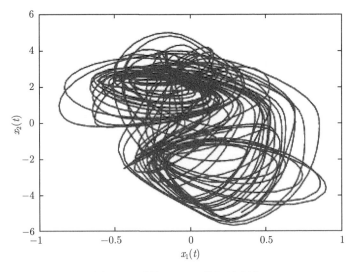

图 5-7　系统 (5.2.1) 的混沌现象

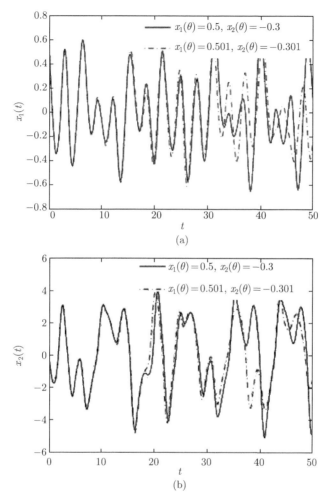

图 5-8 驱动系统 (5.2.1) 分别取初值 $x_1(\theta) = 0.5, x_2(\theta) = -0.3$ 和

$x_1(\theta) = 0.501, x_2(\theta) = -0.301$ 时间的状态曲线 (后附彩图)

响应系统的初始条件选为

$$y_1(\theta) = -0.3, \quad y_2(\theta) = 0.8, \quad \forall \theta \in [-2.6, 0]$$

未知参数的初始条件选取为

$$\hat{C}(0) = \begin{bmatrix} 0.1 & 0 \\ 0 & 0.1 \end{bmatrix}, \quad \hat{A}(0) = \hat{B}(0) = \hat{D}(0) = \begin{bmatrix} 0.1 & 0.1 \\ 0.1 & 0.1 \end{bmatrix}, \quad \forall \theta \in [-2.6, 0]$$

自适应反馈控制强度的初始条件选取为

$$\delta_1(\theta) = \delta_2(\theta) = -0.1, \quad \forall \theta \in [-2.6, 0]$$

令 $\lambda_i = k_i = q_{ij} = r_{ij} = s_{ij} = 1(i,j = 1,2)$, 噪声密度矩阵 $H = (h_{ij})_{2 \times 2}$ 为

$$h_{11}(e_1(t), e_1(t-\sigma), e_1(t-\tau_1(t))) = 0.1e_1(t) + 0.2e_1(t-\sigma) + 0.3e_1(t-\tau_1(t))$$

$$h_{12}(e_2(t), e_2(t-\sigma), e_2(t-\tau_1(t))) = h_{21}(e_1(t), e_1(t-\sigma), e_1(t-\tau_1(t))) = 0$$

$$h_{22}(e_2(t), e_2(t-\sigma), e_2(t-\tau_1(t))) = 0.2e_2(t) + 0.3e_2(t-\sigma) + 0.4e_2(t-\tau_1(t))$$

通过计算可知定理 5.2.1 成立, 因此系统 (5.2.1) 和 (5.2.2) 在自适应控制器 (5.2.4)–(5.2.5) 的控制下是全局同步的. 图 5-9 描述了驱动系统 (5.2.1) 和响应系统 (5.2.2) 的时间响应曲线; 图 5-10 描述了误差系统的收敛行为; 图 5-11 说明自适应参数 $\hat{A}$, $\hat{B}$, $\hat{C}$ 及 $\hat{D}$ 渐近趋近于某些固定的常数. 数值模拟说明了自适应控制设计应用于参数未知的具有混合时滞的神经网络系统的同步问题的有效性.

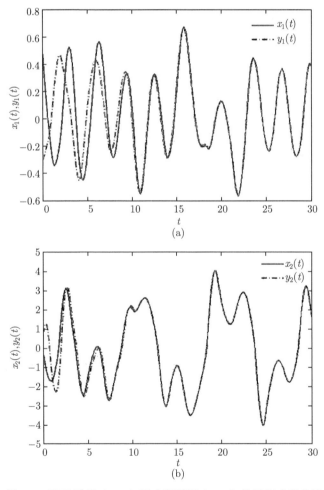

图 5-9　驱动系统 (5.2.1) 和响应系统 (5.2.2) 的时间响应曲线

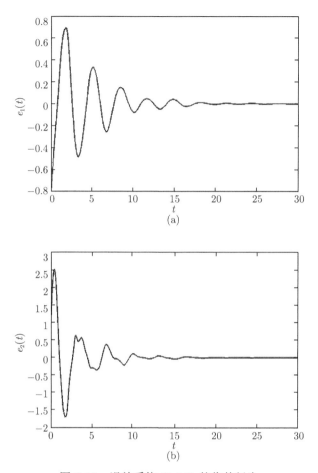

图 5-10 误差系统 (5.2.3) 的收敛行为

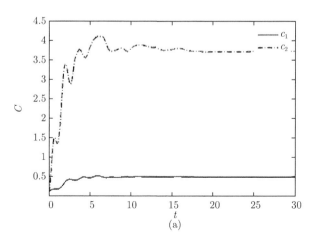

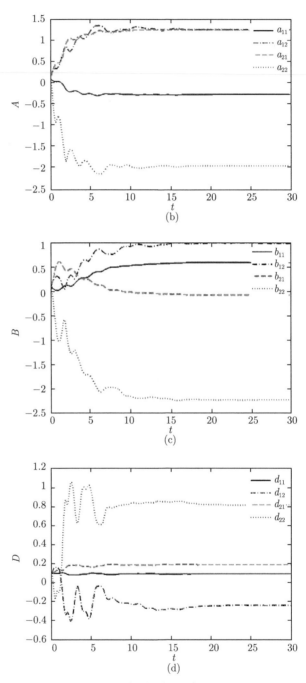

图 5-11　自适应参数 $\hat{A}, \hat{B}, \hat{C}$ 及 $\hat{D}$ 的估计 (后附彩图)

5.3 基于样本点控制的参数不确定性神经网络的同步控制

数字电路能够充分利用现代高速计算机、通信网络和微电子技术, 所实现的控制器比传统的模拟电路具有更大的优势和潜力. 样本点控制器是一种由数字电路实现的控制器, 它能够有效减少由驱动系统传输到响应系统的同步信息量, 并可充分利用带宽, 目前已经在混沌同步领域得到了初步应用[13]. 如图 5-12 所示, 样本点控制不同于传统的状态反馈控制, 它只取误差系统 $e(t)$ 在离散时刻 $t_k(k = 1, 2, \cdots)$ 的样本点状态变量 $e(t_k)$, 在 $[t_k, t_{k+1})$ 的时间内, 控制器则始终保持为与 $e(t_k)$ 相关的常量反馈控制. 本节将利用样本点控制方法研究具有 leakage 时滞和参数不确定性的神经网络模型的同步控制问题.

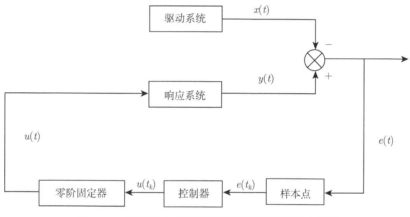

图 5-12 基于样本点控制的时滞神经网络同步框图

5.3.1 问题的描述

考虑具有混合时滞 (leakage 时滞、离散时变时滞和分布时变时滞) 和参数不确定性的神经网络[14]:

$$\dot{x}(t) = -C(t)x(t-\sigma) + A(t)f(x(t)) + B(t)f(x(t - \tau_1(t))) + D(t)\int_{t-\tau_2(t)}^{t} f(x(s))\mathrm{d}s + J$$

$$(5.3.1)$$

式中 $x(t) = (x_1(t), x_2(t), \cdots, x_n(t))^{\mathrm{T}} \in \mathbb{R}^n$ 为神经元状态向量; $C(t) = \mathrm{diag}(c_1(t), c_2(t), \cdots, c_n(t))$ 为正的对角矩阵; $A = (a_{ij}(t))_{n \times n}$, $B = (b_{ij}(t))_{n \times n}$ 和 $D = (d_{ij}(t))_{n \times n}$ 分别为连接矩阵、时变时滞连接矩阵和分布时滞连接矩阵; $\sigma \geqslant 0$ 为正常量, 表示 leakage 时滞; $\tau_1(t)$ 和 $\tau_2(t)$ 表示传输时滞; $f(x(\cdot)) = (f_1(x_1(\cdot)), f_2(x_2(\cdot)), \cdots, f_n(x_n(\cdot)))^{\mathrm{T}}$ 为激励函数向量, 满足 (H4.1.1); $J = (J_1, J_2, \cdots, J_n)^{\mathrm{T}}$ 为外部输入常向量.

不确定矩阵 $A(t)$, $B(t)$, $C(t)$ 和 $D(t)$ 满足

$$A(t) = A + \Delta A(t), \quad B(t) = B + \Delta B(t), \quad C(t) = C + \Delta C(t), \quad D(t) = D + \Delta D(t)$$

$$(5.3.2)$$

其中, $A, B, C, D \in \mathbb{R}^{n \times n}$ 为已知常矩阵, $\Delta A(t)$, $\Delta B(t)$, $\Delta C(t)$ 和 $\Delta D(t)$ 为具有适当维数和形如

$$[\Delta A(t), \Delta B(t), \Delta C(t), \Delta D(t)] = GF(t) [E_1, E_2, E_3, E_4] \qquad (5.3.3)$$

的时变不确定矩阵. 其中, G 和 $E_i (i = 1, 2, 3)$ 为具有适当维数的已知实矩阵, $F(t)$ 满足

$$F^{\mathrm{T}}(t)F(t) \leqslant I \qquad (5.3.4)$$

的未知时变矩阵.

响应系统为

$$\dot{y}(t) = -C(t)y(t - \sigma) + A(t)f(y(t)) + B(t)f(y(t - \tau_1(t)))$$
$$+ D(t) \int_{t - \tau_2(t)}^{t} f(y(s))\mathrm{d}s + u(t) + J \qquad (5.3.5)$$

式中 $y(t) = (y_1(t), y_2(t), \cdots, y_n(t))^{\mathrm{T}} \in \mathbb{R}^n$ 为神经元状态向量; $u(t) = (u_1(t), u_2(t), \cdots, u_n(t))^{\mathrm{T}}$ 为外部控制向量.

令 $e(t) = y(t) - x(t)$, 将驱动系统 (5.3.1) 代入响应系统 (5.1.5), 得到误差系统为

$$\dot{e}(t) = -C(t)e(t - \sigma) + A(t)g(e(t)) + B(t)g(e(t - \tau_1(t))) + D(t) \int_{t - \tau_2(t)}^{t} g(e(s))\mathrm{d}s + u(t)$$

$$(5.3.6)$$

式中 $g(e(\cdot)) = f(y(\cdot)) - f(x(\cdot))$.

样本点控制器:

$$u(t) = Ke(t_k), \quad t_k \leqslant t < t_{k+1} \qquad (5.3.7)$$

式中, $K \in \mathbb{R}^{n \times n}$ 为样本点控制器反馈增益矩阵, t_k 为样本点且满足

$$0 = t_0 < t_1 < \cdots < t_k < \cdots < \lim_{k \to +\infty} t_k = +\infty$$

假设样本点周期为有界的, 对任意 $k \geqslant 0$, 存在正常量 τ_3 满足 $t_{k+1} - t_k \leqslant \tau_3$.

将控制器 (5.3.7) 代入误差系统 (5.3.5) 有

$$\dot{e}(t) = -C(t)e(t - \sigma) + A(t)g(e(t)) + B(t)g(e(t - \tau_1(t))) + D(t) \int_{t - \tau_2(t)}^{t} g(e(s))\mathrm{d}s + Ke(t_k)$$

$$(5.3.8)$$

显然, 由于离散项 $e(t_k)$ 的引入使得系统 (5.3.8) 的同步分析变得比较困难. 为此, 本节将应用输入延迟的方法来处理该离散项.

定义光滑函数:

$$\tau_3(t) = t - t_k, \quad t_k \leqslant t < t_{k+1} \tag{5.3.9}$$

易知

$$0 \leqslant \tau_3(t) < \tau_3 \tag{5.3.10}$$

将 (5.3.9) 代入 (5.3.8) 可知

$$\dot{e}(t) = -C(t)e(t - \sigma) + A(t)g(e(t)) + B(t)g(e(t - \tau_1(t)))$$
$$+ D(t)\int_{t-\tau_2(t)}^{t} g(e(s))\mathrm{d}s + Ke(t - \tau_3(t)) \tag{5.3.11}$$

为方便讨论, 本节假设:

(H5.3.1) 对任意 t, 时变时滞 $\tau_1(t)$ 和 $\tau_2(t)$ 满足 $0 \leqslant \tau_1(t) \leqslant \tau_1$, $0 \leqslant \tau_2(t) \leqslant \tau_2$, $\dot{\tau}_1(t) \leqslant \gamma < 1$, 其中 τ_1 和 τ_2 为正常数, γ 为实数.

5.3.2 样本点同步控制策略

定理 5.3.1 如果存在正定对称矩阵 P, $Q_i(i=1,2,3,4)$, R_1, R_2, S 和矩阵 M, X, 以及正标量 ε, $\delta_i(i=1,2,3)$ 满足线性矩阵不等式

$$\delta_3 L^{\mathrm{T}}L - S < 0$$

$$\Sigma = \begin{bmatrix}
\Xi_1 & -\dfrac{M}{2} & \Xi_2 & \tau_1^{-1}R_1 & 0 & \Xi_3 & 0 & \Xi_4 & \Xi_5 & \Xi_6 & \Xi_7 \\
* & \Xi_8 & -\dfrac{MC}{2} & 0 & 0 & \dfrac{X}{2} & 0 & \dfrac{MD}{2} & \dfrac{MA}{2} & \dfrac{MB}{2} & \dfrac{MC}{2} \\
* & * & \Xi_9 & 0 & 0 & 0 & 0 & -\varepsilon E_3^{\mathrm{T}}E_4 & -\varepsilon E_3^{\mathrm{T}}E_1 & -\varepsilon E_3^{\mathrm{T}}E_2 & 0 \\
* & * & * & \Xi_{10} & \tau_1^{-1}R_1 & 0 & 0 & 0 & 0 & 0 & 0 \\
* & * & * & * & \Xi_{11} & 0 & 0 & 0 & 0 & 0 & 0 \\
* & * & * & * & * & \Xi_{12} & \tau_3^{-1}R_2 & 0 & 0 & 0 & 0 \\
* & * & * & * & * & * & \Xi_{13} & 0 & 0 & 0 & 0 \\
* & * & * & * & * & * & * & \Xi_{14} & \varepsilon E_4^{\mathrm{T}}E_1 & \varepsilon E_4^{\mathrm{T}}E_2 & 0 \\
* & * & * & * & * & * & * & * & \Xi_{15} & \varepsilon E_1^{\mathrm{T}}E_2 & 0 \\
* & * & * & * & * & * & * & * & * & \Xi_{16} & 0 \\
* & * & * & * & * & * & * & * & * & * & -\varepsilon I
\end{bmatrix}$$
$$< 0 \tag{5.3.12}$$

式中

$$\Xi_1 = \sum_{i=1}^{4} Q_i + \tau_2 S - \tau_1^{-1}R_1 - \tau_3^{-1}R_2 + \delta_1 L^{\mathrm{T}}L, \quad \Xi_2 = -PC - \frac{1}{2}MC$$

$$\Xi_3 = \tau_3^{-1}R_2 + X + \frac{1}{2}X, \quad \Xi_4 = PD + \frac{1}{2}MD, \quad \Xi_5 = PA + \frac{1}{2}MA$$

$$\Xi_6 = PB + \frac{1}{2}MB, \quad \Xi_7 = (P + M/2)G, \quad \Xi_8 = \tau_1 R_1 + \tau_3 R_2 - M$$

$$\Xi_9 = -Q_2 + \varepsilon E_3^{\mathrm{T}} E_3, \quad \Xi_{10} = -(1 - \gamma)Q_1 - 2\tau_1^{-1}R_1 + \delta_2 L^{\mathrm{T}} L$$

$$\Xi_{11} = -Q_3 - \tau_1^{-1}R_1, \quad \Xi_{12} = -2\tau_3^{-1}R_2, \quad \Xi_{13} = -Q_4 - \tau_3^{-1}R_2$$

$$\Xi_{14} = -\delta_3 \tau_2^{-1} + \varepsilon E_4^{\mathrm{T}} E_4, \quad \Xi_{15} = -\delta_1 I + \varepsilon E_1^{\mathrm{T}} E_1, \quad \Xi_{16} = -\delta_2 I + \varepsilon E_2^{\mathrm{T}} E_2$$

则在样本点控制器 (5.3.7) 的控制下, 系统 (5.3.1) 和 (5.3.5) 是完全同步的. 同时, 样本点控制器反馈增益矩阵为

$$K = M^{-1}X \tag{5.3.13}$$

证明　由方程 (5.3.2) 和 (5.3.3) 以及引理 1.4.4 可知

$$
\begin{bmatrix}
0 & 0 & -\left(P+\frac{M}{2}\right)\Delta C(t) & 0 & 0 & 0 & 0 & \left(P+\frac{M}{2}\right)\Delta D(t) & \left(P+\frac{M}{2}\right)\Delta A(t) & \left(P+\frac{M}{2}\right)\Delta B(t) \\
* & 0 & -\frac{M\Delta C(t)}{2} & 0 & 0 & 0 & 0 & \frac{M\Delta D(t)}{2} & \frac{M\Delta A(t)}{2} & \frac{M\Delta B(t)}{2} \\
* & * & 0 & 0 & 0 & 0 & 0 & 0 & 0 & 0 \\
* & * & * & 0 & 0 & 0 & 0 & 0 & 0 & 0 \\
* & * & * & * & 0 & 0 & 0 & 0 & 0 & 0 \\
* & * & * & * & * & 0 & 0 & 0 & 0 & 0 \\
* & * & * & * & * & * & 0 & 0 & 0 & 0 \\
* & * & * & * & * & * & * & 0 & 0 & 0 \\
* & * & * & * & * & * & * & * & 0 & 0 \\
* & * & * & * & * & * & * & * & * & 0
\end{bmatrix}
$$

$$
=
\begin{bmatrix}
(P+M/2)G \\
MG/2 \\
0 \\
0 \\
0 \\
0 \\
0 \\
0 \\
0 \\
0
\end{bmatrix}
F(t)
\begin{bmatrix}
0 \\
0 \\
-E_3^{\mathrm{T}} \\
0 \\
0 \\
0 \\
0 \\
E_4^{\mathrm{T}} \\
E_1^{\mathrm{T}} \\
E_2^{\mathrm{T}}
\end{bmatrix}^{\mathrm{T}}
+
\begin{bmatrix}
0 \\
0 \\
-E_3^{\mathrm{T}} \\
0 \\
0 \\
0 \\
0 \\
E_4^{\mathrm{T}} \\
E_1^{\mathrm{T}} \\
E_2^{\mathrm{T}}
\end{bmatrix}
F^{\mathrm{T}}(t)
\begin{bmatrix}
(P+M/2)G \\
MG/2 \\
0 \\
0 \\
0 \\
0 \\
0 \\
0 \\
0 \\
0
\end{bmatrix}^{\mathrm{T}}
$$

$$
\leqslant \varepsilon^{-1}
\begin{bmatrix}
(P+M/2)G \\
MG/2 \\
0 \\
0 \\
0 \\
0 \\
0 \\
0 \\
0 \\
0
\end{bmatrix}
\begin{bmatrix}
(P+M/2)G \\
MG/2 \\
0 \\
0 \\
0 \\
0 \\
0 \\
0 \\
0 \\
0
\end{bmatrix}^{\mathrm{T}}
+\varepsilon
\begin{bmatrix}
0 \\
0 \\
-E_3^{\mathrm{T}} \\
0 \\
0 \\
0 \\
0 \\
E_4^{\mathrm{T}} \\
E_1^{\mathrm{T}} \\
E_2^{\mathrm{T}}
\end{bmatrix}
\begin{bmatrix}
0 \\
0 \\
-E_3^{\mathrm{T}} \\
0 \\
0 \\
0 \\
0 \\
E_4^{\mathrm{T}} \\
E_1^{\mathrm{T}} \\
E_2^{\mathrm{T}}
\end{bmatrix}^{\mathrm{T}}
$$

因此, 由引理 1.4.3 和定理 5.3.1 可知

$$
\begin{bmatrix}
\Pi_1 & -\dfrac{M}{2} & \Pi_2' & \tau_1^{-1}R_1 & 0 & \Pi_3 & 0 & \Pi_4' & \Pi_5' & \Pi_6' \\
* & \Pi_7 & -\dfrac{MC(t)}{2} & 0 & 0 & \dfrac{MK}{2} & 0 & \dfrac{MD(t)}{2} & \dfrac{MA(t)}{2} & \dfrac{MB(t)}{2} \\
* & * & -Q_2 & 0 & 0 & 0 & 0 & 0 & 0 & 0 \\
* & * & * & \Pi_8 & \tau_1^{-1}R_1 & 0 & 0 & 0 & 0 & 0 \\
* & * & * & * & \Pi_9 & 0 & 0 & 0 & 0 & 0 \\
* & * & * & * & * & \Pi_{10} & \tau_3^{-1}R_2 & 0 & 0 & 0 \\
* & * & * & * & * & * & \Pi_{11} & 0 & 0 & 0 \\
* & * & * & * & * & * & * & -\delta_3\tau_2^{-1} & 0 & 0 \\
* & * & * & * & * & * & * & * & -\delta_1 I & 0 \\
* & * & * & * & * & * & * & * & * & -\delta_2 I
\end{bmatrix}
\overset{\text{def}}{=}\Sigma_0<0
$$

式中

$$
\Pi_1 = \sum_{i=1}^{4} Q_i + \tau_2 S - \tau_1^{-1}R_1 - \tau_3^{-1}R_2 + \delta_1 L^{\mathrm{T}}L, \quad \Pi_2 = -PC - \frac{1}{2}MC
$$

$$
\Pi_3 = \tau_3^{-1}R_2 + PK + \frac{1}{2}MK, \quad \Pi_4 = PD + \frac{1}{2}MD, \quad \Pi_5 = PA + \frac{1}{2}MA
$$

$$
\Pi_6 = PB + \frac{1}{2}MB, \quad \Pi_7 = \tau_1 R_1 + \tau_3 R_2 - M
$$

$$
\Pi_8 = -(1-\gamma)Q_1 - 2\tau_1^{-1}R_1 + \delta_2 L^{\mathrm{T}}L, \quad \Pi_9 = -Q_3 - \tau_1^{-1}R_1
$$

$$
\Pi_{10} = -2\tau_3^{-1}R_2, \quad \Pi_{11} = -Q_4 - \tau_3^{-1}R_2
$$

$$
\Pi_2' = -PC(t) - \frac{1}{2}MC(t), \quad \Pi_4' = PD(t) + \frac{1}{2}MD(t)
$$

$$
\Pi_5' = PA(t) + \frac{1}{2}MA(t), \quad \Pi_6' = PB(t) + \frac{1}{2}MB(t)
$$

定义正定的 Lyapunov-Krasovskii 泛函 $V(t, e(t)) \in \mathcal{C}^{1,2}(\mathbb{R}^+ \times \mathbb{R}^n; \mathbb{R}^+)$:

$$V(t, e(t)) = V_1(t, e(t)) + V_2(t, e(t)) + V_3(t, e(t)) + V_4(t, e(t)) \tag{5.3.14}$$

式中

$$V_1(t, e(t)) = e^{\mathrm{T}}(t)Pe(t)$$

$$V_2(t, e(t)) = \int_{t-\tau_1(t)}^t e^{\mathrm{T}}(s)Q_1 e(s)\mathrm{d}s + \int_{t-\sigma}^t e^{\mathrm{T}}(s)Q_2 e(s)\mathrm{d}s$$

$$+ \int_{t-\tau_1}^t e^{\mathrm{T}}(s)Q_3 e(s)\mathrm{d}s + \int_{t-\tau_3}^t e^{\mathrm{T}}(s)Q_4 e(s)\mathrm{d}s$$

$$V_3(t, e(t)) = \int_{-\tau_1}^0 \int_{t+s}^t \dot{e}^{\mathrm{T}}(\eta)R_1 \dot{e}(\eta)\mathrm{d}\eta\mathrm{d}s + \int_{-\tau_3}^0 \int_{t+s}^t \dot{e}^{\mathrm{T}}(\eta)R_2 \dot{e}(\eta)\mathrm{d}\eta\mathrm{d}s$$

$$V_4(t, e(t)) = \int_{-\tau_2}^0 \int_{t+s}^t e^{\mathrm{T}}(\eta)Se(\eta)\mathrm{d}\eta\mathrm{d}s$$

考虑假设 (H5.3.1), 计算 $V(t, e(t))$ 沿系统 (5.3.11) 的导数为

$$\dot{V}(t, e(t)) \leqslant 2e^{\mathrm{T}}(t)P\dot{e}(t) + e^{\mathrm{T}}(t)\sum_{i=1}^4 Q_i e(t) - (1-\gamma)e^{\mathrm{T}}(t-\tau_1(t))Q_1 e(t-\tau_1(t))$$

$$- e^{\mathrm{T}}(t-\sigma)Q_2 e(t-\sigma) - e^{\mathrm{T}}(t-\tau_1)Q_3 e(t-\tau_1) - e^{\mathrm{T}}(t-\tau_3)Q_4 e(t-\tau_3)$$

$$+ \dot{e}^{\mathrm{T}}(t)(\tau_1 R_1 + \tau_3 R_2)\dot{e}(t) - \int_{t-\tau_1}^t \dot{e}^{\mathrm{T}}(s)R_1 \dot{e}(s)\mathrm{d}s - \int_{t-\tau_3}^t \dot{e}^{\mathrm{T}}(s)R_2 \dot{e}(s)\mathrm{d}s$$

$$+ \tau_2 e^{\mathrm{T}}(t)Se(t) - \int_{t-\tau_2(t)}^t e^{\mathrm{T}}(s)Se(s)\mathrm{d}s \tag{5.3.15}$$

依据引理 1.4.5, 由方程 (5.3.10) 和 (H5.3.1) 可得

$$- \int_{t-\tau_1}^t \dot{e}^{\mathrm{T}}(s)R_1 \dot{e}(s)\mathrm{d}s = - \int_{t-\tau_1}^{t-\tau_1(t)} \dot{e}^{\mathrm{T}}(s)R_1 \dot{e}(s)\mathrm{d}s - \int_{t-\tau_1(t)}^t \dot{e}^{\mathrm{T}}(s)R_1 \dot{e}(s)\mathrm{d}s$$

$$\leqslant - \tau_1^{-1}(e(t-\tau_1(t)) - e(t-\tau_1))^{\mathrm{T}} R_1(e(t-\tau_1(t)) - e(t-\tau_1))$$

$$- \tau_1^{-1}(e(t) - e(t-\tau_1(t)))^{\mathrm{T}} R_1(e(t) - e(t-\tau_1(t))) \tag{5.3.16}$$

及

$$- \int_{t-\tau_3}^t \dot{e}^{\mathrm{T}}(s)R_2 \dot{e}(s)\mathrm{d}s = - \int_{t-\tau_3}^{t-\tau_3(t)} \dot{e}^{\mathrm{T}}(s)R_2 \dot{e}(s)\mathrm{d}s - \int_{t-\tau_3(t)}^t \dot{e}^{\mathrm{T}}(s)R_2 \dot{e}(s)\mathrm{d}s$$

$$\leqslant - \tau_3^{-1}(e(t-\tau_3(t))-e(t-\tau_3))^{\mathrm{T}}R_2(e(t-\tau_3(t))-e(t-\tau_3))$$

$$- \tau_3^{-1}(e(t)-e(t-\tau_3(t)))^{\mathrm{T}}R_2(e(t)-e(t-\tau_3(t))) \quad (5.3.17)$$

由 (H5.3.1) 可得如下不等式

$$g^{\mathrm{T}}(e(t))g(e(t)) - e^{\mathrm{T}}(t)L^{\mathrm{T}}Le(t) \leqslant 0$$

$$g^{\mathrm{T}}(e(t-\tau_1(t)))g(e(t-\tau_1(t))) - e^{\mathrm{T}}(t-\tau_1(t))L^{\mathrm{T}}Le(t-\tau_1(t)) \leqslant 0 \quad (5.3.18)$$

$$\int_{t-\tau_2(t)}^{t} g^{\mathrm{T}}(e(s))g(e(s))\mathrm{d}s - \int_{t-\tau_2(t)}^{t} e^{\mathrm{T}}(s)L^{\mathrm{T}}Le(s)\mathrm{d}s \leqslant 0$$

式中 $L = \mathrm{diag}\,(l_1, l_2, \cdots, l_n)$. 同时, 对任意正常量 δ_1, δ_2 和 δ_3, 如下不等式成立

$$-\delta_1 \left[g^{\mathrm{T}}(e(t))g(e(t)) - e^{\mathrm{T}}(t)L^{\mathrm{T}}Le(t) \right] \geqslant 0$$

$$-\delta_2 \left[g^{\mathrm{T}}(e(t-\tau_1(t)))g(e(t-\tau_1(t))) - e^{\mathrm{T}}(t-\tau_1(t))L^{\mathrm{T}}Le(t-\tau_1(t)) \right] \geqslant 0 \quad (5.3.19)$$

$$-\delta_3 \left[\int_{t-\tau_2(t)}^{t} g^{\mathrm{T}}(e(s))g(e(s))\mathrm{d}s - \int_{t-\tau_2(t)}^{t} e^{\mathrm{T}}(s)L^{\mathrm{T}}Le(s)\mathrm{d}s \right] \geqslant 0$$

由引理 1.4.5 可知

$$-\delta_3 \int_{t-\tau_2(t)}^{t} g^{\mathrm{T}}(e(s))g(e(s))\mathrm{d}s \leqslant -\delta_3\tau_2^{-1} \left[\int_{t-\tau_2(t)}^{t} g(e(s))\mathrm{d}s \right]^{\mathrm{T}} \left[\int_{t-\tau_2(t)}^{t} g(e(s))\mathrm{d}s \right] \quad (5.3.20)$$

对任意具有适当维数的矩阵 M, 如下方程成立

$$\left[-\dot{e}(t) - C(t)e(t-\sigma) + A(t)g(e(t)) + B(t)g(e(t-\tau_1(t))) \right.$$

$$\left. + D(t)\int_{t-\tau_2(t)}^{t} g(e(s))\mathrm{d}s + Ke(t-\tau_3(t)) \right] M \left[e^{\mathrm{T}}(t) + \dot{e}^{\mathrm{T}}(t) \right]$$

$$= 0 \quad (5.3.21)$$

通过代入不等式 (5.3.16)–(5.3.21) 和条件 (5.3.12), 由式 (5.3.15) 可知

$$V(t, e(t)) \leqslant \xi^{\mathrm{T}}(t)\Sigma_0\xi(t) \quad (5.3.22)$$

式中

$$\xi(t) = \left[e^{\mathrm{T}}(t), \dot{e}^{\mathrm{T}}(t), e^{\mathrm{T}}(t-\sigma), e^{\mathrm{T}}(t-\tau_1(t)), e^{\mathrm{T}}(t-\tau_1), e^{\mathrm{T}}(t-\tau_3(t)), \right.$$

$$\left. e^{\mathrm{T}}(t-\tau_3), \left(\int_{t-\tau_2(t)}^{t} g(e(s))\mathrm{d}s \right)^{\mathrm{T}}, g^{\mathrm{T}}(e(t)), g^{\mathrm{T}}(e(t-\tau_1(t))) \right]^{\mathrm{T}}$$

由 Lyapunov 稳定性理论可知 $e(t) \to 0$, 即

$$\lim_{t \to +\infty} \mathbb{E} \|e(t)\|^2 = \lim_{t \to +\infty} \mathbb{E} \|y(t) - x(t)\|^2 = 0 \tag{5.3.23}$$

因此, 在样本点控制器 (5.3.7) 的控制下, 系统 (5.3.1) 和 (5.3.5) 是完全同步的. 证毕.

5.3.3　数值模拟

考虑具有如下参数的时滞竞争神经网络 (驱动系统):

$$x(t) = -(C + GF(t)E_3)x(t-\sigma) + (A + GF(t)E_1)f(x(t))$$

$$+ (B + GF(t)E_2)f(x(t-\tau_1(t))) + (D + GF(t)E_4)\int_{t-\tau_2(t)}^{t} f(x(s))\mathrm{d}s \tag{5.3.24}$$

式中, 神经元激励函数为 $f(x) = \tanh x$, 参数为

$$A = \begin{bmatrix} 1.8 & -0.15 \\ -5.2 & 3.5 \end{bmatrix}, \quad B = \begin{bmatrix} -1.7 & -0.12 \\ -0.26 & -2.5 \end{bmatrix}, \quad C = \begin{bmatrix} 2 & 0 \\ 0 & 1 \end{bmatrix}, \quad D = \begin{bmatrix} d_{11} & 0.15 \\ -2 & -0.12 \end{bmatrix}$$

$$G = \begin{bmatrix} 0.1 & 0 \\ 0 & 0.1 \end{bmatrix}, \quad F = \begin{bmatrix} \sin t & 0 \\ 0 & \cos t \end{bmatrix}, \quad E_i = \begin{bmatrix} 0.2 & 0 \\ 0 & 0.2 \end{bmatrix} \quad (i = 1, 2, 3, 4)$$

且 $d_{11} = 0.6$, $\sigma = 0.1$, $\tau_1(t) = 1$, $\tau_2(t) = 2$, 初始条件为 $x_1(\theta) = 0.5$, $x_2(\theta) = -0.3$, $\forall \theta \in [-2, 0]$. 如图 5-13 所示, 当系统 (5.3.24) 取上述参数时呈现出明显的混沌特性.

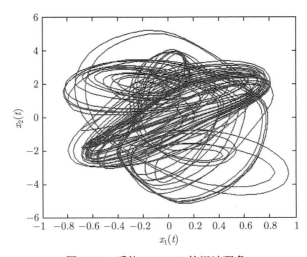

图 5-13　系统 (5.3.24) 的混沌现象

如图 5-14 所示, 当部分参数取 $d_{11} = -0.2$, $\sigma = 1$, $\tau_1(t) = 2$, $\tau_2(t) = 4$ 时 (其他参数不变), 系统 (5.3.24) 同样呈现出明显的混沌特性.

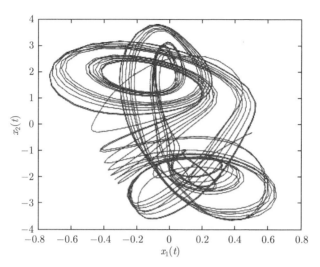

图 5-14 当 $d_{11} = -0.2$, $\sigma = 1$, $\tau_1(t) = 2$, $\tau_2(t) = 4$, $x_1(\theta) = 0.5$, $x_2(\theta) = -0.3$, $\forall \theta \in [-4, 0]$
时, 系统 (5.3.24) 的混沌行为

响应系统为

$$\dot{y}(t) = -(C + GF(t)E_3)y(t - \sigma) + (A + GF(t)E_1)f(y(t))$$

$$+ (B + GF(t)E_2)f(y(t - \tau_1(t)))$$

$$+ (D + GF(t)E_4)\int_{t-\tau_2(t)}^{t} f(y(s))\mathrm{d}s + Ke(t - \tau_3(t)) \qquad (5.3.25)$$

取样本点周期为 0.09, 即 $t_k = (k-1)0.09(i = 0, 1, 2, \cdots)$. 系统 (5.3.25) 的初始条件为 $y_1(\theta) = -0.3$, $y_2(\theta) = 0.6$, $\forall \theta \in [-2, 0]$.

利用定理 5.3.1 和 Matlab 线性矩阵不等式工具箱, 可得

$$K = \begin{bmatrix} -2.1938 & 0 \\ 0 & -2.1938 \end{bmatrix}$$

图 5-15 描述了驱动系统 (5.3.24) 和响应系统 (5.3.25) 的时间状态曲线; 图 5-16 描述了当系统 (5.3.24) 和 (5.3.25) 之间误差的收敛行为; 图 5-17 则给出样本点控制器 $u(t)$ 的时间响应曲线. 数值模拟很好地说明了样本点控制器对具有混合时滞和参数不确定性的神经网络 (5.3.1) 和 (5.3.5) 的完全同步的有效性.

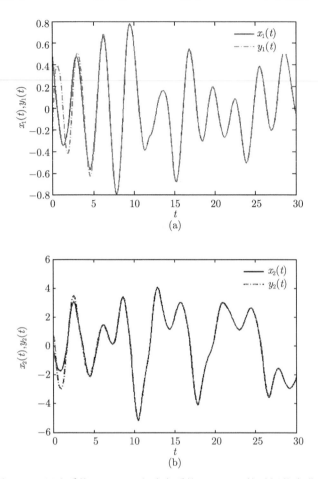

图 5-15 驱动系统 (5.3.24) 和响应系统 (5.3.25) 的时间状态曲线

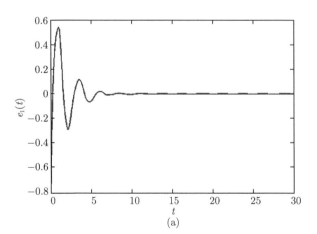

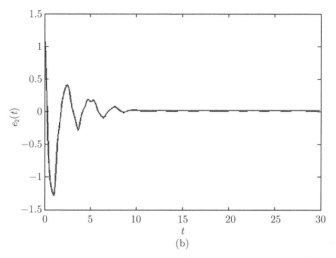

图 5-16 当 $t_k = 0.09(k-1)\,(k = 0, 1, 2, \cdots)$ 时系统 (5.3.24) 和 (5.3.25) 之间误差的收敛行为

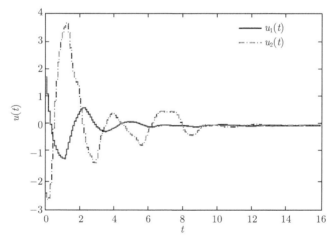

图 5-17 当 $t_k = 0.09(k-1)(k = 0, 1, 2, \cdots)$ 时样本点控制器 $u(t)$ 的时间响应曲线

注释 5.3.1 传统的线性误差反馈控制器为

$$u(t) = \varepsilon e(t) \tag{5.3.26}$$

式中 $\varepsilon = \mathrm{diag}(\varepsilon_1, \varepsilon_2, \cdots, \varepsilon_n)$ 为线性反馈增益矩阵. 如图 5-18 所示, 本节提出的样本点控制器 (5.3.7) 比传统的线性误差反馈控制器 (5.3.26) 具有较慢的收敛速度.

同时, 通过模拟可以发现: 当 $t_k = 0.3(k-1)\,(k = 0, 1, 2, \cdots)$ 时系统 (5.3.24) 和 (5.3.25) 之间误差的收敛行为以及样本点控制器 $u(t)$ 的时间响应曲线 (图 5-19 和图 5-20), 这说明随着样本点周期的增大, 误差系统的同步收敛速度将会变慢.

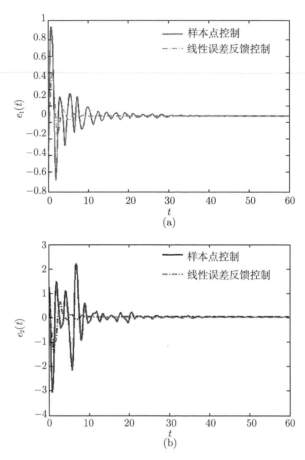

图 5-18 当控制器分别为样本点控制器 (5.3.7) 和线性误差反馈控制器 (5.3.26) 时, 驱动系统
(5.3.24) 和响应系统 (5.3.25) 之间误差的比较图 (后附彩图)

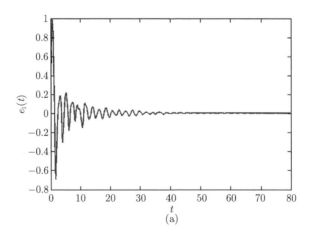

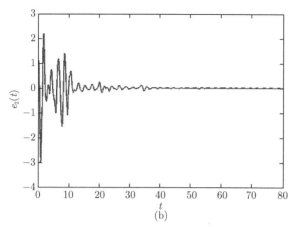

图 5-19 当 $t_k = 0.3(k-1)\,(k=0,1,2,\cdots)$ 时系统 (5.3.24) 和 (5.3.25) 之间误差的收敛行为

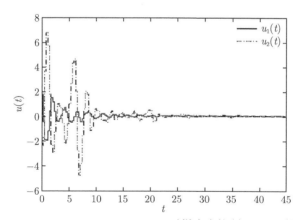

图 5-20 当 $t_k = 0.3(k-1)\,(k=0,1,2,\cdots)$ 时样本点控制器 $u(t)$ 的时间响应曲线

5.4 随机反应扩散模糊细胞神经网络的同步控制

5.4.1 问题的描述

考虑如下形式的具有 leakage 时滞的反应扩散模糊细胞神经网络[15]：

$$\frac{\mathrm{d}u_i(t,x)}{\mathrm{d}t} = \sum_{k=1}^{l} \frac{\partial}{\partial x_k}\left(D_{ik}\frac{\partial u_i(t,x)}{\partial x_k}\right) - d_i u_i(t-\sigma,x)$$

$$+ \sum_{j=1}^{n} a_{ij} f_j(u_j(t-\tau_{ij}(t),x)) + \sum_{j=1}^{n} b_{ij}\mu_j$$

$$+ \bigwedge_{j=1}^{n} \alpha_{ij} f_j(u_j(t-\tau_{ij}(t),x)) + \bigvee_{j=1}^{n} \beta_{ij} f_j(u_j(t-\tau_{ij}(t),x)) + \bigwedge_{j=1}^{n} T_{ij}\mu_j$$

$$+ \bigvee_{j=1}^{n} H_{ij}\mu_j + I_i \tag{5.4.1}$$

式中, $i = 1, 2, \cdots, n$, n 为神经元的数量; $x = (x_1, x_2, \cdots, x_l)^{\mathrm{T}} \in \Omega \subset \mathbb{R}^l$, $\Omega = \{x = (x_1, x_2, \cdots, x_l)^{\mathrm{T}} \, | \, |x_k| < m_k, k = 1, 2, \cdots, l\}$ 为空间 $\mathbb{R}^l$ 具有光滑边界 $\partial\Omega$ 和 $\mathrm{mes}\Omega > 0$ 的有界紧集; $u_i(t, x)$ 为第 i 神经元在时间 t 和空间 x 的状态; d_i 为神经元的衰减时间常数; α_{ij}, β_{ij}, T_{ij} 和 H_{ij} 分别为模糊后向 MIN 模板、模糊后向 MAX 模板、模糊前向 MIN 模板、模糊前向 MAX 模板的元素; a_{ij} 和 b_{ij} 分别为后向模板和前向模板的元素; $\wedge$ 和 $\vee$ 分别为模糊 AND 和模糊 OR 运算; μ_i 和 I_i 分别为神经元的输入和偏差; $f_j(\cdot)$ 为第 j 个神经元在时间 t 和空间 x 的激励函数; $D_{ik} \geqslant 0$ 为扩散系数; $\sigma \geqslant 0$ 为 leakage 时滞; $\tau_{ij}(t) \geqslant 0$ 为神经轴突信号传输时变时滞.

神经网络 (5.4.1) 的边界条件为

$$u_i(t, x)|_{\partial\Omega} = 0, \quad (t, x) \in (-\infty, +\infty) \times \partial\Omega, \quad i = 1, 2, \cdots, n \tag{5.4.2}$$

初始条件为

$$u_i(s, x) = \phi_i(s, x), \quad (s, x) \in (-\infty, 0] \times \Omega, \quad i = 1, 2, \cdots, n \tag{5.4.3}$$

其中 $\phi_i(s, x)(i = 1, 2, \cdots, n)$ 在 $(-\infty, 0] \times \Omega$ 上是连续有界的.

响应系统为

$$
\begin{aligned}
\mathrm{d}v_i(t, x) = & \left[\sum_{k=1}^{l} \frac{\partial}{\partial x_k}\left(D_{ik}\frac{\partial v_i(t, x)}{\partial x_k}\right) - d_i v_i(t - \sigma, x) \right. \\
& + \sum_{j=1}^{n} a_{ij} f_j(v_j(t - \tau_{ij}(t), x)) + \sum_{j=1}^{n} b_{ij}\mu_j \\
& + \bigwedge_{j=1}^{n} \alpha_{ij} f_j(u_j(t - \tau_{ij}(t), x)) + \bigvee_{j=1}^{n} \beta_{ij} f_j(u_j(t - \tau_{ij}(t), x)) \\
& \left. + \bigwedge_{j=1}^{n} T_{ij}\mu_j + \bigvee_{j=1}^{n} H_{ij}\mu_j + I_i + w_i(t, x) \right]\mathrm{d}t \\
& + \sum_{j=1}^{n} h_{ij}(e_j(t, x), e_j(t - \sigma, x), e_j(t - \tau_{ij}(t), x))\mathrm{d}\omega_j(t)
\end{aligned} \tag{5.4.4}
$$

式中, $v_i(t, x)(i = 1, 2, \cdots, n)$ 为模糊细胞神经网络 (5.4.4) 在第 i 个神经元在时间 t 和空间 x 的状态; $e_i(t, x) = v_i(t, x) - u_i(t, x)(i = 1, 2, \cdots, n)$ 为误差信号; $w_i(t, x)(i = 1, 2, \cdots, n)$ 为控制输入; $H = (h_{ij})_{n \times n}$ 为扩散系数矩阵; 随机干扰 $\omega(t) = (\omega_1(t), \omega_2(t), \cdots, \omega_n(t))^{\mathrm{T}} \in \mathbb{R}^n$ 为定义在完备的概率空间 $(\Omega, \mathcal{F}, (\mathcal{F}_t)_{t \in \mathbb{R}^+}, \mathcal{P})$ 上具有自然

流 $(\mathcal{F}_t)_{t\in\mathbb{R}^+}$ 的 Brown 运动且满足

$$\mathbb{E}\{\mathrm{d}\omega(t)\} = 0, \quad \mathbb{E}\{\mathrm{d}\omega^2(t)\} = \mathrm{d}t$$

响应系统 (5.4.4) 的边界条件为

$$v_i(t,x)|_{\partial\Omega} = 0, \quad (t,x) \in (-\infty, +\infty) \times \partial\Omega, \quad i = 1, 2, \cdots, n \quad (5.4.5)$$

初始条件为

$$v_i(s,x) = \psi_i(s,x), \quad (s,x) \in (-\infty, 0] \times \Omega, \quad i = 1, 2, \cdots, n \quad (5.4.6)$$

将驱动系统 (5.3.1) 代入响应系统 (5.3.4) 可得误差系统为

$$
\begin{aligned}
\mathrm{d}e_i(t,x) = &\left[\sum_{k=1}^{l} \frac{\partial}{\partial x_k}\left(D_{ik}\frac{\partial e_i(t,x)}{\partial x_k}\right) - d_i e_i(t-\sigma, x) + \sum_{j=1}^{n} a_{ij} g_j(e_j(t-\tau_{ij}(t), x))\right.\\
&\left.+ \bigwedge_{j=1}^{n} \alpha_{ij} g_j^*(e_j(t-\tau_{ij}(t), x)) + \bigvee_{j=1}^{n} \beta_{ij} g_j^{**}(e_j(t-\tau_{ij}(t), x)) + w_i(t,x)\right]\mathrm{d}t\\
&+ \sum_{j=1}^{n} h_{ij}(e_j(t,x), e_j(t-\sigma, x), e_j(t-\tau_{ij}(t), x))\mathrm{d}\omega_j(t) \quad (5.4.7)
\end{aligned}
$$

在本节对非线性函数 $f_j(\cdot)$ 和 $h_{ij}(\cdot)$ 以及时变时滞 $\tau_{ij}(t)$ 作如下假设.

(H5.4.1) 存在正常数 L_j 和 $\eta_{ij}(i, j = 1, 2, \cdots, n)$ 使得对任意 ξ_1, ξ_2, $\bar{\xi}_1$, $\bar{\xi}_2$, $\hat{\xi}_1$, $\hat{\xi}_2 \in \mathbb{R}$ 有

$$|f_j(\xi_1) - f_j(\xi_2)| \leqslant L_j|\xi_1 - \xi_2|$$

$$\left|h_{ij}(\xi_1, \bar{\xi}_1, \hat{\xi}_1) - h_{ij}(\xi_2, \bar{\xi}_2, \hat{\xi}_2)\right|^2 \leqslant \eta_{ij}\left(|\xi_1 - \xi_2|^2 + |\bar{\xi}_1 - \bar{\xi}_2|^2 + |\hat{\xi}_1 - \hat{\xi}_2|^2\right)$$

(H5.4.2) 时变时滞 $\tau_{ij}(t)$ 满足对任意 t 有 $0 < \tau_{ij}(t) \leqslant \tau$ 及 $\dot{\tau}_{ij}(t) \leqslant \gamma < 1$, 其中 τ 和 γ 为常量.

令 $\mathcal{C} \stackrel{\text{def}}{=} \mathcal{C}([-\tau, 0] \times \mathbb{R}^m, \mathbb{R}^n)$ 是所有从 $[-\tau, 0] \times \mathbb{R}^m$ 到 $\mathbb{R}^n$ 的连续函数组成的空间. Ω 是 $\mathbb{R}^m$ 内具有光滑边界 $\partial\Omega$ 有界开区域. $\mathrm{mes}\Omega > 0$ 是 Ω 的测度, $L^2(\Omega)$ 是 Ω 上的实 Lebesgue 可测函数空间且对于 L_2-模

$$\|u(t)\|_2 = \sqrt{\sum_{i=1}^{n} \|u_i(t)\|_2^2}$$

构成一个 Banach 空间, 其中

$$u(t) = (u_1(t), u_2(t), \cdots, u_n(t))^{\mathrm{T}}, \quad \|u_i(t)\|_2 = \left(\int_{\Omega} |u_i(t,x)|^2 \mathrm{d}x\right)^{1/2}$$

对任意 $\phi(s,x) \in \mathcal{C}\left([-\tau, 0] \times \Omega, \mathbb{R}^n\right)$, 定义

$$\|\phi\|_2 = \sqrt{\sum_{i=1}^n \|\phi_i\|_2^2}$$

其中

$$\phi(s,x) = (\phi_1(s,x), \phi_2(s,x), \cdots, \phi_n(s,x))^{\mathrm{T}}$$

$$\|\phi_i\|_2 = \left(\int_\Omega |\phi_i(x)|_\tau^2 \mathrm{d}x\right)^{1/2}$$

$$|\phi_i(x)|_\tau = \sup_{-\tau \leqslant s \leqslant 0} |\phi_i(s,x)|$$

接下来给出随机模糊细胞神经网络 (5.4.1) 与 (5.4.4) 全局指数同步的定义.

定义 5.4.1 对任意 t, 如果存在常数 $\mu > 0$ 和 $M \geqslant 1$ 满足

$$\mathbb{E}\{\|v(t,x) - u(t,x)\|_2\} \leqslant M\mathbb{E}\{\|\psi - \phi\|_2\}\mathrm{e}^{-\mu t} > 0$$

则称系统 (5.4.1) 与 (5.4.4) 是全局指数同步的.

5.4.2 线性误差反馈同步控制策略

定理 5.4.1 对所有 $i = 1, 2, \cdots, n$, 如果存在常量 ε_i 满足

$$-2\sum_{k=1}^l \frac{D_{ik}}{m_k^2} + \sum_{j=1}^n ((1-\gamma)^{-1}(a_{ij}^2 + |\alpha_{ij}|L_j^2 + |\beta_{ij}|L_j^2 + \eta_{ij})$$

$$+ L_j^2 + (|\alpha_{ij}| + |\beta_{ij}| + \eta_{ij}) + (1 + \eta_{ij}))$$

$$+ d_i^2 + 2\varepsilon_i \leqslant 0 \tag{5.4.8}$$

则在线性误差反馈控制器

$$w_i(t,x) = \varepsilon_i e_i(t,x) \tag{5.4.9}$$

的控制下, 系统 (5.4.1) 与 (5.4.4) 是全局指数同步的.

证明 由不等式 (5.4.8) 可知, 存在正常量 μ (可能非常小) 满足

$$-2\sum_{k=1}^l \frac{D_{ik}}{m_k^2} + \sum_{j=1}^n \left((1-\gamma)^{-1}(a_{ij}^2 + |\alpha_{ij}|L_j^2 + |\beta_{ij}|L_j^2 + \eta_{ij})e^{2\mu\tau}\right)$$

$$+ \sum_{j=1}^n \left(L_j^2 + (|\alpha_{ij}| + |\beta_{ij}| + \eta_{ij}) + (1 + \eta_{ij})e^{2\mu\sigma}\right) + 2\mu + d_i^2 + 2\varepsilon_i \leqslant 0 \tag{5.4.10}$$

定义正定的 Lyapunov-Krasovskii 泛函 $V(t, e(t,x)) \in \mathcal{C}^{1,2}(\mathbb{R}^+ \times \mathbb{R}^n; \mathbb{R}^+)$:

$$V(t, e(t,x)) = \int_\Omega \sum_{i=1}^4 V_i(t, e(t,x)) \mathrm{d}x \tag{5.4.11}$$

式中

$$V_1(t, e(t,x)) = \sum_{i=1}^n \mathrm{e}^{2\mu t} e_i^2(t,x)$$

$$V_2(t, e(t,x)) = \mathrm{e}^{2\mu\sigma} \sum_{i=1}^n \sum_{j=1}^n \int_{t-\sigma}^t \mathrm{e}^{2\mu s}(1+\eta_{ij}) e_j^2(s,x) \mathrm{d}s$$

$$V_3(t, e(t,x)) = \sum_{i=1}^n \sum_{j=1}^n \int_{t-\tau_{ij}(t)}^t \mathrm{e}^{2\mu s} g_j^2(e_j(s,x)) \mathrm{d}s$$

$$V_4(t, e(t,x)) = (1-\gamma)^{-1} \mathrm{e}^{2\mu\tau} \sum_{i=1}^n \sum_{j=1}^n \int_{t-\tau_{ij}(t)}^t \mathrm{e}^{2\mu s}(|\alpha_{ij}|L_j^2 + |\beta_{ij}|L_j^2 + \eta_{ij}) e_i^2(s,x) \mathrm{d}s$$

利用 Itô 公式可知, $V(t)$ 沿误差系统 (5.4.7) 的轨线的随机导数为

$$
\begin{aligned}
\mathrm{d}V(t, e(t,x)) =& \bigg[\int_\Omega \sum_{i=1}^n \bigg(\sum_{j=1}^n \Big(\mathrm{e}^{2\mu t} g_j^2(e_j(t,x)) - (1-\dot{\tau}_{ij}(t))\mathrm{e}^{2\mu(t-\tau_{ij}(t))} g_j^2(e_j(t-\tau_{ij}(t),x)) \\
&+ \mathrm{e}^{2\mu t}(1+\eta_{ij})\left(\mathrm{e}^{2\mu\sigma} e_i^2(t,x) - e_i^2(t-\sigma,x) \right) \bigg) + 2\mu\mathrm{e}^{2\mu t} e_i^2(t,x) \\
&+ 2\mathrm{e}^{2\mu t} e_i(t,x) \bigg(-d_i e_i(t-\sigma,x) + \sum_{j=1}^n a_{ij} g_j(e_j(t-\tau_{ij}(t),x)) \\
&+ \bigwedge_{j=1}^n \alpha_{ij} g_j^*(e_j(t-\tau_{ij}(t),x)) + \bigvee_{j=1}^n \beta_{ij} g_j^{**}(e_j(t-\tau_{ij}(t),x)) + \varepsilon_i e_i(t,x) \bigg) \\
&+ (1-\gamma)^{-1}\mathrm{e}^{2\mu\tau} \sum_{j=1}^n \bigg(e^{2\mu t}(|\alpha_{ij}|L_j^2 + |\beta_{ij}|L_j^2 + \eta_{ij}) e_i^2(t,x) \\
&- \frac{(1-\dot{\tau}_{ij}(t))}{(1-\gamma)} \mathrm{e}^{2\mu(t-\tau_{ij}(t)+\tau)}(|\alpha_{ij}|L_j^2 + |\beta_{ij}|L_j^2 + \eta_{ij}) e_i^2(t-\tau_{ij}(t),x) \bigg) \\
&+ \mathrm{e}^{2\mu t} \sum_{j=1}^n h_{ij}^2(e_j(t,x), e_j(t-\sigma,x), e_j(t-\tau_{ij}(t),x)) \bigg) \mathrm{d}x \\
&+ \int_\Omega \sum_{i=1}^n 2\mathrm{e}^{2\mu t} e_i(t,x) \sum_{k=1}^l \frac{\partial}{\partial x_k}\left(D_{ik} \frac{\partial e_i(t,x)}{\partial x_k} \right) \mathrm{d}x \bigg] \mathrm{d}t \\
&+ \int_\Omega \sum_{i=1}^n 2\mathrm{e}^{2\mu t} e_i(t,x) \sum_{j=1}^n h_{ij}(e_j(t,x), e_j(t-\sigma,x), e_j(t-\tau_{ij}(t),x)) \mathrm{d}x \mathrm{d}\omega_j(t)
\end{aligned}
$$

由边界条件 (5.4.2), (5.4.5) 和引理 3.3.1 可以得知

$$\int_\Omega \sum_{i=1}^n 2\mathrm{e}^{2\mu t} e_i(t,x) \sum_{k=1}^l \frac{\partial}{\partial x_k}\left(D_{ik}\frac{\partial e_i(t,x)}{\partial x_k}\right)\mathrm{d}x \leqslant -2\mathrm{e}^{2\mu t}\sum_{i=1}^n\sum_{k=1}^l\int_\Omega \frac{D_{ik}}{m_k^2}e_i^2(t,x)\mathrm{d}x$$
$$(5.4.12)$$

将 (5.4.12), (H5.4.1), (H5.4.2) 及引理 3.3.2 应用于等式 (5.4.11) 可得

$$\begin{aligned}
\mathrm{d}V(t,e(t,x)) \leqslant{}& \mathrm{e}^{2\mu t}\Bigg[\int_\Omega \sum_{i=1}^n \Bigg(2\mu e_i^2(t,x) + \sum_{j=1}^n \Big(L_j^2 e_j^2(t,x)\\
& - (1-\gamma)\mathrm{e}^{-2\mu\tau}g_j^2(e_j(t-\tau_{ij}(t),x))\\
& + (1+\eta_{ij})\left(\mathrm{e}^{2\mu\sigma}e_i^2(t,x) - e_i^2(t-\sigma,x)\right))\\
& + 2e_i(t,x)\Big(-d_i e_i(t-\sigma,x) + \sum_{j=1}^n a_{ij}g_j(e_j(t-\tau_{ij}(t),x))\Big)\\
& + \sum_{j=1}^n |\alpha_{ij}|\, e_i^2(t,x) + \sum_{j=1}^n |\alpha_{ij}|\, L_j^2 e_j^2(t-\tau_{ij}(t),x)\\
& + \sum_{j=1}^n |\beta_{ij}|\, e_i^2(t,x) + \sum_{j=1}^n |\beta_{ij}|\, L_j^2 e_j^2(t-\tau_{ij}(t),x)\\
& + (1-\gamma)^{-1}\mathrm{e}^{2\mu\tau}\sum_{j=1}^n (|\alpha_{ij}|L_j^2 + |\beta_{ij}|L_j^2 + \eta_{ij})e_i^2(t,x)\\
& - \sum_{j=1}^n (|\alpha_{ij}|L_j^2 + |\beta_{ij}|L_j^2 + \eta_{ij})e_i^2(t-\tau_{ij}(t),x)\\
& + \sum_{j=1}^n \eta_{ij}\left(e_j^2(t,x) + e_j^2(t-\sigma,x) + e_j^2(t-\tau_{ij}(t),x)\right) + 2\varepsilon_i e_i^2(t,x)\Bigg)\mathrm{d}x\\
& - 2\sum_{i=1}^n\sum_{k=1}^l\int_\Omega \sum_{k=1}^l \frac{D_{ik}}{m_k^2}e_i^2(t,x)\mathrm{d}x\Bigg]\mathrm{d}t\\
& + \int_\Omega \sum_{i=1}^n 2\mathrm{e}^{2\mu t}e_i(t,x)\\
& \cdot \sum_{j=1}^n h_{ij}(e_j(t,x), e_j(t-\sigma,x), e_j(t-\tau_{ij}(t),x))\mathrm{d}x\mathrm{d}\omega_j(t) \qquad (5.4.13)
\end{aligned}$$

此外, 易知

$$-(1-\gamma)\mathrm{e}^{-2\mu\tau}g_j^2(e_j(t-\tau_{ij}(t),x)) + a_{ij}e_i(t,x)g_j(e_j(t-\tau_{ij}(t),x))$$

$$
= -\left[(1-\gamma)^{1/2}\mathrm{e}^{-\mu\tau}g_j(e_j(t-\tau_{ij}(t),x)) - (1-\gamma)^{-1/2}\mathrm{e}^{\mu\tau}a_{ij}e_i(t,x)\right]^2
$$
$$
+ (1-\gamma)^{-1}\mathrm{e}^{2\mu\tau}a_{ij}^2e_i^2(t,x)
$$
$$
\leqslant (1-\gamma)^{-1}\mathrm{e}^{2\mu\tau}a_{ij}^2e_i^2(t,x) \tag{5.4.14}
$$

及

$$
-e_i^2(t-\sigma,x) - 2d_ie_i(t,x)e_i(t-\sigma,x) = -\left[e_i(t-\sigma,x) + d_ie_i(t,x)\right]^2 + d_i^2e_i^2(t,x)
$$
$$
\leqslant d_i^2e_i^2(t,x) \tag{5.4.15}
$$

由 (5.4.13)–(5.4.15) 可得

$$
\begin{aligned}
\mathrm{d}V(t,e(t,x)) \leqslant \mathrm{e}^{2\mu t}\Bigg[& \int_\Omega \sum_{i=1}^n \bigg(-2\sum_{k=1}^l \frac{D_{ik}}{m_k^2} \\
& + \sum_{j=1}^n \big((1-\gamma)^{-1}\mathrm{e}^{2\mu\tau}(a_{ij}^2 + |\alpha_{ij}|L_j^2 + |\beta_{ij}|L_j^2 + \eta_{ij}) \\
& + L_j^2 + (|\alpha_{ij}| + |\beta_{ij}| + \eta_{ij}) + (1+\eta_{ij})\mathrm{e}^{2\mu\sigma}\big) \\
& + 2\mu + d_i^2 + 2\varepsilon_i \bigg)e_i^2(t,x)\mathrm{d}x\Bigg]\mathrm{d}t \\
& + \int_\Omega \sum_{i=1}^n 2\mathrm{e}^{2\mu t}e_i(t,x) \\
& \cdot \sum_{j=1}^n h_{ij}(e_j(t,x), e_j(t-\sigma,x), e_j(t-\tau_{ij}(t),x))\mathrm{d}x\mathrm{d}\omega_j(t) \tag{5.4.16}
\end{aligned}
$$

由 (5.4.16) 可知

$$
\begin{aligned}
\frac{\mathrm{d}\mathbb{E}V(t,e(t,x))}{\mathrm{d}t} \leqslant \mathbb{E}\Bigg\{ & \mathrm{e}^{2\mu t}\sum_{i=1}^n\bigg(-2\sum_{k=1}^l \frac{D_{ik}}{m_k^2} \\
& + \sum_{j=1}^n\big((1-\gamma)^{-1}\mathrm{e}^{2\mu\tau}(a_{ij}^2 + |\alpha_{ij}|L_j^2 + |\beta_{ij}|L_j^2 + \eta_{ij}) \\
& + L_j^2 + (|\alpha_{ij}| + |\beta_{ij}| + \eta_{ij}) + (1+\eta_{ij})\mathrm{e}^{2\mu\sigma}\big) \\
& + 2\mu + d_i^2 + 2\varepsilon_i\bigg)\|e_i(t,x)\|_2^2\Bigg\} \tag{5.4.17}
\end{aligned}
$$

由 (5.4.10) 和 (5.4.17) 可得

$$
\frac{\mathrm{d}\mathbb{E}V(t,e(t,x))}{\mathrm{d}t} \leqslant 0 \tag{5.4.18}
$$

即

$$\mathbb{E}V(t, e(t, x)) \leqslant \mathbb{E}V(0, e(0, x))$$

注意到

$$\mathbb{E}V(0, e(0, x))$$

$$= \mathbb{E}\Bigg\{ \int_{\Omega} \sum_{i=1}^{n} \Bigg[e_i^2(0, x) + \mathrm{e}^{2\mu\sigma} \sum_{j=1}^{n} \int_{-\sigma}^{0} \mathrm{e}^{2\mu s}(1 + \eta_{ij}) e_i^2(s, x) \mathrm{d}s$$

$$+ \sum_{j=1}^{n} \int_{-\tau_{ij}(0)}^{0} \mathrm{e}^{2\mu s} g_j^2(e_j(s, x)) \mathrm{d}s$$

$$+ (1 - \gamma)^{-1} \mathrm{e}^{2\mu\tau} \sum_{j=1}^{n} \int_{-\tau_{ij}(0)}^{0} \mathrm{e}^{2\mu s} \left(|\alpha_{ij}| L_j^2 + |\beta_{ij}| L_j^2 + \eta_{ij} \right) e_i^2(s, x) \mathrm{d}s \Bigg] \mathrm{d}x \Bigg\}$$

$$\leqslant \mathbb{E}\Bigg\{ \int_{\Omega} \Bigg[\sum_{i=1}^{n} e_i^2(0, x) + \mathrm{e}^{2\mu\sigma} \sum_{1=1}^{n} \int_{-\sigma}^{0} \left(1 + \max_{1 \leqslant j \leqslant n} \eta_{ij} \right) \mathrm{e}^{2\mu s} e_i^2(s, x) \mathrm{d}s$$

$$+ \sum_{i=1}^{n} \max_{1 \leqslant j \leqslant n} \left(L_j^2 + (1 - \gamma)^{-1} \mathrm{e}^{2\mu\tau} \left(|\alpha_{ij}| L_j^2 + |\beta_{ij}| L_j^2 + \eta_{ij} \right) \right)$$

$$\cdot \sum_{j=1}^{n} \int_{-\tau_{ij}(0)}^{0} \mathrm{e}^{2\mu s} e_j^2(s, x) \mathrm{d}s \Bigg] \mathrm{d}x \Bigg\}$$

$$\leqslant \Bigg[1 + \sigma \sum_{i=1}^{n} \left(1 + \max_{1 \leqslant j \leqslant n} \eta_{ij} \right) \mathrm{e}^{2\mu\sigma}$$

$$+ \tau \sum_{i=1}^{n} \max_{1 \leqslant j \leqslant n} \left(L_j^2 + (1 - \gamma)^{-1} \mathrm{e}^{2\mu\tau} \left(|\alpha_{ij}| L_j^2 + |\beta_{ij}| L_j^2 + \eta_{ij} \right) \right) \Bigg] \mathbb{E}\left\{ \|\psi - \phi\|_2^2 \right\}$$

及

$$V(t, e(t, x)) \geqslant \mathbb{E}\left\{ \int_{\Omega} \sum_{i=1}^{n} \mathrm{e}^{2\mu t} e_i^2(t, x) \mathrm{d}x \right\} = \mathrm{e}^{2\mu t} \mathbb{E}\left\{ \|v(t, x) - u(t, x)\|_2^2 \right\} \quad (5.4.19)$$

因此有

$$\mathrm{e}^{2\mu t} \mathbb{E}\left\{ \|v(t, x) - u(t, x)\|_2^2 \right\}$$

$$\leqslant \Bigg[1 + \sigma \sum_{i=1}^{n} \left(1 + \max_{1 \leqslant j \leqslant n} \eta_{ij} \right) \mathrm{e}^{2\mu\sigma}$$

$$+ \tau \sum_{i=1}^{n} \max_{1 \leqslant j \leqslant n} \left(L_j^2 + (1 - \gamma)^{-1} \mathrm{e}^{2\mu\tau} \left(|\alpha_{ij}| L_j^2 + |\beta_{ij}| L_j^2 + \eta_{ij} \right) \right) \Bigg] \mathbb{E}\left\{ \|\psi - \phi\|_2^2 \right\}$$

令

$$M = \sqrt{1 + \sum_{i=1}^{n} \max_{1 \leqslant j \leqslant n} \left[\tau \left(L_j^2 + (1-\gamma)^{-1} \mathrm{e}^{2\mu\tau} \left(|\alpha_{ij}| L_j^2 + |\beta_{ij}| L_j^2 + \eta_{ij} \right) \right) + \sigma (1 + \eta_{ij}) \mathrm{e}^{2\mu\sigma} \right]} \geqslant 1$$

则对任意 $t \geqslant 0$ 有

$$\mathbb{E} \{ \| v(t,x) - u(t,x) \|_2 \} \leqslant M \mathbb{E} \{ \| \psi - \phi \|_2 \} \mathrm{e}^{-\mu t}$$

根据定义 5.4.1 可知系统 (5.4.1) 与 (5.4.4) 是全局指数同步的. 证毕.

5.4.3 数值模拟

考虑如下具有 leakage 时滞的反应扩散模糊细胞神经网络:

$$\frac{\mathrm{d}u_i(t,x)}{\mathrm{d}t} = D_{i1} \frac{\partial^2 u_i(t,x)}{\partial x^2} - d_i u_i(t-\sigma, x) + \sum_{j=1}^{2} a_{ij} f_j(u_j(t - \tau_{ij}(t), x))$$

$$+ \bigwedge_{j=1}^{2} \alpha_{ij} f_j(u_j(t - \tau_{ij}(t), x)) + \bigvee_{j=1}^{2} \beta_{ij} f_j(u_j(t - \tau_{ij}(t), x)) + I_i \quad (5.4.20)$$

式中, $i = 1, 2$, $f_i(u_i) = \tanh u_i$, 参数为 $d_1 = d_2 = 1$, $a_{11} = 2$, $a_{12} = -0.11$, $a_{21} = -5$, $a_{22} = 3.2$, $\alpha_{11} = \beta_{11} = -2.5$, $\alpha_{12} = \beta_{12} = 1$, $\alpha_{21} = \beta_{21} = -0.2$, $\alpha_{22} = \beta_{22} = 3$, $I_1 = I_2 = 0.1$, $\sigma = \tau_{11} = \tau_{12} = \tau_{21} = \tau_{22} = 1$, $D_{11} = 0.1$, $D_{21} = 0.1$, $x \in [-5, 5]$, 初始条件为

$$u_1(s,x) = 0.5(1 + (s - \tau(s))/\pi) \sin(x/\pi)$$
$$u_2(s,x) = 0.3(1 + (s - \tau(s))/\pi) \sin(x/\pi) \quad (5.4.21)$$

其中 $(s,x) \in [-1, 0] \times \Omega$. 如图 5-21 所示, 在边界条件 (5.4.2) 和初始条件 (5.4.21) 下, 系统 (5.4.20) 呈现出混沌现象.

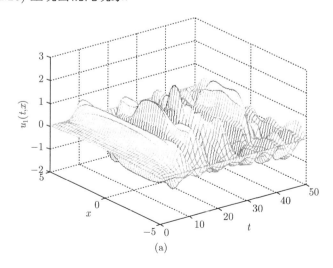

(a)

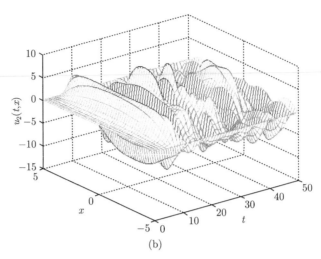

$$(b)$$

图 5-21　系统 (5.4.20) 的混沌现象

响应系统为

$$\mathrm{d}v_i(t,x) = \left[D_{i1}\frac{\partial^2 v_i(t,x)}{\partial x^2} - d_i v_i(t-\sigma,x) + \sum_{j=1}^{2} a_{ij} f_j(v_j(t-\tau_{ij}(t),x)) \right.$$

$$\left. + \bigwedge_{j=1}^{2} \alpha_{ij} f_j(v_j(t-\tau_{ij}(t),x)) + \bigvee_{j=1}^{2} \beta_{ij} f_j(v_j(t-\tau_{ij}(t),x)) + I_i + \varepsilon_i e_i(t,x) \right]\mathrm{d}t$$

$$+ \sum_{j=1}^{2} h_{ij}(e_j(t,x), e_j(t-\sigma,x), e_j(t-\tau_{ij}(t),x))\mathrm{d}\omega_j(t) \tag{5.4.22}$$

式中

$$h_{11}(e_1(t,x), e_1(t-\sigma,x), e_1(t-\tau_{11}(t),x)) = 0.1e_1(t,x) + 0.2e_1(t-\sigma,x) + 0.3e_1(t-\tau_{11}(t),x)$$

$$h_{12}(e_2(t,x), e_2(t-\sigma,x), e_2(t-\tau_{12}(t),x)) = h_{21}(e_1(t,x), e_1(t-\sigma,x), e_1(t-\tau_{21}(t),x)) = 0$$

$$h_{22}(e_2(t,x), e_2(t-\sigma,x), e_2(t-\tau_{22}(t),x)) = 0.2e_2(t,x) + 0.3e_2(t-\sigma,x) + 0.4e_2(t-\tau_{22}(t),x)$$

同时, 响应系统 (5.4.22) 的初始条件选取为

$$v_1(s,x) = -0.1(1 + (s-\tau(s))/\pi)\cos(x/\pi)$$

$$v_2(s,x) = 0.6(1 + (s-\tau(s))/\pi)\cos(x/\pi) \tag{5.4.23}$$

其中 $(s,x) \in [-1,0] \times \Omega$.

取线性误差反馈强度为 $\varepsilon_1 = -3$, $\varepsilon_2 = -28$, 此时有

$$-2\frac{D_{11}}{m_1^2} + \sum_{j=1}^{2}\left((1-\gamma)^{-1}\left(a_{1j}^2 + |\alpha_{1j}|L_j^2 + |\beta_{1j}|L_j^2 + \eta_{1j}\right)\right)$$

$$+ L_j^2 + (|\alpha_{1j}| + |\beta_{1j}| + \eta_{1j}) + (1 + \eta_{1j})) + d_1^2 + 2\varepsilon_1 = -0.7959 \leqslant 0$$

$$-2\frac{D_{21}}{m_1^2} + \sum_{j=1}^2 \big((1-\gamma)^{-1}\big(a_{2j}^2 + |\alpha_{2j}|L_j^2 + |\beta_{2j}|L_j^2 + \eta_{2j}\big)$$

$$+ L_j^2 + (|\alpha_{2j}| + |\beta_{2j}| + \eta_{2j}) + (1 + \eta_{2j})\big)$$

$$+ d_2^2 + 2\varepsilon_2 = -1.9760 \leqslant 0$$

定理 5.4.1 的条件 (5.4.8) 满足, 因此, 如图 5-22 所示, 系统 (5.4.20) 与 (5.4.22) 是全局指数同步的.

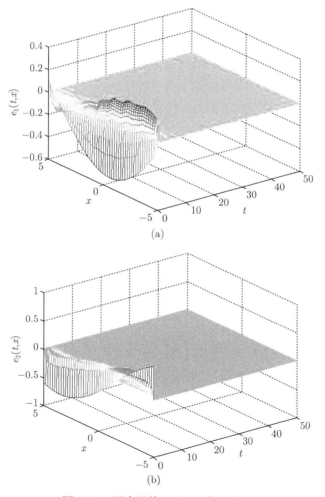

图 5-22　同步误差 $e_1(t,x)$ 和 $e_2(t,x)$

5.5　基于周期间歇控制的随机反应扩散细胞神经网络的同步控制

5.5.1　问题的描述

考虑如下具有时变时滞的反应扩散神经网络系统[16]:

$$\frac{\mathrm{d}u_i(t,x)}{\mathrm{d}t} = \sum_{k=1}^{l^*} \frac{\partial}{\partial x_k}\left(D_{ik}\frac{\partial u_i(t,x)}{\partial x_k}\right) - c_i u_i(t-\sigma,x) + \sum_{j=1}^{n} a_{ij}f_j(u_j(t,x))$$
$$+ \sum_{j=1}^{n} b_{ij}f_j(u_j(t-\tau_{ij}(t),x)) + J_i \tag{5.5.1}$$

其中, $i = 1,2,\cdots,n$, n 表示神经元的数量; $x = (x_1,x_2,\cdots,x_l)^{\mathrm{T}} \in \Omega \subset \mathbb{R}^{l^*}$, $\Omega = \left\{x = (x_1,x_2,\cdots,x_{l^*})^{\mathrm{T}}\,||x_k| < m_k, k = 1,2,\cdots,l^*\right\}$ 表示空间 $\mathbb{R}^{l^*}$ 具有光滑边界 $\partial\Omega$ 和 $\mathrm{mes}\,\Omega > 0$ 的有界紧集; $u(t,x) = (u_1(t,x),u_2(t,x),\cdots,u_n(t,x))^{\mathrm{T}}$, $u_i(t,x)$ 表示第 i 神经元在时间 t 和空间 x 的状态; c_i 表示神经元的衰减时间常数; $a_{ij}(t)$ 和 $b_{ij}(t)$ 分别表示第 j 个神经元到第 i 个神经元的连接权值和时变时滞连接权值; $\sigma \geqslant 0$ 为正常量, 表示 leakage 时滞; $\tau_{ij}(t)$ 表示第 j 个神经元到第 i 个神经元的传输时变时滞且满足 $0 < \tau_{ij}(t) \leqslant \tau$; $f_j(\cdot)$ 表示激励函数; $D_{ik} \geqslant 0$ 表示扩散系数; J_i 表示第 i 个神经元的外部输入.

系统 (5.5.1) 的边界条件为

$$u_i(t,x)|_{\partial\Omega} = 0, \quad (t,x) \in [-\bar\tau,+\infty) \times \partial\Omega, \quad i = 1,2,\cdots,n \tag{5.5.2}$$

初始条件为

$$u_i(s,x) = \phi_i(s,x), \quad (s,x) \in [-\bar\tau,0] \times \Omega, \quad i = 1,2,\cdots,n \tag{5.5.3}$$

其中 $\bar\tau = \max\{\tau,\sigma\}$, $\phi(s,x) = (\phi_1(s,x),\phi_2(s,x),\cdots,\phi_n(s,x))^{\mathrm{T}} \in \mathcal{C}$ 是连续有界的, $\mathcal{C} \stackrel{\mathrm{def}}{=} \mathcal{C}([-\bar\tau,0] \times \Omega, \mathbb{R}^n)$ 是具有一致收敛拓扑度和 p-范数 (p 为正整数)

$$\|\phi\|_p = \left(\int_\Omega \sum_{i=1}^{n} \sup_{-\bar\tau \leqslant s \leqslant 0} |\phi_i(s,x)|^p \mathrm{d}x\right)^{\frac{1}{p}}$$

的 Banach 空间.

设 (5.5.1) 为驱动系统, 则具有随机扰动的响应系统可设计为

$$\mathrm{d}v_i(t,x) = \left[\sum_{k=1}^{l^*} \frac{\partial}{\partial x_k}\left(D_{ik}\frac{\partial v_i(t,x)}{\partial x_k}\right) - c_i v_i(t-\sigma,x) + \sum_{j=1}^{n} a_{ij}f_j(v_j(t,x))\right.$$

$$+ \sum_{j=1}^{n} b_{ij} f_j(v_j(t - \tau_{ij}(t), x)) + J_i + w_i(t, x) \Bigg] \mathrm{d}t$$

$$+ \sum_{j=1}^{n} h_{ij}(e_j(t, x), e_j(t - \sigma, x), e_j(t - \tau_{ij}(t), x)) \mathrm{d}\omega_j(t) \qquad (5.5.4)$$

其中 $i = 1, 2, \cdots, n$, $v(t, x) = (v_1(t, x), v_2(t, x), \cdots, v_n(t, x))^{\mathrm{T}}$, $v_i(t, x)$ 表示第 i 个神经元在时间 t 和空间 x 的状态; $e(t, x) = (e_1(t, x), e_2(t, x), \cdots, e_n(t, x))^{\mathrm{T}} = v(t, x) - u(t, x)$; 随机干扰 $\omega(t) = (\omega_1(t), \omega_2(t), \cdots, \omega_n(t))^{\mathrm{T}} \in \mathbb{R}^n$ 表示定义在完备的概率空间 $(\Omega, \mathcal{F}, (\mathcal{F}_t)_{t \in \mathbb{R}^+}, \mathcal{P})$ 上具有自然流 $(\mathcal{F}_t)_{t \in \mathbb{R}^+}$ 的 Brown 运动且满足

$$\mathbb{E}\{\mathrm{d}\omega(t)\} = 0, \quad \mathbb{E}\{\mathrm{d}\omega^2(t)\} = \mathrm{d}t$$

这种随机干扰可以被看成是在设计模拟电路时造成的外部误差. 比如, 耦合强度和其他重要参数的不精确设计等; 周期间歇控制器 $w(t, x) = (w_1(t, x), w_2(t, x), \cdots, w_n(t, x))^{\mathrm{T}}$ 为[17−19]

$$w_i(t, x) = \begin{cases} \displaystyle\sum_{j=1}^{n} k_{ij} \left(v_j(t, x) - u_j(t, x)\right), & (t, x) \in [mT, mT + \delta) \times \Omega \\ 0, & (t, x) \in [mT + \delta, (m+1)T) \times \Omega \end{cases} \qquad (5.5.5)$$

其中 $m = 0, 1, \cdots$, $k_{ij}(i, j = 1, \cdots, n)$ 表示控制权值, $T > 0$ 表示控制周期, $0 < \delta < T$ 表示控制时间 (工作时间).

响应系统 (5.5.5) 的边界条件和初始条件分别为

$$v_i(t, x)|_{\partial \Omega} = 0, \quad (t, x) \in [-\bar{\tau}, +\infty) \times \partial \Omega, \quad i = 1, 2, \cdots, n \qquad (5.5.6)$$

$$v_i(s, x) = \psi_i(s, x), \quad (s, x) \in [-\bar{\tau}, 0] \times \Omega, \quad i = 1, 2, \cdots, n \qquad (5.5.7)$$

其中 $\psi_i(s, x)(i = 1, 2, \cdots, n)$ 在 $[-\bar{\tau}, 0] \times \Omega$ 上是连续有界的.

在本节, 我们假设:

(H5.5.1) 对任意 $\xi_1, \xi_2, \bar{\xi}_1, \bar{\xi}_2, \tilde{\xi}_1, \tilde{\xi}_2 \in \mathbb{R}$, 存在正常数 L_j 和 η_{ij} 使函数 f_j 和 h_{ij} 满足:

$$|f_j(\xi_1) - f_j(\xi_2)| \leqslant L_j |\xi_1 - \xi_2|$$
$$\left| h_{ij}(\xi_1, \bar{\xi}_1, \tilde{\xi}_1) - h_{ij}(\xi_2, \bar{\xi}_2, \tilde{\xi}_2) \right|^2 \leqslant \eta_{ij} \left(|\xi_1 - \xi_2|^2 + |\bar{\xi}_1 - \bar{\xi}_2|^2 + |\tilde{\xi}_1 - \tilde{\xi}_2|^2 \right)$$
$$h_{ij}(0, 0, 0) = 0, \quad i, j = 1, 2, \cdots, n$$

(H5.5.2) 时变时滞 $\tau_{ij}(t) \geqslant 0 (i, j = 1, 2, \cdots, n)$ 为可微函数, 且为如下两种情形之一:

(1) 对任意 t, $\dot{\tau}_{ij}(t) \leqslant \gamma < 1$ (慢时变时滞);

(2) 对任意 t, $\dot{\tau}_{ij}(t) \geqslant \gamma > 1$ (快时变时滞).

将响应系统 (5.5.4) 代入驱动系统 (5.5.1) 可得误差系统为

$$
\begin{cases}
\begin{aligned}
\mathrm{d}e_i(t,x) = & \left[\sum_{k=1}^{l^*} \frac{\partial}{\partial x_k} \left(D_{ik} \frac{\partial e_i(t,x)}{\partial x_k} \right) - c_i e_i(t-\sigma, x) + \sum_{j=1}^{n} a_{ij} g_j(e_j(t,x)) \right. \\
& \left. + \sum_{j=1}^{n} b_{ij} g_j(e_j(t-\tau_{ij}(t), x)) + \sum_{j=1}^{n} k_{ij} e_j(t,x) \right] \mathrm{d}t \\
& + \sum_{j=1}^{n} h_{ij}(e_j(t,x), e_j(t-\sigma, x), e_j(t-\tau_{ij}(t), x)) \mathrm{d}\omega_j(t), \\
& (t,x) \in [mT, mT+\delta) \times \Omega \\[6pt]
\mathrm{d}e_i(t,x) = & \left[\sum_{k=1}^{l^*} \frac{\partial}{\partial x_k} \left(D_{ik} \frac{\partial e_i(t,x)}{\partial x_k} \right) - c_i e_i(t-\sigma, x) + \sum_{j=1}^{n} a_{ij} g_j(e_j(t,x)) \right. \\
& \left. + \sum_{j=1}^{n} b_{ij} g_j(e_j(t-\tau_{ij}(t), x)) \right] \mathrm{d}t \\
& + \sum_{j=1}^{n} h_{ij}(e_j(t,x), e_j(t-\sigma, x), e_j(t-\tau_{ij}(t), x)) \mathrm{d}\omega_j(t), \\
& (t,x) \in [mT+\delta, (m+1)T) \times \Omega
\end{aligned}
\end{cases}
\tag{5.5.8}
$$

式中 $g_j(e_j(\cdot, x)) = f_j(v_j(\cdot, x)) - f_j(u_j(\cdot, x))$.

下面引进几个符号, 并给出基于周期间歇控制 (5.5.5) 的神经网络 (5.5.1) 和 (5.5.4) 指数 p-范数同步的定义, 以及在后面的证明过程中将要用到的引理.

对任意 $u(t,x) = (u_1(t,x), u_2(t,x), \cdots, u_n(t,x))^{\mathrm{T}} \in \mathbb{R}^n$, 定义

$$
\|u(t,x)\|_p = \left(\int_{\Omega} \sum_{i=1}^{n} |u_i(t,x)|^p \, \mathrm{d}x \right)^{\frac{1}{p}}
$$

定义 $\mathcal{PC} \stackrel{\text{def}}{=} \mathcal{PC}([-\bar{\tau}, 0] \times \Omega, \mathbb{R}^n)$ 为具有范数

$$
\|f\|_p = \left(\int_{\Omega} \sum_{i=1}^{n} \sup_{-\bar{\tau} \leqslant s \leqslant 0} |f_i(s,x)|^p \, \mathrm{d}x \right)^{\frac{1}{p}}
$$

的分段连续函数 $\phi : [-\bar{\tau}, 0] \times \Omega \to \mathbb{R}^n$.

定义 5.5.1　如果存在常数 $\mu > 0$ 和 $M \geqslant 1$ 使得对任意的 $(t,x) \in [0,+\infty) \times \Omega$, 有

$$\mathbb{E}\left\{\|v(t,x) - u(t,x)\|_p\right\} \leqslant M\mathbb{E}\left\{\|\psi - \phi\|_p\right\} \mathrm{e}^{-\mu t}$$

则称系统 (5.5.1) 和 (5.5.4) 基于周期间歇控制 (5.5.5) 是指数 p-范数同步的.

引理 5.5.1[20]　设 $p \geqslant 2$ 为正整数, $m_k(k = 1, 2, \cdots, l^*)$ 为正常数, X 为区间 $|x_k| \leqslant m_k$, $h(x) \in \mathcal{C}^1(\Omega)$ 为满足 $h(x)|_{\partial\Omega} = 0$ 的实值函数, 则有

$$\int_\Omega |h(x)|^p \mathrm{d}x \leqslant \frac{p^2 m_k^2}{4} \int_\Omega |h(x)|^{p-2}\left|\frac{\partial h}{\partial x_k}\right|^2 \mathrm{d}x$$

5.5.2　周期间歇同步控制策略

本小节将设计 T, δ 以及 k_{ij} 来实现 (5.5.1) 和 (5.5.4) 基于周期间歇控制 (5.5.5) 的指数 p-范数同步. 为便于计算, 引入如下符号:

$$\lambda_i = p\left(\frac{c_i^2}{2(p-1)\eta_{ii}} - a_{ii}L_i - \frac{1}{2}(p-1)\eta_{ii}\right) + \sum_{k=1}^{l^*}\frac{4(p-1)D_{ik}}{pm_k^2} - \sum_{j=1,j\neq i}^n\sum_{l=1}^{p-1}|a_{ij}|^{p\alpha_{lij}}L_j^{p\beta_{lij}}$$

$$- \sum_{j=1}^n\sum_{l=1}^{p-1}|b_{ij}|^{p\alpha_{lij}^*}L_j^{p\beta_{lij}^*} - \frac{p-1}{2}\sum_{j=1,j\neq i}^n\sum_{l=1}^{p-2}\left(\eta_{ij}^{p\xi_{lij}} + \eta_{ij}^{p\varepsilon_{lij}}\right) - \frac{p-1}{2}\sum_{j=1}^n\sum_{l=1}^{p-2}\eta_{ij}^{p\zeta_{lij}}$$

$$- \sum_{j=1,j\neq i}^n|a_{ji}|^{p\alpha_{pji}}L_i^{p\beta_{pji}} - \frac{p-1}{2}\sum_{j=1,j\neq i}^n\left(\eta_{ji}^{p\xi_{(p-1)ji}} + \eta_{ji}^{p\xi_{pji}}\right)$$

$$\rho_i = \frac{p-1}{2}\sum_{j=1,j\neq i}^n\left(\eta_{ji}^{p\varepsilon_{(p-1)ji}} + \eta_{ji}^{p\varepsilon_{pji}}\right)$$

$$\omega_i = pk_{ii} + \sum_{j=1,j\neq i}^n\sum_{l=1}^{p-1}|k_{ij}|^{p\varpi_{lij}} + \sum_{j=1,j\neq i}^n|k_{ji}|^{p\varpi_{pji}}$$

$$\varrho_{ij} = \frac{1}{\upsilon|1-\gamma|}\left[|b_{ji}|^{p\alpha_{pji}^*}L_i^{p\beta_{pji}^*} + \frac{p-1}{2}\left(\eta_{ji}^{p\zeta_{(p-1)ji}} + \eta_{ji}^{p\zeta_{pji}}\right)\right]$$

$$\varrho_{ij}^* = \varrho_{ij} - \upsilon\varrho_{ij}\mathrm{sgn}(1-\gamma)$$

式中, $0 < \upsilon < 1$, α_{lij}, β_{lij}, α_{lij}^*, β_{lij}^*, ξ_{lij}, ϖ_{lij} 和 ε_{lij} 均为非负实数且分别满足:

$$\sum_{l=1}^p\alpha_{lij} = 1, \quad \sum_{l=1}^p\beta_{lij} = 1, \quad \sum_{l=1}^p\alpha_{lij}^* = 1, \quad \sum_{l=1}^p\beta_{lij}^* = 1$$

$$\sum_{l=1}^p\xi_{lij} = 1, \quad \sum_{l=1}^p\varpi_{lij} = 1, \quad \sum_{l=1}^p\varepsilon_{lij} = 1, \quad \sum_{l=1}^p\zeta_{lij} = 1$$

同时, 假设对 $i = 1, 2, \cdots, n$, 有

(H5.5.3) $\lambda_i - \omega_i - \rho_i - \sum\limits_{j=1}^{n} \varrho_{ij} > 0$

考虑函数

$$F_i(\varepsilon_i) = \lambda_i - \omega_i - \varepsilon_i - \rho_i e^{\varepsilon_i \sigma} - \sum_{j=1}^{n} \varrho_{ij} e^{\varepsilon_i \tau}, \quad i = 1, 2, \cdots, n$$

其中 $\varepsilon_i \geqslant 0$. 显而易见,

$$F_i'(\varepsilon_i) = -1 - \sigma \rho_i e^{\varepsilon_i \sigma} - \tau \sum_{j=1}^{n} \varrho_{ij} e^{\varepsilon_i \tau} < 0$$

$$F_i(0) = \lambda_i - \omega_i - \rho_i - \sum_{j=1}^{n} \varrho_{ij} > 0$$

另外, 由于 $F_i(\varepsilon_i)$ 在 $[0, +\infty)$ 上是连续的, 且当 $\varepsilon_i \to +\infty$ 时 $F_i(\varepsilon_i) \to -\infty$, 因此存在一个正数 $\bar{\varepsilon}_i$ 使得对于 $\varepsilon_i \in (0, \bar{\varepsilon}_i)$ 有 $F_i(\bar{\varepsilon}_i) \geqslant 0$ 和 $F_i(\varepsilon_i) > 0$. 定义 $\varepsilon = \min\limits_{i=1,\cdots,n} \{\bar{\varepsilon}_i\}$, 则

$$F_i(\varepsilon) = \lambda_i - \omega_i - \varepsilon - \rho_i e^{\varepsilon \sigma} - \sum_{j=1}^{n} \varrho_{ij} e^{\varepsilon \tau} \geqslant 0, \quad i = 1, 2, \cdots, n \qquad (5.5.9)$$

由假设 (H5.5.3) 可知: 存在一个正数 θ_i 使得不等式

$$\lambda_i + \theta_i - \rho_i - \sum_{j=1}^{n} \varrho_{ij} > 0$$

对所有的 $i = 1, 2, \cdots, n$ 均成立. 同理有

$$G_i(\varepsilon) = \lambda_i + \theta_i - \varepsilon - \rho_i e^{\varepsilon \sigma} - \sum_{j=1}^{n} \varrho_{ij} e^{\varepsilon \tau} \geqslant 0, \quad i = 1, 2, \cdots, n \qquad (5.5.10)$$

且 $G_i(\varepsilon)$ 关于 ε 是单调递减的.

定理 5.5.1　假设条件 (H5.5.1)–(H5.5.3) 成立, 如果条件

(H5.5.4) $\varepsilon - \dfrac{(T - \delta)\theta}{T} > 0$ (其中 $\theta = \max\limits_{i=1,\cdots,n} \{\theta_i\}$) 也成立, 则基于周期间歇控制 (5.5.5) 系统 (5.5.1) 和 (5.5.4) 是指数 p-范数同步的.

证明 定义 Lyapunov-Krasovskii 泛函 $V(t,x) \in \mathcal{C}^{1,2}(\mathbb{R}^+ \times \mathbb{R}^n; \mathbb{R}^+)$:

$$V(t,x) = \int_\Omega \sum_{i=1}^n \left[V_i(t,x) + \rho_i e^{\varepsilon\sigma} \int_{t-\sigma}^t V_i(s,x)\mathrm{d}s + e^{\varepsilon\tau} \sum_{j=1}^n \varrho_{ij} \int_{t-\tau_{ij}(t)}^t V_i(s,x)\mathrm{d}s \right.$$
$$\left. + e^{\varepsilon\tau} \sum_{j=1}^n \varrho_{ij}^* \int_{t-\tau}^{t-\tau_{ij}(t)} V_i(s,x)\mathrm{d}s \right] \mathrm{d}x \tag{5.5.11}$$

式中 $V_i(t,x) = e^{\varepsilon t}|e_i(t,x)|^p$, $i = 1, 2, \cdots, n$.

根据 Itô 公式有

$$\mathrm{d}V(t,e(t,x)) = \mathcal{L}V(t,e(t,x))\mathrm{d}t + V_e(t,e(t,x))\sigma(t)\mathrm{d}\omega(t) \tag{5.5.12}$$

其中

$$\mathcal{L}V(t,e(t,x)) = V_t(t,e(t,x)) + V_e(t,e(t,x))\Phi + \frac{1}{2}\mathrm{trace}\left[\sigma^{\mathrm{T}}(t)V_{ee}(t,e(t,x))\sigma(t)\right]$$

$$V_t(t,e(t,x)) = \frac{\partial V(t,e(t,x))}{\partial t}$$

$$V_e(t,e(t,x)) = \left(\frac{\partial V(t,e(t,x))}{\partial e_1}, \frac{\partial V(t,e(t,x))}{\partial e_2}, \cdots, \frac{\partial V(t,e(t,x))}{\partial e_n} \right)$$

$$V_{ee}(t,e(t,x)) = \left(\frac{\partial^2 V(t,e(t,x))}{\partial e_i \partial e_j} \right)_{n \times n}$$

$$\Phi = (\Phi_1, \cdots, \Phi_n)$$

$$\Phi_i = -c_i e_i(t-\sigma, x) + \sum_{j=1}^n a_{ij} g_j(e_j(t,x))$$
$$+ \sum_{j=1}^n b_{ij} g_j(e_j(t-\tau_{ij}(t),x)) + w_i(t,x) \quad (i = 1, \cdots, n)$$

由 (5.5.12) 和 Dini 导数可知: 当 $(t,x) \in [mT, mT+\delta] \times \Omega$ 时, 有

$$D^+ \mathbb{E}\{V(t,x)\}$$
$$= \int_\Omega \sum_{i=1}^n \left[\varepsilon V_i(t,x) + p e^{\varepsilon t}|e_i(t,x)|^{p-1} \left(-c_i|e_i(t-\sigma,x)| + \sum_{j=1}^n a_{ij} g_j(|e_j(t,x)|) \right. \right.$$
$$\left. + \sum_{j=1}^n b_{ij} g_j(|e_j(t-\tau_{ij}(t),x)|) + \sum_{j=1}^n k_{ij}|e_j(t,x)| \right) + \rho_i e^{\varepsilon\sigma}(V_i(t,x) - V_i(t-\sigma,x))$$
$$+ e^{\varepsilon\tau} \sum_{j=1}^n \varrho_{ij}(V_i(t,x) - (1 - \dot\tau_{ij}(t))V_i(t-\tau_{ij}(t),x))$$

$$+ \mathrm{e}^{\varepsilon\tau} \sum_{j=1}^{n} \varrho_{ij}^{*} \left((1 - \dot{\tau}_{ij}(t)) V_i(t - \tau_{ij}(t), x) - V_i(t - \tau, x) \right)$$

$$+ \left. \frac{p(p-1)}{2} \mathrm{e}^{\varepsilon t} |e_i(t, x)|^{p-2} \sum_{j=1}^{n} h_{ij}^2 (e_j(t, x), e_j(t - \sigma, x), e_j(t - \tau_{ij}(t), x)) \right] \mathrm{d}x$$

$$+ \int_{\Omega} \sum_{i=1}^{n} p\mathrm{e}^{\varepsilon t} |e_i(t, x)|^{p-1} \sum_{k=1}^{l^*} \frac{\partial}{\partial x_k} \left(D_{ik} \frac{\partial |e_i(t, x)|}{\partial x_k} \right) \mathrm{d}x \tag{5.5.13}$$

由边界条件 (5.5.2), (5.5.6) 及引理 5.5.1 可知

$$p \int_{\Omega} |e_i(t, x)|^{p-1} \sum_{k=1}^{l^*} \frac{\partial}{\partial x_k} \left(D_{ik} \frac{\partial |e_i(t, x)|}{\partial x_k} \right) \mathrm{d}x \leqslant - \sum_{k=1}^{l^*} \frac{4(p-1)D_{ik}}{pm_k^2} \int_{\Omega} |e_i(t, x)|^p \mathrm{d}x \tag{5.5.14}$$

可以注意到对任意 $i = 1, 2, \cdots, n,$ 有

$$- pc_i \mathrm{e}^{\varepsilon t} |e_i(t, x)|^{p-1} |e_i(t - \sigma, x)| + \rho_i \mathrm{e}^{\varepsilon\sigma} V_i(t, x)$$

$$+ \frac{p(p-1)}{2} e^{\varepsilon t} |e_i(t, x)|^{p-2} \eta_{ii} |e_i(t - \sigma, x)|^2$$

$$= \mathrm{e}^{\varepsilon t} |e_i(t, x)|^{p-2} \left[\left(\frac{pc_i}{\sqrt{2p(p-1)\eta_{ii}}} |e_i(t, x)| - \sqrt{\frac{p(p-1)\eta_{ii}}{2}} |e_i(t - \sigma, x)| \right)^2 \right]$$

$$+ \left[\rho_i \mathrm{e}^{\varepsilon\sigma} - \frac{pc_i^2}{2(p-1)\eta_{ii}} \right] V_i(t, x)$$

$$\leqslant \left[\rho_i \mathrm{e}^{\varepsilon\sigma} - \frac{pc_i^2}{2(p-1)\eta_{ii}} \right] V_i(t, x) \tag{5.5.15}$$

同时, 由假设 (H5.5.1) 和不等式

$$a_1^p + a_2^p + \cdots + a_p^p \geqslant pa_1a_2 \cdots a_p \quad (a_i \geqslant 0, i = 1, 2, \cdots, p)$$

可知

$$p|e_i(t, x)|^{p-1} \sum_{j=1, j\neq i}^{n} a_{ij} g_j (|e_j(t, x)|)$$

$$\leqslant p|e_i(t, x)|^{p-1} \sum_{j=1, j\neq i}^{n} |a_{ij}| L_j |e_j(t, x)|$$

$$= \sum_{j=1, j\neq i}^{n} p \left[\prod_{l=1}^{p-1} \left(|a_{ij}|^{\alpha_{lij}} L_j^{\beta_{lij}} |e_i(t, x)| \right) \right] \left(|a_{ij}|^{\alpha_{pij}} L_j^{\beta_{pij}} |e_j(t, x)| \right)$$

$$\leqslant \sum_{j=1,j\neq i}^{n} \sum_{l=1}^{p-1} |a_{ij}|^{p\alpha_{lij}} L_j^{p\beta_{lij}} |e_i(t,x)|^p + \sum_{j=1,j\neq i}^{n} |a_{ij}|^{p\alpha_{pij}} L_j^{p\beta_{pij}} |e_j(t,x)|^p \tag{5.5.16}$$

同理, 可得

$$p|e_i(t,x)|^{p-1} \sum_{j=1}^{n} b_{ij} \left(g_j \left(|e_j(t-\tau_{ij}(t),x)| \right) \right)$$

$$\leqslant \sum_{j=1}^{n} \sum_{l=1}^{p-1} |b_{ij}|^{p\alpha_{lij}^*} L_j^{p\beta_{lij}^*} |e_i(t,x)|^p + \sum_{j=1}^{n} |b_{ij}|^{p\alpha_{pij}^*} L_j^{p\beta_{pij}^*} |e_j(t-\tau_{ij}(t),x)|^p \tag{5.5.17}$$

$$p|e_i(t,x)|^{p-1} \sum_{j=1,j\neq i}^{n} |k_{ij}| |e_j(t,x)|$$

$$\leqslant \sum_{j=1,j\neq i}^{n} \sum_{l=1}^{p-1} |k_{ij}|^{p\varpi_{lij}} |e_i(t,x)|^p + \sum_{j=1,j\neq i}^{n} |k_{ij}|^{p\varpi_{pij}} |e_j(t,x)|^p \tag{5.5.18}$$

$$p|e_i(t,x)|^{p-2} \sum_{j=1,j\neq i}^{n} \eta_{ij} |e_j(t,x)|^2$$

$$= \sum_{j=1,j\neq i}^{n} p \left[\prod_{l=1}^{p-2} \left(\eta_{ij}^{\xi_{lij}} |e_i(t,x)| \right) \right] \left(\eta_{ij}^{\xi_{(p-1)ij}} |e_j(t,x)| \right) \left(\eta_{ij}^{\xi_{pij}} |e_j(t,x)| \right)$$

$$\leqslant \sum_{j=1,j\neq i}^{n} \sum_{l=1}^{p-2} \eta_{ij}^{p\xi_{lij}} |e_i(t,x)|^p + \sum_{j=1,j\neq i}^{n} \left(\eta_{ij}^{p\xi_{(p-1)ij}} + \eta_{ij}^{p\xi_{pij}} \right) |e_j(t,x)|^p \tag{5.5.19}$$

$$p|e_i(t,x)|^{p-2} \sum_{j=1,j\neq i}^{n} \eta_{ij} |e_j(t-\sigma,x)|^2$$

$$\leqslant \sum_{j=1,j\neq i}^{n} \sum_{l=1}^{p-2} \eta_{ij}^{p\varepsilon_{lij}} |e_i(t,x)|^p + \sum_{j=1,j\neq i}^{n} \left(\eta_{ij}^{p\varepsilon_{(p-1)ij}} + \eta_{ij}^{p\varepsilon_{pij}} \right) |e_j(t-\sigma,x)|^p \tag{5.5.20}$$

以及

$$p|e_i(t,x)|^{p-2} \sum_{j=1}^{n} \eta_{ij} |e_j(t-\tau_{ij}(t),x)|^2$$

$$\leqslant \sum_{j=1}^{n} \sum_{l=1}^{p-2} \eta_{ij}^{p\zeta_{lij}} |e_i(t,x)|^p + \sum_{j=1}^{n} \left(\eta_{ij}^{p\zeta_{(p-1)ij}} + \eta_{ij}^{p\zeta_{pij}} \right) |e_j(t-\tau_{ij}(t),x)|^p \tag{5.5.21}$$

将 (5.5.9) 和 (5.5.14)–(5.5.21) 代入 (5.5.13), 可得

$$D^+ \mathbb{E}\{V(t,x)\}$$

$$\leqslant \mathbb{E}\left\{ \int_\Omega \sum_{i=1}^{n} \left\{ \left[\varepsilon - p \left(\frac{c_i^2}{2(p-1)\eta_{ii}} - a_{ii}L_i - k_{ii} - \frac{1}{2}(p-1)\eta_{ii} \right) \right. \right. \right.$$

$$-\sum_{k=1}^{l^*}\frac{4(p-1)D_{ik}}{pm_k^2}+\sum_{j=1,j\neq i}^{n}\sum_{l=1}^{p-1}\left(|a_{ij}|^{p\alpha_{lij}}L_j^{p\beta_{lij}}+|k_{ij}|^{p\varpi_{lij}}\right)$$

$$+\sum_{j=1}^{n}\sum_{l=1}^{p-1}|b_{ij}|^{p\alpha_{lij}^*}L_j^{p\beta_{lij}^*}+\frac{p-1}{2}\left(\sum_{j=1,j\neq i}^{n}\sum_{l=1}^{p-2}\eta_{ij}^{p\xi_{lij}}+\sum_{j=1,j\neq i}^{n}\sum_{l=1}^{p-2}\eta_{ij}^{p\epsilon_{lij}}\right.$$

$$\left.+\sum_{j=1}^{n}\sum_{l=1}^{p-2}\eta_{ij}^{p\zeta_{lij}}\right)\Bigg]V_i(t,x)+\Bigg[\sum_{j=1,j\neq i}^{n}\left(|a_{ij}|^{p\alpha_{pij}}L_j^{p\beta_{pij}}+|k_{ij}|^{p\varpi_{pij}}\right)$$

$$+\frac{p-1}{2}\sum_{j=1,j\neq i}^{n}\left(\eta_{ij}^{p\xi_{(p-1)ij}}+\eta_{ij}^{p\xi_{pij}}\right)\Bigg]V_j(t,x)$$

$$+\frac{p-1}{2}\sum_{j=1,j\neq i}^{n}\left(\eta_{ij}^{p\varepsilon_{(p-1)ij}}+\eta_{ij}^{p\varepsilon_{pij}}\right)|e_j(t-\sigma,x)|^p$$

$$-\rho_i\mathrm{e}^{\varepsilon\sigma}V_i(t-\sigma,x)+\mathrm{e}^{\varepsilon\tau}\sum_{j=1}^{n}\varrho_{ij}\left[V_i(t,x)-\upsilon|1-\gamma|V_i(t-\tau_{ij}(t),x)\right]$$

$$+\sum_{j=1}^{n}\left[|b_{ij}|^{p\alpha_{pij}^*}L_j^{p\beta_{pij}^*}+\frac{p-1}{2}\left(\eta_{ij}^{p\zeta_{(p-1)ij}}+\eta_{ij}^{p\zeta_{pij}}\right)\right]\mathrm{e}^{\varepsilon\tau}V_j(t-\tau_{ij}(t),x)$$

$$+\rho_i\mathrm{e}^{\varepsilon\sigma}V_i(t,x)\Bigg\}\mathrm{d}x\Bigg\}$$

$$=-\mathbb{E}\left\{\int_\Omega\sum_{i=1}^{n}\left[\lambda_i-\omega_i-\varepsilon-\rho_i\mathrm{e}^{\varepsilon\sigma}-\mathrm{e}^{\varepsilon\tau}\sum_{j=1}^{n}\varrho_{ij}\right]V_i(t,x)\mathrm{d}x\right\}\leqslant 0\qquad(5.5.22)$$

这说明: 当 $(t,x)\in[mT,mT+\delta)\times\Omega$ 时, 有

$$\mathbb{E}\left\{V(t,x)\right\}\leqslant\mathbb{E}\left\{V(mT,x)\right\}\qquad(5.5.23)$$

同理, 当 $(t,x)\in[mT+\delta,(m+1)T)\times\Omega$ 时, 有

$$D^+\mathbb{E}\left\{V(t,x)\right\}$$

$$\leqslant-\int_\Omega\sum_{i=1}^{n}\left[\lambda_i+\theta_i-\varepsilon-\rho_i\mathrm{e}^{\varepsilon\sigma}-(1-\gamma)^{-1}\mathrm{e}^{\varepsilon\tau}\sum_{j=1}^{n}\varrho_{ij}\right]V_i(t,x)\mathrm{d}x+\int_\Omega\sum_{i=1}^{n}\theta_iV_i(t,x)\mathrm{d}x$$

$$\leqslant\int_\Omega\sum_{i=1}^{n}\theta V_i(t,x)\mathrm{d}x$$

即

$$\mathbb{E}\left\{V(t,x)\right\}\leqslant\mathbb{E}\left\{V(mT+\delta,x)\exp\left\{\theta(t-mT-\delta)\right\}\right\}\qquad(5.5.24)$$

结合这两种情况, 可归纳为:

(1) 当 $(t,x) \in [0,\delta) \times \Omega$ 时, 由 (5.5.23) 可知

$$\mathbb{E}\{V(t,x)\} \leqslant \mathbb{E}\{V(0,x)\}$$

(2) 当 $(t,x) \in [\delta,T) \times \Omega$ 时, 由 (5.5.24) 可知

$$\mathbb{E}\{V(t,x)\} \leqslant \mathbb{E}\{V(\delta,x)\exp\{\theta(t-\delta)\}\} \leqslant \mathbb{E}\{V(0,x)\exp\{\theta(t-\delta)\}\}$$

(3) 当 $(t,x) \in [T,T+\delta) \times \Omega$ 时,

$$\mathbb{E}\{V(t,x)\} \leqslant \mathbb{E}\{V(T,x)\} \leqslant \mathbb{E}\{V(0,x)\exp\{\theta(T-\delta)\}\}$$

(4) 当 $(t,x) \in [T+\delta,2T) \times \Omega$ 时,

$$\mathbb{E}\{V(t,x)\} \leqslant \mathbb{E}\{V(T+\delta,x)\exp\{\theta(t-T-\delta)\}\} \leqslant \mathbb{E}\{V(0,x)\exp\{\theta(t-2\delta)\}\}$$

重复此过程, 可知当 $(t,x) \in [mT,mT+\delta) \times \Omega$ 时, 有

$$\mathbb{E}\{V(t,x)\} \leqslant \mathbb{E}\{V(mT,x)\} \leqslant \mathbb{E}\{V(0,x)\exp\{m\theta(T-\delta)\}\} \tag{5.5.25}$$

同样地, 当 $(t,x) \in [mT+\delta,(m+1)T) \times \Omega$ 时

$$\mathbb{E}\{V(t,x)\} \leqslant \mathbb{E}\{V(mT+\delta,x)\exp\{\theta(t-mT-\delta)\}\} \leqslant \mathbb{E}\{V(0,x)\exp\{\theta(t-(m+1)\delta)\}\} \tag{5.5.26}$$

如果 $(t,x) \in [mT,mT+\delta) \times \Omega$, 则 $m \leqslant t/T$, 从而由 (5.5.25) 可知

$$\mathbb{E}\{V(t,x)\} \leqslant \mathbb{E}\left\{V(0,x)\exp\left\{\frac{(T-\delta)\theta}{T}t\right\}\right\} \tag{5.5.27}$$

同理, 如果 $(t,x) \in [mT+\delta,(m+1)T) \times \Omega$, 则 $t/T < m+1$, 由 (5.5.26) 得

$$\mathbb{E}\{V(t,x)\} \leqslant \mathbb{E}\left\{V(0,x)\exp\left\{\frac{(T-\delta)\theta}{T}t\right\}\right\} \tag{5.5.28}$$

综合 (5.5.27) 和 (5.5.28) 可知, 对任意 $(t,x) \in [0,+\infty) \times \Omega$

$$\mathbb{E}\{V(t,x)\} \leqslant \mathbb{E}\left\{V(0,x)\exp\left\{\frac{(T-\delta)\theta}{T}t\right\}\right\} \tag{5.5.29}$$

恒成立.

注意到

$\mathbb{E}\left\{V(0, x)\right\}$

$$= \mathbb{E}\left\{\int_{\Omega} \sum_{i=1}^{n}\left[V_i(0, x) + \rho_i \mathrm{e}^{\varepsilon\sigma} \int_{-\sigma}^{0} V_i(s, x)\mathrm{d}s + \mathrm{e}^{\varepsilon\tau} \sum_{j=1}^{n} \varrho_{ij} \int_{-\tau_{ij}(0)}^{0} V_i(s, x)\mathrm{d}s \right.\right.$$

$$\left.\left. + \mathrm{e}^{\varepsilon\tau} \sum_{j=1}^{n} \varrho_{ij}^* \int_{-\tau}^{-\tau_{ij}(0)} V_i(s, x)\mathrm{d}s\right]\mathrm{d}x\right\}$$

$$= \mathbb{E}\left\{\int_{\Omega} \sum_{i=1}^{n}\left[|e_i(0, x)|^p + \rho_i \mathrm{e}^{\varepsilon\sigma} \int_{-\sigma}^{0} \mathrm{e}^{\varepsilon s}|e_i(s, x)|^p \mathrm{d}s \right.\right.$$

$$\left.\left. + \mathrm{e}^{\varepsilon\tau} \sum_{j=1}^{n} \varrho_{ij} \int_{-\tau_{ij}(0)}^{0} \mathrm{e}^{\varepsilon s}|e_i(s, x)|^p \mathrm{d}s + \mathrm{e}^{\varepsilon\tau} \sum_{j=1}^{n} \varrho_{ij}^* \int_{-\tau}^{-\tau_{ij}(0)} \mathrm{e}^{\varepsilon s}|e_i(s, x)|^p \mathrm{d}s\right]\mathrm{d}x\right\}$$

$$\leqslant \mathbb{E}\left\{\int_{\Omega} \sum_{i=1}^{n}\left[|e_i(0, x)|^p + \mathrm{e}^{\varepsilon\sigma} \max_{i=1,2,\cdots,n}\{\rho_i\} \int_{-\sigma}^{0} \mathrm{e}^{\varepsilon s}|e_i(s, x)|^p \mathrm{d}s \right.\right.$$

$$\left. + \mathrm{e}^{\varepsilon\tau} \max_{i=1,2,\cdots,n}\left\{\sum_{j=1}^{n} \varrho_{ij}\right\} \sum_{j=1}^{n} \int_{-\tau_{ij}(0)}^{0} \mathrm{e}^{\varepsilon s}|e_i(s, x)|^p \mathrm{d}s \right.$$

$$\left.\left. + \mathrm{e}^{\varepsilon\tau} \max_{i=1,2,\cdots,n}\left\{\sum_{j=1}^{n} \varrho_{ij}^*\right\} \sum_{j=1}^{n} \int_{-\tau}^{-\tau_{ij}(0)} \mathrm{e}^{\varepsilon s}|e_i(s, x)|^p \mathrm{d}s\right]\mathrm{d}x\right\}$$

$$\leqslant \left[1 + \sigma\mathrm{e}^{\varepsilon\sigma} \max_{i=1,2,\cdots,n}\{\rho_i\} + \tau\mathrm{e}^{\varepsilon\tau} \max_{i=1,2,\cdots,n}\left(\sum_{j=1}^{n}(\varrho_{ij} + \varrho_{ij}^*)\right)\right]\mathbb{E}\left\{\|\psi - \phi\|_p^p\right\} \tag{5.5.30}$$

以及

$$\mathbb{E}\{V(t, x)\} \geqslant \left\{\int_{\Omega} \sum_{i=1}^{n} \mathrm{e}^{\varepsilon t}|e_i(t, x)|^p \mathrm{d}x\right\} = \mathrm{e}^{\varepsilon t}\mathbb{E}\left\{\|v(t, x) - u(t, x)\|_p^p\right\} \tag{5.5.31}$$

令

$$M = \left[1 + \sigma\mathrm{e}^{\varepsilon\sigma} \max_{i=1,2,\cdots,n}\{\rho_i\} + \tau\mathrm{e}^{\varepsilon\tau} \max_{i=1,2,\cdots,n}\left\{\sum_{j=1}^{n}(\varrho_{ij} + \varrho_{ij}^*)\right\}\right]^{\frac{1}{p}} > 1$$

$$\mu = \frac{1}{p}\left[\varepsilon - \frac{(T-\delta)\theta}{T}\right] > 0$$

由 (5.5.29)–(5.5.31) 可知

$$\mathbb{E}\left\{\|v(t, x) - u(t, x)\|_p\right\} \leqslant M\mathbb{E}\left\{\|\psi - \phi\|_p\right\} \mathrm{e}^{-\mu t}$$

通过定义 5.5.1 可知: 基于周期间歇控制 (5.5.5) 系统 (5.5.1) 和 (5.5.4) 是指数 p-范数同步的. 证毕.

备注 5.5.1 文献 [21] 假设时变时滞的导数不大于 1, 利用线性误差反馈控制方法, 研究了一类具有时变时滞和随机干扰的反应扩散神经网络在 Dirichlet 边界条件下的 2-范数同步问题; 文献 [22] 利用自适应控制方法讨论了具有连续分布时滞和随机干扰的反应扩散神经网络的 2-范数指数同步问题; 文献 [23] 利用 Lyapunov 稳定性理论, 设计了时滞反应扩散细胞神经网络的在 Dirichlet 边界条件下的 $2k$-范数 (k 为自然数) 同步控制策略. 通过对比发现, 本节讨论的是具有混合时变时滞和随机干扰的反应扩散神经网络系统的 k-范数 ($p \geqslant 2$) 同步控制问题, 因此具有一般性.

备注 5.5.2 本节的主要结论定理 5.5.1 去除了文献 [24]–[26] 对周期间歇控制 (5.5.5) 关于 $\delta > \tau$ 和 $T - \delta > \tau$ 的限制.

备注 5.5.3 在定理 5.5.1 的证明过程中, 本节设计了一个新的 Lyapunov-Krasovskii 泛函 $V(t, x)$ 来处理神经网络系统的时变时滞项, 其积分项 $\int_{t-\tau}^{t} V_i(s, x) \mathrm{d}s$ 被分解为两部分: $\int_{t-\tau_{ij}(t)}^{t} \varrho_{ij} V_i(s, x) \mathrm{d}s$ 和 $\int_{t-\tau}^{t-\tau_{ij}(t)} \varrho_{ij}^* V_i(s, x) \mathrm{d}s$, 其中 $\varrho_{ij}^* = \varrho_{ij} - \upsilon \varrho_{ij} \mathrm{sgn}(1 - \gamma)$, 而 $0 < \upsilon < 1$, 这样一个新参数的引进能够去除对 $\dot{\tau}_{ij}(t)$ 上界的约束.

备注 5.5.4 通过定理 5.5.1 可以看出: 反应扩散神经网络系统的指数同步标准是与系统的时滞、随机干扰和反应扩散系数均相关的. 同时, 当反应扩散系数 D_{ik} 足够大时, (H5.5.4) 始终成立, 这说明在边界条件 (5.5.2)、(5.5.6) 和周期间歇控制 (5.5.5), 足够大的扩散能够使神经网络 (5.5.1) 和 (5.5.4) 始终是指数 p-范数同步的.

5.5.3 数值模拟

为简单起见, 首先考虑如下具有两个神经元的反应扩散神经网络:

$$\frac{\mathrm{d}u_i(t, x)}{\mathrm{d}t} = D_i \frac{\partial^2 u_i(t, x)}{\partial x^2} - c_i u_i(t - \sigma, x) + \sum_{j=1}^{2} a_{ij} f_j(u_j(t, x)) + \sum_{j=1}^{2} b_{ij} f_j(u_j(t - \tau(t), x)) \tag{5.5.32}$$

式中, $i = 1, 2$, $f_i(u_i) = \tanh u_i$, 参数为 $c_1 = c_2 = 1$, $a_{11} = 2$, $a_{12} = 1$, $a_{21} = -3$, $a_{22} = 1.5$, $b_{11} = 2.5$, $b_{12} = 1$, $b_{21} = -1$, $b_{22} = 2$, $D_1 = 0.1$, $D_2 = 0.2$, $\sigma = 1$, $\tau(t) = 1.3 + 0.1\cos t$, $x \in [-5, 5]$, 初始条件

$$u_1(s, x) = 0.5(1 + (s - \tau(s))/\pi) \sin(x/\pi)$$
$$u_2(s, x) = 0.3(1 + (s - \tau(s))/\pi) \sin(x/\pi) \tag{5.5.33}$$

其中 $(s, x) \in [-1.4, 0] \times \Omega$. 如图 5-23 所示, 在边界条件 (5.5.2) 和初始条件 (5.5.33) 下, 系统 (5.5.32) 呈现出混沌现象.

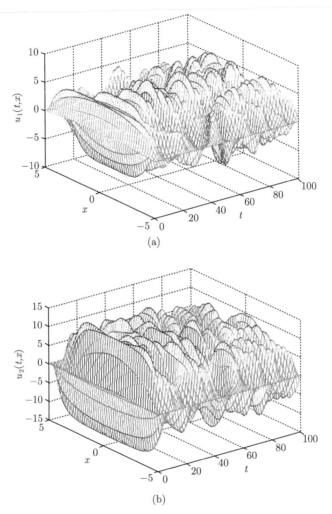

(a)

(b)

图 5-23　系统 (5.5.32) 的混沌现象

具有随机干扰的响应系统为

$$dv_i(t, x) = \left[D_i \frac{\partial^2 v_i(t, x)}{\partial x^2} - c_i v_i(t - \sigma, x) + \sum_{j=1}^{2} a_{ij} f_j(v_j(t, x)) \right.$$

$$\left. + \sum_{j=1}^{2} b_{ij} f_j(v_j(t - \tau, x)) + w_i(t, x) \right] dt$$

$$+ \sum_{j=1}^{2} h_{ij}(e_j(t,x), e_j(t-\sigma,x), e_j(t-\tau,x)) \mathrm{d}\omega_j(t) \tag{5.5.34}$$

其中

$$h_{11}(e_1(t,x), e_1(t-\sigma,x), e_1(t-\tau,x)) = 0.1e_1(t,x) + 0.2e_1(t-\sigma,x) + 0.3e_1(t-\tau,x)$$
$$h_{12}(e_2(t,x), e_2(t-\sigma,x), e_2(t-\tau,x)) = h_{21}(e_1(t,x), e_1(t-\sigma,x), e_1(t-\tau,x)) = 0$$
$$h_{22}(e_2(t,x), e_2(t-\sigma,x), e_2(t-\tau,x)) = 0.2e_2(t,x) + 0.3e_2(t-\sigma,x) + 0.4e_2(t-\tau,x)$$

同时, 响应系统 (5.5.34) 的初始条件选取为

$$v_1(s,x) = 0.1(1 + (s - \tau(s))/\pi)\cos(x/\pi)$$
$$v_2(s,x) = 0.8(1 + (s - \tau(s))/\pi)\cos(x/\pi) \tag{5.5.35}$$

其中 $(s,x) \in [-1.4, 0] \times \Omega$.

通过简单的计算可知: $L_1 = L_2 = 1$, $\gamma = 0.1$, $m_1 = 5$, $\eta_{11} = 0.09$, $\eta_{12} = \eta_{21} = 0$, $\eta_{22} = 0.16$. 另外, 为方便起见, 仅考虑 $p = 2$ 的情况. 选择 $k_{11} = -5$, $k_{12} = k_{21} = 0$, $k_{22} = -12$, $\upsilon = 0.999$ 以及对于任意 $l, i, j = 1, 2$, $\alpha_{lij} = \beta_{lij} = \alpha_{lij}^* = \beta_{lij}^* = \xi_{lij} = \varpi_{lij} = \varepsilon_{lij} = \zeta_{lij} = 1/2$, 则有

$$\lambda_1 = 0.4391, \quad \lambda_2 = -4.054, \quad \omega_1 = -10, \quad \omega_2 = -20, \quad \rho_1 = \rho_2 = 0$$

$$\varrho_{11} = 2.917, \quad \varrho_{12} = 1.111, \quad \varrho_{21} = 1.111, \quad \varrho_{22} = 2.361$$

从而有 $\bar{\varepsilon}_1 = 0.6353$, $\bar{\varepsilon}_2 = 1.0407$, $\theta \geqslant 7.526$. 因此, 取 $T = 20$ 和 $\theta = 7.53$ 时, $\varepsilon = 0.6353$, $\delta > 18.3126$. 由定理 5.5.1 可知在边界条件 (5.5.2) 和 (5.5.6), 初始条件 (5.5.33) 和 (5.5.35) 和周期间歇控制 (5.5.5) 下, 系统 (5.5.32) 和 (5.5.34) 是指数 p-范数同步的, 如图 5-24 所示 (取 $\delta = 19$).

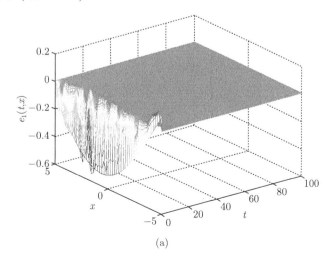

(a)

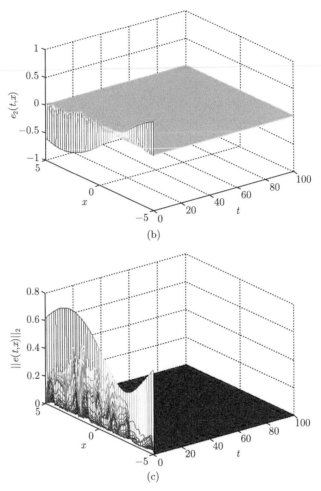

图 5-24 同步误差 $e_1(t, x)$ 和 $e_2(t, x)$

参 考 文 献

[1] Gopalsamy K. Stability and Oscillations in Delay Differential Equations of Population Dynamics [M]. DorDrecht: Kluwer Academic Publishers, 1992.

[2] Haykin S. Neural Networks [M]. New Jersey: Prentice Hall, 1999.

[3] Gopalsamy K. Leakage delays in BAM [J]. Journal of Mathematical Analysis and Applications, 2007, 325: 1117–1132.

[4] Li X, Fu X, Balasubramaniam P, Rakkiyappan R. Existence, uniqueness and stability analysis of recurrent neural networks with time delay in the leakage term under impulsive perturbations [J]. Nonlinear Analysis: Real World Applications, 2010, 11(5): 4092–4108.

[5] Balasubramaniam P, Kalpana M, Rakkiyappan R. Global asymptotic stability of BAM fuzzy cellular neural networks with time delay in the leakage term, discrete and unbounded distributed delays [J]. Mathematical and Computer Modelling, 2011, 53(5-6): 839–853.

[6] Li Z, Xu R. Global asymptotic stability of stochastic reaction-diffusion neural networks with time delays in the leakage terms [J]. Communications in Nonlinear Science and Numerical Simulation, 2012, 17(4): 1681–1689.

[7] Liu B. Global exponential stability for BAM neural networks with time-varying delays in the leakage terms [J]. Nonlinear Analysis: Real World Applications, 2013, 14(1): 559–566.

[8] Zhu Q, Rakkiyappan R, Chandrasekar A. Stochastic stability of Markovian jump BAM neural networks with leakage delays and impulse control [J]. Neurocomputing, 2014, 136: 136–151.

[9] Raja R, Zhu Q, Senthilraj S, Samidurai R. Improved stability analysis of uncertain neutral type neural networks with leakage delays and impulsive effects [J]. Applied Mathematics and Computation, 2015, 266: 1050–1069.

[10] Gan Q, Yang Y, Fan S, Wang Y. Synchronization of stochastic fuzzy cellular neural networks with leakage delay based on adaptive control [J]. Differential Equations and Dynamical Systems, 2014, 22: 319–332.

[11] Li X, Cao J. Delay-dependent stability of neural networks of neutral type with time delay in the leakage term [J]. Nonlinearity, 2010, 23: 1709–1726.

[12] Gan Q. Synchronization of unknown chaotic neural networks with stochastic perturbation and time delay in the leakage term based on adaptive control and parameter identification [J]. Neural Computing & Applications, 2013, 22: 1095–1104.

[13] Gan Q. Synchronisation of chaotic neural networks with unknown parameters and random time-varying delays based on adaptive sampled-data control and parameter identification [J]. IET Control Theory and Applications, 2012, 6(10): 1508–1515.

[14] Gan Q, Liang Y. Synchronization of chaotic neural networks with time delay in the leakage term and parametric uncertainties based on sampled-data control [J]. Journal of the Franklin Institute, 2012, 349(6): 1955–1971.

[15] Gan Q, Xu R, Yang P. Exponential synchronization of stochastic fuzzy cellular neural networks with time delay in the leakage term and reaction-diffusion [J]. Communications in Nonlinear Science and Numerical Simulation, 2012, 17(4): 1862–1870.

[16] Gan Q. Exponential synchronization of stochastic neural networks with leakage delay and reaction-diffusion terms via periodically intermittent control [J]. Chaos, 2012, 22: 013124.

[17] Gan Q. Exponential synchronization of stochastic Cohen-Grossberg neural networks with mixed time-varying delays and reaction-diffusion via periodically intermittent con-

trol [J]. Neural Networks, 2012, 31: 12–21.

[18] Gan Q, Zhang H, Dong J. Exponential synchronization for reaction-diffusion neural networks with mixed time-varying delays via periodically intermittent control [J]. Nonlinear Analysis: Modelling and Control, 2014, 1(19): 1–25.

[19] Gan Q. Exponential synchronization of stochastic fuzzy cellular neural networks with reaction-diffusion terms via periodically intermittent control [J]. Neural Processing Letters, 2013, 37: 393–410.

[20] Hu C, Jiang H, Teng Z. Impulsive control and synchronization for delayed neural networks with reaction-diffusion terms [J], IEEE Transactions on Neural Networks, 2010, 21: 67–81.

[21] Ma Q, Xu S, Zou Y, Shi G. Synchronization of stochastic chaotic neural networks with reaction-diffusion terms [J]. Nonlinear Dynamics, 2012, 67: 2183–2196.

[22] Zhao B, Deng F. Adaptive exponential synchronization of stochastic delay neural networks with reaction-diffusion [J]. Lecture Notes in Computer Science, 2009, 5551: 550–559.

[23] Wang K, Teng Z, Jiang H. Global exponential synchronization in delayed reaction-diffusion cellular neural networks with the Dirichlet boundary conditions [J]. Mathematical and Computer Modelling, 2010, 52: 12–24.

[24] Huang J, Li C, Han Q. Stabilization of delayed chaotic neural networks by periodically intermittent control [J]. Circuits Systems and Signal Processing, 2009, 28: 567–579.

[25] Xia W, Cao J. Pinning synchronization of delayed dynamical networks via periodically intermittent control [J]. Chaos, 2009, 19: 013120.

[26] Yang X, Cao J. Stochastic synchronization of coupled neural networks with intermittent control [J]. Physics Letters A, 2009, 373: 3259–3272.

第6章　广义反应扩散时滞神经网络的同步控制

根据神经网络的基本变量是神经元状态 (神经元的外部状态) 还是局域状态 (神经元的内部状态), 递归神经网络可以分为静态神经网络和局域神经网络[1−4]. 局域神经网络包括 Hopfield 神经网络、Cohen-Grossberg 神经网络、双向联想记忆神经网络和细胞神经网络等. 静态神经网络包括递归 BP(Recurrent Back-Propagation) 网络模型[5]、盒中脑状态 (Brain-State-in-a-Box) 模型[6,7], 以及优化型 (Optimization-Type) 神经网络模型[8−11] 等. 静态神经网络在求解诸如线性变分不等式和线性补问题等优化问题中具有显著优势[12,13]. 因此, 研究关于静态神经网络的动力学行为和控制问题具有重要的理论意义和实用价值.

关于静态神经网络有两种研究方法.

(1) 直接分析静态神经网络模型. 例如, 包淑萍[14] 利用拓扑度理论和 Lyapunov 稳定性理论建立了具有 S 型分布时滞的反应扩散静态神经网络的指数稳定判据; 赵永昌[15] 利用广义的 Halanay 不等式研究了时滞反应扩散静态神经网络的指数稳定性.

(2) 在连接权矩阵满足一定约束条件下, 将静态神经网络转化为局域神经网络模型. 尽管关于局域神经网络已经取得了很多成果, 但是由于该方法中的约束条件的限制, 使得局域神经网络的动力学分析结果不能完全适用到静态神经网络当中, 对静态神经网络需要探索新的稳定性和混沌同步控制条件, 这在很大程度上限制了神经网络理论的发展与完善.

在前期工作的基础上, 本章将建立能够将静态神经网络和局域神经网络融为一体的广义反应扩散神经网络模型, 通过分析扩散和时滞等因素对系统动力学的影响程度, 揭示反应扩散神经网络动力学行为的复杂性, 探索神经网络的演化机制和内在规律, 提出混沌神经网络的同步控制策略, 为神经网络的设计和应用奠定理论基础.

6.1　广义反应扩散时滞神经网络模型

局域神经网络的基本数学模型为

$$\dot{u}(t) = -Au(t) + Wf(u(t)) + J \tag{6.1.1}$$

式中, $u(t) = (u_1(t), u_2(t), \cdots, u_n(t))^{\mathrm{T}} \in \mathbb{R}^n$ 为局域状态变量; $A = \mathrm{diag}(a_1, a_2, \cdots,$

$a_n) > 0$; $W = (w_{ij})_{n \times n}$ 为连接权矩阵; $f(u(t)) = (f_1(u_1(t)), f_2(u_2(t)), \cdots, f_n(u_n(t)))^{\mathrm{T}}$ $\in \mathbb{R}^n$ 为神经元激励函数; $J = (J_1, J_2, \cdots, J_n)^{\mathrm{T}} \in \mathbb{R}^n$ 为系统的外部恒定输入.

　　静态神经网络的基本数学模型为

$$\dot{v}(t) = -Av(t) + Wf(v(t) + J) \tag{6.1.2}$$

式中, $v(t) = (v_1(t), v_2(t), \cdots, v_n(t))^{\mathrm{T}} \in \mathbb{R}^n$ 表示神经元的状态变量, 其他参数和函数的含义与 (6.1.1) 相同.

　　假定 u^* 和 v^* 分别为神经网络 (6.1.1) 和 (6.1.2) 的平衡点. 令 $\bar{u}(t) = u(t) - u^*$ 和 $\bar{v}(t) = v(t) - v^*$, 系统 (6.1.1) 和 (6.1.2) 可以分别写成如下形式:

$$\dot{\bar{u}}(t) = -A\bar{u}(t) + Wf^*(\bar{u}(t)) \tag{6.1.3}$$

及

$$\dot{\bar{v}}(t) = -A\bar{v}(t) + f^{**}(W\bar{v}(t)) \tag{6.1.4}$$

式中,

$$f^*(\bar{u}(t)) = f(\bar{u}(t) + u^*) - f(u^*)$$

$$f^{**}(W\bar{v}(t)) = f(W\bar{v}(t) + Wv^* + J) - f(Wv^* + J)$$

易知 $f^*(0) = f^{**}(0) = 0$.

　　研究表明: 只有当 A 和 W 是可交换的且 W 是非奇异矩阵时, 即

$$AW = WA, \quad \det W \neq 0 \tag{6.1.5}$$

时, 静态神经网络与局域神经网络模型才是等同的(通过令 $\bar{u}(t) = W\bar{v}(t)$ 进行转换). 但是在实际应用中, 许多具有短暂记忆功能的神经网络系统都是不可逆的, 这样的条件也就不可能总是成立. 因此, 局域神经网络的动力学分析结果并不能完全适用于静态神经网络模型.

　　文献 [16] 建立了一类能够将静态神经网络和局域神经网络融为一体的广义神经网络模型, 分别给出了其不依赖于时滞和依赖于时滞的全局稳定性条件. 其中, 通过构建新的 Lyapunov-Krasovskii 泛函, 不依赖于时滞的全局稳定性条件能够充分考虑神经元激励函数的信息量; 通过利用积分不等式和凸组合技术, 依赖于时滞的全局稳定性条件更具普适性, 能够将现有零散、孤立的研究成果统一起来, 对于神经网络系统的综合设计和优化控制具有重要意义.

　　具有扩散效应的局域神经网络和静态神经网络模型分别为

$$\frac{\partial u(t, x)}{\partial t} = \sum_{k=1}^{l} \frac{\partial}{\partial x_k}\left(D_k \frac{\partial u(t, x)}{\partial x_k}\right) - Au(t, x) + Wf(u(t, x)) \tag{6.1.6}$$

及

$$\frac{\partial u(t,x)}{\partial t} = \sum_{k=1}^{l} \frac{\partial}{\partial x_k} \left(D_k \frac{\partial u(t,x)}{\partial x_k} \right) - Au(t,x) + f(Wu(t,x)) \qquad (6.1.7)$$

式中, $x = (x_1, x_2, \cdots, x_l)^{\mathrm{T}} \in \Omega \subset \mathbb{R}^l$, $\Omega = \{x = (x_1, x_2, \cdots, x_l)^{\mathrm{T}} | \varepsilon_k \leqslant x_k \leqslant \eta_k,$ $k = 1, 2, \cdots, l\}$ 表示空间 $\mathbb{R}^l$ 具有光滑边界 $\partial \Omega$ 和 $\mathrm{mes} \Omega > 0$ 的有界紧集; $u(t,x) = (u_1(t,x), u_2(t,x), \cdots, u_n(t,x))^{\mathrm{T}}$, $u_i(t,x)$ 表示第 i 个神经元在时间 t 和空间 x 的状态; $D_{ik} \geqslant 0 (i = 1, 2, \cdots, n)$ 表示扩散系数.

具有扩散效应的时滞局域神经网络和时滞静态神经网络模型分别为

$$\frac{\partial u(t,x)}{\partial t} = \sum_{k=1}^{l} \frac{\partial}{\partial x_k} \left(D_k \frac{\partial u(t,x)}{\partial x_k} \right) - Au(t,x) + Wf(u(t-\tau(t),x)) \qquad (6.1.8)$$

及

$$\frac{\partial u(t,x)}{\partial t} = \sum_{k=1}^{l} \frac{\partial}{\partial x_k} \left(D_k \frac{\partial u(t,x)}{\partial x_k} \right) - Au(t,x) + f(Wu(t-\tau(t),x)) \qquad (6.1.9)$$

式中 $\tau(t)$ 表示时滞.

在文献 [16] 的基础上, 建立如下具有时变区间时滞的广义反应扩散神经网络模型:

$$\frac{\partial y(t,x)}{\partial t} = \sum_{k=1}^{l} \frac{\partial}{\partial x_k} \left(D_k \frac{\partial y(t,x)}{\partial x_k} \right) - Ay(t,x) + W_1 f(W_0 y(t,x)) + W_2 f(W_0 y(t-\tau(t),x)) \qquad (6.1.10)$$

式中

$$W_0 = \left(W_{ij}^{(0)} \right)_{n \times n}, \quad W_1 = \left(W_{ij}^{(1)} \right)_{n \times n}, \quad W_2 = \left(W_{ij}^{(2)} \right)_{n \times n}$$
$$y(t,x) = (y_1(t,x), y_2(t,x), \cdots, y_n(t,x))^{\mathrm{T}}$$
$$f(y(t,x)) = (f_1(y_1(t,x)), f_2(y_2(t,x)), \cdots, f_n(y_n(t,x)))^{\mathrm{T}}$$
$$f(y(t-\tau(t),x)) = (f_1(y_1(t-\tau(t),x)), f_2(y_2(t-\tau(t),x)), \cdots, f_n(y_n(t-\tau(t),x)))^{\mathrm{T}}$$

通过分析可以发现:

(1) 当 $D_k = 0 (k = 1, 2, \cdots, l)$, $W_0 = I$, $W_1 = W$ 且 $W_2 = 0$ 时, (6.1.10) 变成了局域神经网络模型 (6.1.3);

(2) 当 $D_k = 0 (k = 1, 2, \cdots, l)$, $W_0 = W$, $W_1 = I$ 且 $W_2 = 0$ 时, (6.1.10) 变成了静态神经网络模型 (6.1.4);

(3) 当 $W_0 = I$, $W_1 = W$ 且 $W_2 = 0$ 时, (6.1.10) 变成了反应扩散局域神经网络模型 (6.1.6);

(4) 当 $W_0 = W$, $W_1 = I$ 且 $W_2 = 0$ 时, (6.1.10) 变成了反应扩散静态神经网络模型 (6.1.7);

(5) 当 $W_0 = I$, $W_1 = 0$ 且 $W_2 = W$ 时, (6.1.10) 变成了反应扩散时滞局域神经网络模型 (6.1.6);

(6) 当 $W_0 = W$, $W_1 = 0$ 且 $W_2 = I$ 时, (6.1.10) 变成了反应扩散时滞静态神经网络模型 (6.1.7);

(7) 当 $W_0 = I$ 时, (6.1.10) 变成了经典的反应扩散时滞细胞神经网络模型:

$$\frac{\partial y(t,x)}{\partial t} = \sum_{k=1}^{l} \frac{\partial}{\partial x_k} \left(D_k \frac{\partial y(t,x)}{\partial x_k} \right) - Ay(t,x) + W_1 f(y(t,x)) + W_2 f(y(t-\tau(t),x))$$

$$(6.1.11)$$

因此, 系统 (6.1.10) 被称为广义反应扩散神经网络.

为方便讨论, 本章假设

(H6.1.1) 对任意 $u, v \in \mathbb{R}$ 且 $u \neq v$, 神经元的激励函数 $f_i(\cdot)$ 满足

$$l_i^- \leqslant \frac{f_i(u) - f_i(v)}{u - v} \leqslant l_i^+ \quad (i = 1, 2, \cdots, n)$$

其中, l_i^- 和 l_i^+ 是已知的常数, 可以根据激励函数的具体形式事先确定.

(H6.1.2) 存在常数 $\tau_2 \geqslant \tau_1 \geqslant 0$ 和 μ 使得时变区间时滞 $\tau(t)$ 满足

$$0 \leqslant \tau_1 \leqslant \tau(t) \leqslant \tau_2, \quad \dot{\tau}(t) \leqslant \mu$$

对上述两个假设, 我们作一些说明.

注释 6.1.1　假设 (H6.1.1) 中, l_i^- 和 $l_i^+ (i = 1, 2, \cdots, n)$ 并不要求必须是大于零的. 实际上, 它们可以是正数, 也可以是零, 甚至可以是负数. 因此, 这些激励函数并不一定是单调不减的, 满足假设 (H6.1.1) 的激励函数比常用的单调递增的 S 型函数 (如文献 [17]–[22]). 更具一般性, 所得结论可以得到更广泛应用. 比如, 激励函数的特性与神经网络的存储容量密切相关, 对联想记忆模型来说, 如果用非单调的激励函数代替通常的 Sigmoid 激励函数, 则能够在很大程度上改进联想记忆的记忆容量.

注释 6.1.2　在早期的时变时滞的研究中, 都默认为时滞项是一个正的有界数值, 即 $0 \leqslant \tau(t) \leqslant \bar{\tau}$. 但实际上时滞的上界不仅存在, 而且下界也是存在的, 并不是一个无穷小的正数, 即 $\underline{\tau} \leqslant \tau(t) \leqslant \bar{\tau} (\tau(t) \in [\underline{\tau}, \bar{\tau}])$, 时滞是属于一个有界区间的, 这种认识使得能够利用的时滞信息更加丰富, 进而降低系统稳定性或混沌同步的保守性. 例如, 在估计时滞上界时, 可充分利用时滞的下界信息来获得更精确的上界估计; 如果按照时滞下界为零来计算, 则将丧失很多信息, 由此导致估计时滞上界时会产生一定的保守性.

注释 6.1.3　　从假设 (H6.1.2) 可以看到, 我们并没有要求区间时变时滞的变化率 μ 小于某个给定的常数, 比如 1. 也就是说, 允许神经网络 (6.1.10) 中的时变时滞 $\tau(t)$ 可随时间发生快速变化.

同时, 在本章我们考虑两种类型的边界条件:

(1) Dirichlet 边界条件 (或称固定边界条件)

$$y(t,x) = 0, \quad (t,x) \in [-\tau_2, +\infty) \times \partial\Omega \tag{6.1.12}$$

(2) Neumann 边界条件 (或称零流边界条件或反射边界条件)

$$\frac{\partial y(t,x)}{\partial \bar{n}} = \left(\frac{\partial y(t,x)}{\partial x_1}, \frac{\partial y(t,x)}{\partial x_2}, \cdots, \frac{\partial y(t,x)}{\partial x_l} \right) = 0, \quad (t,x) \in [-\tau_2, +\infty) \times \partial\Omega \tag{6.1.13}$$

初始条件为

$$y(s,x) = \phi(s,x), \quad (s,x) \in [-\tau_2, 0] \times \Omega \tag{6.1.14}$$

其中, $\phi(s,x) = (\phi_1(s,x), \phi_2(s,x), \cdots, \phi_n(s,x))^{\mathrm{T}}$ 为定义在 $[-\tau_2, 0] \times \Omega$ 上的有界连续函数.

设 (6.1.10) 为驱动系统, 则响应系统可设计为

$$\frac{\partial z(t,x)}{\partial t} = \sum_{k=1}^{l} \frac{\partial}{\partial x_k} \left(D_k \frac{\partial z(t,x)}{\partial x_k} \right) - Az(t,x) + W_1 f(W_0 z(t,x))$$
$$+ W_2 f(W_0 z(t-\tau(t),x)) + U(t,x) \tag{6.1.15}$$

其中 $z(t,x) = (z_1(t,x), z_2(t,x), \cdots z_n(t,x))^{\mathrm{T}}$, $z_i(t,x)$ 表示第 i 个神经元在时间 t 和空间 x 的状态; $U(t,x) = (U_1(t,x), U_2(t,x), \cdots, U_n(t,x))^{\mathrm{T}}$ 表示控制输入

$$U(t,x) = K_1 [z(t,x) - y(t,x)] + K_2 [z(t-\tau(t),x) - y(t-\tau(t),x)] \tag{6.1.16}$$

其中 K_1 和 K_2 分别为线性误差反馈增益矩阵和时滞线性误差反馈增益矩阵.

驱动系统 (6.1.15) 的边界条件:

(1) Dirichlet 边界条件

$$z(t,x) = 0, \quad (t,x) \in [-\tau_2, +\infty) \times \partial\Omega \tag{6.1.17}$$

(2) Neumann 边界条件

$$\frac{\partial z(t,x)}{\partial \bar{n}} = \left(\frac{\partial z(t,x)}{\partial x_1}, \frac{\partial z(t,x)}{\partial x_2}, \cdots, \frac{\partial z(t,x)}{\partial x_l} \right) = 0, \quad (t,x) \in [-\tau_2, +\infty) \times \partial\Omega \tag{6.1.18}$$

初始条件为

$$z(s,x) = \psi(s,x), \quad (s,x) \in [-\tau_2, 0] \times \Omega \tag{6.1.19}$$

其中, $\psi(s,x) = (\psi_1(s,x), \psi_2(s,x), \cdots, \psi_n(s,x))^{\mathrm{T}}$ 为定义在 $[-\tau_2, 0] \times \Omega$ 上的有界连续函数.

定义同步误差为 $e(t,x) = (e_1(t,x), e_2(t,x), \cdots, e_n(t,x))^{\mathrm{T}} = z(t,x) - y(t,x)$, 将驱动系统 (6.1.10) 代入响应系统 (6.1.15) 可得误差系统为

$$\frac{\partial e(t,x)}{\partial t} = \sum_{k=1}^{l} \frac{\partial}{\partial x_k}\left(D_k \frac{\partial e(t,x)}{\partial x_k}\right) - Ae(t,x) + W_1 g(W_0 e(t,x))$$
$$+ W_2 g(W_0 e(t - \tau(t), x)) + K_1 e(t,x) + K_2 e(t - \tau(t), x) \tag{6.1.20}$$

式中

$$g(W_0 e(t,x)) = f(W_0 z(t,x)) - f(W_0 y(t,x))$$

$$g(W_0 e(t - \tau(t), x)) = f(W_0 z(t - \tau(t), x)) - f(W_0 y(t - \tau(t), x))$$

引理 6.1.1[22]　设 $\Omega = \{x = (x_1, x_2, \cdots, x_l)^{\mathrm{T}} | \varepsilon_k \leqslant x_k \leqslant \eta_k, k = 1, 2, \cdots, l\}$ 为空间 $\mathbb{R}^l$ 具有光滑边界 $\partial\Omega$ 和 $\mathrm{mes}\Omega > 0$ 的有界紧集, $\varphi(x) \in \mathcal{C}^1(\Omega)$ 为满足 $\varphi(x)|_{\partial\Omega} = 0$ 的实值函数, 则有

$$\int_\Omega \varphi^2(x)\mathrm{d}x \leqslant \left(\frac{\eta_k - \varepsilon_k}{\pi}\right)^2 \int_\Omega \left(\frac{\partial\varphi}{\partial x_k}\right)^2 \mathrm{d}x \tag{6.1.21}$$

引理 6.1.2 (庞加莱积分不等式[23−25])　设 Ω 为空间 $\mathbb{R}^l$ 具有光滑边界 $\partial\Omega$ 和 $\mathrm{mes}\Omega > 0$ 的有界紧集, $\varphi(x) \in \mathcal{C}^1(\Omega)$ 为满足 $\partial\varphi(x)/\partial l|_{\partial\Omega} = 0$ 的实值函数,

$$\int_\Omega \varphi^2(x)\mathrm{d}x \leqslant \frac{1}{\lambda_1} \int_\Omega \left(\frac{\partial\varphi}{\partial x_m}\right)^2 \mathrm{d}x$$

其中, λ_1 为如下 Neumann 边界问题的最小正特征根:

$$\begin{cases} -\Delta\psi(x) = \lambda\psi(x), & x \in \Omega \\ \dfrac{\partial\psi(x)}{\partial l} = 0, & x \in \partial\Omega \end{cases} \tag{6.1.22}$$

注释 6.1.4　当 Ω 有界或至少在某一个方向上有界时, 庞加莱积分不等式也成立. Neumann 边界问题 (6.1.22) 的最小正特征根 λ_1 仅由 Ω 确定, 例如, 当取 $\Omega = \{x = (x_1, x_2, \cdots, x_l)^{\mathrm{T}} | \varepsilon_m \leqslant x_m \leqslant \eta_m, m = 1, 2, \cdots, l\} \subset \mathbb{R}^l$ 时, 有

$$\lambda_1 = \min\left\{\left(\frac{\pi}{\eta_1 - \varepsilon_1}\right)^2, \left(\frac{\pi}{\eta_2 - \varepsilon_2}\right)^2, \cdots, \left(\frac{\pi}{\eta_l - \varepsilon_l}\right)^2\right\}$$

6.2 不依赖于时滞的混沌同步控制

定理 6.2.1 对于常数 τ_1, τ_2 以及 $\mu < 1$, 如果存在正定矩阵 P, Q_1 和 Q_2, 正定对角矩阵 H_1 和 H_2, 实矩阵 X_1 和 X_2 满足如下线性矩阵不等式

$$
\Pi = \begin{bmatrix}
\Pi_{11} & X_2 & PW_1 + W_0^{\mathrm{T}}(L^+ + L^-)H_1 & PW_2 \\
* & \Pi_{22} & 0 & W_0^{\mathrm{T}}(L^+ + L^-)H_2 \\
* & * & Q_2 - 2H_1 & 0 \\
* & * & * & -(1-\mu)Q_2 - 2H_2
\end{bmatrix} < 0 \quad (6.2.1)
$$

其中

$$
D_\pi = \mathrm{diag}\left(\sum_{k=1}^{l}\left(\frac{\pi}{\eta_k - \varepsilon_k}\right)^2 D_{1k}, \sum_{k=1}^{l}\left(\frac{\pi}{\eta_k - \varepsilon_k}\right)^2 D_{2k}, \cdots, \sum_{k=1}^{l}\left(\frac{\pi}{\eta_k - \varepsilon_k}\right)^2 D_{nk} \right)
$$

$$
L^+ = \mathrm{diag}(l_1^+, l_2^+, \cdots, l_n^+)
$$

$$
L^- = \mathrm{diag}(l_1^-, l_2^-, \cdots, l_n^-)
$$

$$
\Pi_{11} = -2PD_\pi - 2PA + 2X_1 + Q_1 - 2W_0^{\mathrm{T}}L^- H_1 L^+ W_0
$$

$$
\Pi_{22} = -(1-\mu)Q_1 - 2W_0^{\mathrm{T}}L^- H_2 L^+ W_0
$$

则在 Dirichlet 边界条件 (6.1.12), (6.1.17) 以及线性误差反馈控制器 (6.1.16) 下, 系统 (6.1.10) 和 (6.1.15) 是全局渐近同步的. 同时, 线性误差反馈控制器 (6.1.16) 的增益矩阵可以设计为

$$
K_1 = P^{-1}X_1, \quad K_2 = P^{-1}X_2 \quad (6.2.2)
$$

证明 定义正定的 Lyapunov-Krasovskii 泛函 $V(t, e(t,x)) \in \mathcal{C}^{1,2}(\mathbb{R}^+ \times \mathbb{R}^n; \mathbb{R}^+)$:

$$
V(t, e(t,x)) = \int_\Omega e^{\mathrm{T}}(t,x)Pe(t,x)\mathrm{d}x + \int_\Omega \int_{t-\tau(t)}^t e^{\mathrm{T}}(s,x)Q_1 e(s,x)\mathrm{d}s\mathrm{d}x
$$

$$
+ \int_\Omega \int_{t-\tau(t)}^t g^{\mathrm{T}}(W_0 e(s,x))Q_2 g(W_0 e(s,x))\mathrm{d}s\mathrm{d}x \quad (6.2.3)
$$

$V(t, e(t,x))$ 沿误差系统 (6.1.20) 的轨线的导数为

$$
\frac{\partial}{\partial t}V(t, e(t,x)) = 2\int_\Omega e^{\mathrm{T}}(t,x)P\left[\sum_{k=1}^{l}\frac{\partial}{\partial x_k}\left(D_k \frac{\partial e(t,x)}{\partial x_k} \right) - Ae(t,x) + W_1 g(W_0 e(t,x)) \right.
$$

$$
\left. + W_2 g(W_0 e(t-\tau(t),x)) + K_1 e(t,x) + K_2 e(t-\tau(t),x) \right]\mathrm{d}x
$$

$$+ \int_\Omega e^{\mathrm{T}}(t,x)Q_1 e(t,x)\mathrm{d}x + \int_\Omega g^{\mathrm{T}}(W_0 e(t,x))Q_2 g(W_0 e(t,x))\mathrm{d}x$$

$$- (1-\dot\tau(t)) \int_\Omega e^{\mathrm{T}}(t-\tau(t),x)Q_1 e(t-\tau(t),x)\mathrm{d}x$$

$$- (1-\dot\tau(t)) \int_\Omega g^{\mathrm{T}}(W_0 e(t-\tau(t),x))Q_2 g(W_0 e(t-\tau(t),x))\mathrm{d}x \quad (6.2.4)$$

由边界条件 (6.1.12), (6.1.17), 格林公式以及引理 6.1.1 可得

$$\int_\Omega e^{\mathrm{T}}(t,x)P \sum_{k=1}^l \frac{\partial}{\partial x_k}\left(D_k \frac{\partial e(t,x)}{\partial x_k}\right)\mathrm{d}x$$

$$= \int_\Omega \sum_{i=1}^n e_i(t,x)P_i \sum_{k=1}^l \frac{\partial}{\partial x_k}\left(D_{ik}\frac{\partial e_i(t,x)}{\partial x_k}\right)\mathrm{d}x$$

$$= \int_\Omega \sum_{i=1}^n e_i(t,x)P_i \nabla \left(D_{ik}\frac{\partial e_i(t,x)}{\partial x_k}\right)_{k=1}^l \mathrm{d}x$$

$$= \int_\Omega \sum_{i=1}^n \nabla \left(e_i(t,x)P_i \left(D_{ik}\frac{\partial e_i(t,x)}{\partial x_k}\right)_{k=1}^l\right)\mathrm{d}x$$

$$\quad - \int_\Omega \sum_{i=1}^n \left(D_{ik}\frac{\partial e_i(t,x)}{\partial x_k}\right)_{k=1}^l \nabla e_i(t,x)P_i \mathrm{d}x$$

$$= \int_{\partial\Omega} \sum_{i=1}^n e_i(t,x)P_i \sum_{k=1}^l D_{ik}\frac{\partial e_i(t,x)}{\partial x_k}\cos(x_k,n)\mathrm{d}S$$

$$\quad - \int_\Omega \sum_{i=1}^n P_i \left(D_{ik}\frac{\partial e_i(t,x)}{\partial x_k}\right)_{k=1}^l \nabla e_i(t,x)\mathrm{d}x$$

$$= \int_{\partial\Omega} \sum_{i=1}^n e_i(t,x)P_i \left(D_{ik}\frac{\partial e_i(t,x)}{\partial n}\right)_{k=1}^l \mathrm{d}S$$

$$\quad - \int_\Omega \sum_{i=1}^n P_i \left(D_{ik}\frac{\partial e_i(t,x)}{\partial x_k}\right)_{k=1}^l \nabla e_i(t,x)\mathrm{d}x$$

$$= - \int_\Omega \sum_{i=1}^n P_i \left(D_{ik}\frac{\partial e_i(t,x)}{\partial x_k}\right)_{k=1}^l \nabla e_i(t,x)\mathrm{d}x$$

$$= - \int_\Omega \sum_{i=1}^n P_i \sum_{k=1}^l D_{ik}\left(\frac{\partial e_i(t,x)}{\partial x_k}\right)^2 \mathrm{d}x$$

$$\leqslant - \int_\Omega \sum_{i=1}^n P_i \sum_{k=1}^l \left(\frac{\pi}{\eta_k - \varepsilon_k}\right)^2 D_{ik}e_i^2(t,x)\mathrm{d}x$$

$$= - \int_\Omega e^{\mathrm{T}}(t,x)PD_\pi e(t,x)\mathrm{d}x \quad (6.2.5)$$

其中 $\nabla = \left(\dfrac{\partial}{\partial x_1}, \dfrac{\partial}{\partial x_2}, \cdots, \dfrac{\partial}{\partial x_l} \right)$ 为梯度函数, 且有

$$\left(D_{ik} \frac{\partial e_i(t,x)}{\partial x_k} \right)_{k=1}^l = \left(D_{i1} \frac{\partial e_i(t,x)}{\partial x_1}, D_{i2} \frac{\partial e_i(t,x)}{\partial x_2}, \cdots, D_{il} \frac{\partial e_i(t,x)}{\partial x_l} \right).$$

由假设 (H6.1.1) 可知, 对任意常数 $h_i > 0 (i = 1, 2, \cdots, n)$, 如下不等式成立:

$$2h_i \left[g_i(W_{0i}e(\theta,x)) - l_i^- W_{0i}e(\theta,x) \right] \left[l_i^+ W_{0i}e(\theta,x) - g_i(W_{0i}e(\theta,x)) \right] \geqslant 0$$

即

$$2 \left[g^{\mathrm{T}}(W_0 e(\theta,x)) - e^{\mathrm{T}}(\theta,x) W_0^{\mathrm{T}} L^- \right] H \left[L^+ W_0 e(\theta,x) - g(W_0 e(\theta,x)) \right] \geqslant 0$$

式中 $H = \mathrm{diag}(h_1, h_2, \cdots, h_n)$, 分别为 θ 赋值 t 和 $t - \tau(t)$, 同时分别用 H_1 和 H_2 代替 H, 则有

$$2 \left[g^{\mathrm{T}}(W_0 e(t,x)) - e^{\mathrm{T}}(t,x) W_0^{\mathrm{T}} L^- \right] H_1 \left[L^+ W_0 e(t,x) - g(W_0 e(t,x)) \right] \geqslant 0 \quad (6.2.6)$$

$$2 \left[g^{\mathrm{T}}(W_0 e(t - \tau(t),x)) - e^{\mathrm{T}}(t - \tau(t),x) W_0^{\mathrm{T}} L^- \right] H_2 \left[L^+ W_0 e(t - \tau(t),x) \right.$$
$$\left. - g(W_0 e(t - \tau(t),x)) \right] \geqslant 0 \quad (6.2.7)$$

将 (6.2.1), (6.2.2), (6.2.5)–(6.2.7) 以及假设 (H6.1.2) 代入 (6.2.4) 可得

$$\frac{\partial}{\partial t} V(t, e(t,x)) \leqslant \eta^{\mathrm{T}}(t) \Pi \eta(t) \quad (6.2.8)$$

其中

$$\eta(t) = \left[e^{\mathrm{T}}(t,x), e^{\mathrm{T}}(t - \tau(t),x), g^{\mathrm{T}}(W_0 e(t,x)), g^{\mathrm{T}}(W_0 e(t - \tau(t),x)) \right]^{\mathrm{T}}$$

由 Lyapunov 稳定性理论可知, 误差系统 (6.1.20) 的平凡稳态解是全局渐近稳定的, 即在 Dirichlet 边界条件 (6.1.12), (6.1.17) 以及线性误差反馈控制器 (6.1.16) 下, 系统 (6.1.10) 和 (6.1.15) 是全局渐近同步的. 证毕.

注释 6.2.1 本章假定 X 为 $\varepsilon_k \leqslant x_k \leqslant \eta_k (k = 1, 2, \cdots, l)$, 当引理 6.1.1 中取 $\eta_k = -\varepsilon_k = \delta_k$ 时, 不等式 (6.1.21) 变为

$$\int_\Omega \varphi^2(x) \mathrm{d}x \leqslant \left(\frac{2\delta_k}{\pi} \right)^2 \int_\Omega \left(\frac{\partial \varphi}{\partial x_k} \right)^2 \mathrm{d}x < \delta_k^2 \int_\Omega \left(\frac{\partial \varphi}{\partial x_k} \right)^2 \mathrm{d}x$$

及 Friedrichs 不等式[26], 在文献 [27]–[31] 中用于处理神经网络的扩散项.

注释 6.2.2 在定理 6.2.1 中, $\Pi_{22} < 0$ 是保证 $\Pi < 0$ 的必要条件. 但是, 由于 l_i^+ 和 $l_i^- (i = 1, 2, \cdots, n)$ 为任意实常数, 因此不等式 (6.2.10) 的矩阵项 $W_0^{\mathrm{T}} L^- H_2 L^+ W_0$

可能正定、负定或零. 为满足 $W_0^{\mathrm{T}}L^- H_2 L^+ W_0 < 0$, 这就要求时变时滞 $\tau(t)$ 的变化率必须小于 1.

定理 6.2.2　对于常数 τ_1, τ_2 以及 $\mu < 1$, 如果存在正定矩阵 P, Q_1 和 Q_2, 正定对角矩阵 H_1 和 H_2, 实矩阵 X_1 和 X_2 满足如下线性矩阵不等式

$$
\Pi^* = \begin{bmatrix}
\Pi_{11}^* & X_2 & PW_1 + W_0^{\mathrm{T}}(L^+ + L^-)H_1 & PW_2 \\
* & \Pi_{22} & 0 & W_0^{\mathrm{T}}(L^+ + L^-)H_2 \\
* & * & Q_2 - 2H_1 & 0 \\
* & * & * & -(1-\mu)Q_2 - 2H_2
\end{bmatrix} < 0 \quad (6.2.9)
$$

其中

$$
\Pi_{11}^* = -2P\lambda_1 - 2PA + 2X_1 + Q_1 - 2W_0^{\mathrm{T}}L^- H_1 L^+ W_0
$$

式中, λ_1 为 Neumann 边界问题的最小正特征根, 在 Neumann 边界条件 (6.1.13), (6.1.18) 以及线性误差反馈控制器 (6.1.16) 下, 系统 (6.1.10) 和 (6.1.15) 是全局渐近同步的. 同时, 线性误差反馈控制器 (6.1.15) 的增益矩阵可以设计为

$$
K_1 = P^{-1}X_1, \quad K_2 = P^{-1}X_2 \quad (6.2.10)
$$

证明　定义和定理 6.2.1 相同的正定 Lyapunov-Krasovskii 泛函 $V(t, e(t, x))$, 并计算其沿误差系统 (6.1.20) 的轨线的导数.

由庞加莱积分不等式 (引理 6.1.2), 格林公式以及 Neumann 边界条件可知

$$
\int_\Omega e^{\mathrm{T}}(t, x)P \sum_{k=1}^{l} \frac{\partial}{\partial x_k}\left(D_k \frac{\partial e(t, x)}{\partial x_k}\right)\mathrm{d}x \leqslant -\int_\Omega e^{\mathrm{T}}(t, x)P\lambda_1 e(t, x)\mathrm{d}x \quad (6.2.11)
$$

同理, 将 (6.2.6), (6.2.7), (6.2.9)–(6.2.11) 以及假设 (H6.1.2) 代入 (6.2.4) 可知

$$
\frac{\partial}{\partial t}V(t, e(t, x)) \leqslant \eta^{\mathrm{T}}(t)\Pi^* \eta(t) \quad (6.2.12)
$$

因此, 在 Neumann 边界条件 (6.1.13), (6.1.18) 以及线性误差反馈控制器 (6.1.16) 下, 系统 (6.1.10) 和 (6.1.15) 是全局渐近同步的. 证毕.

6.3　依赖于时滞的混沌同步控制

定理 6.3.1　对于常数 τ_1, τ_2 以及 μ, 如果存在正定矩阵 P, Q_1, Q_2, R_1, R_2, S_1, S_2, T_1, T_2, Z_1 和 Z_2, 正定对角矩阵 H_1, H_2, Λ_1, Λ_2 和 M, 实矩阵 X_1 和 X_2 满

足如下线性矩阵不等式

$$
\begin{bmatrix}
\varXi_{11} & \varXi_{12} & X_2 & \varXi_{14} & MW_2 & \varSigma_1 & 0 & T_1 & 0 \\
* & \varXi_{22} & X_2 & \varXi_{24} & MW_2 & 0 & 0 & 0 & 0 \\
* & * & \varXi_{33} & 0 & \varXi_{35} & \varSigma_2 & \varSigma_2 & 0 & 0 \\
* & * & * & Q_2 - 2H_1 & 0 & 0 & 0 & 0 & 0 \\
* & * & * & * & \varXi_{55} & 0 & 0 & 0 & 0 \\
* & * & * & * & * & \varXi_{66} & 0 & -T_1 & T_2 \\
* & * & * & * & * & * & -R_2 - Z_2 & 0 & -T_2 \\
* & * & * & * & * & * & * & -S_1 & 0 \\
* & * & * & * & * & * & * & * & -S_2
\end{bmatrix}
< 0 \quad (6.3.1)
$$

其中

$$
\varXi_{11} = Q_1 + R_1 + \tau_1^2 S_1 + (\tau_2 - \tau_1)^2 S_2 - 2W_0^{\mathrm{T}} L^- H_1 L^+ W_0 - Z_1 - 2MA + 2X_1 - 2MD_\pi
$$

$$
\varXi_{12} = P - M - MA + X_1 + W_0^{\mathrm{T}}(\varLambda_2 L^+ - \varLambda_1 L^-)W_0
$$

$$
\varXi_{14} = MW_1 + W_0^{\mathrm{T}}(L^+ + L^-)H_1
$$

$$
\varXi_{22} = \tau_1^2 Z_1 + (\tau_2 - \tau_1)^2 Z_2 - 2M
$$

$$
\varXi_{24} = MW_1 + W_0^{\mathrm{T}}(\varLambda_1 - \varLambda_2)
$$

$$
\varXi_{33} = -(1 - \mu)Q_1 - 2W_0^{\mathrm{T}} L^- H_2 L^+ W_0 - Z_2
$$

$$
\varXi_{35} = W_0^{\mathrm{T}}(L^+ + L^-)H_2
$$

$$
\varXi_{55} = -(1 - \mu)Q_2 - 2H_2
$$

$$
\varXi_{66} = -R_1 + R_2 - Z_1 - Z_2
$$

$$
\varSigma_1 = \frac{1}{2}(Z_1 + Z_1^{\mathrm{T}})
$$

$$
\varSigma_2 = \frac{1}{2}(Z_2 + Z_2^{\mathrm{T}})
$$

在 Dirichlet 边界条件 (6.1.12), (6.1.17) 以及线性误差反馈控制器 (6.1.16) 下, 系统 (6.1.10) 和 (6.1.15) 是全局渐近同步的. 同时, 线性误差反馈控制器 (6.1.16) 的增益矩阵可以设计为

$$
K_1 = M^{-1}X_1, \quad K_2 = M^{-1}X_2 \quad (6.3.2)
$$

证明　定义正定的 Lyapunov-Krasovskii 泛函 $\overline{V}(t, e(t, x)) \in \mathcal{C}^{1,2}(\mathbb{R}^+ \times \mathbb{R}^n; \mathbb{R}^+)$:

$$
\overline{V}(t, e(t, x)) = V(t, e(t, x)) + \sum_{i=1}^{6} V_i(t, e(t, x)) \quad (6.3.3)
$$

其中

$$V_1(t, e(t, x)) = -\int_\Omega e^{\mathrm{T}}(t, x)M\sum_{k=1}^{l}\frac{\partial}{\partial x_k}\left(D_k\frac{\partial e(t, x)}{\partial x_k}\right)\mathrm{d}x$$

$$V_2(t, e(t, x)) = \int_\Omega\int_{t-\tau_1}^{t}e^{\mathrm{T}}(s, x)R_1e(s, x)\mathrm{d}s\mathrm{d}x + \int_\Omega\int_{t-\tau_2}^{t-\tau_1}e^{\mathrm{T}}(s, x)R_2e(s, x)\mathrm{d}s\mathrm{d}x$$

$$V_3(t, e(t, x)) = \tau_1\int_\Omega\int_{-\tau_1}^{0}\int_{t+\theta}^{t}e^{\mathrm{T}}(s, x)S_1e(s, x)\mathrm{d}s\mathrm{d}\theta\mathrm{d}x$$

$$+ (\tau_2 - \tau_1)\int_\Omega\int_{-\tau_2}^{-\tau_1}\int_{t+\theta}^{t}e^{\mathrm{T}}(s, x)S_2e(s, x)\mathrm{d}s\mathrm{d}\theta\mathrm{d}x$$

$$V_4(t, e(t, x)) = \int_\Omega\left[\int_{t-\tau_1}^{t}e^{\mathrm{T}}(s, x)\mathrm{d}sT_1\int_{t-\tau_1}^{t}e(s, x)\mathrm{d}s\right]\mathrm{d}x$$

$$+ \int_\Omega\left[\int_{t-\tau_2}^{t-\tau_1}e^{\mathrm{T}}(s, x)\mathrm{d}sT_2\int_{t-\tau_2}^{t-\tau_1}e(s, x)\mathrm{d}s\right]\mathrm{d}x$$

$$V_5(t, e(t, x)) = \tau_1\int_\Omega\int_{-\tau_1}^{0}\int_{t+\theta}^{t}\left(\frac{\partial e(s, x)}{\partial s}\right)^{\mathrm{T}}Z_1\left(\frac{\partial e(s, x)}{\partial s}\right)\mathrm{d}s\mathrm{d}\theta\mathrm{d}x$$

$$+ (\tau_2 - \tau_1)\int_\Omega\int_{-\tau_2}^{-\tau_1}\int_{t+\theta}^{t}\left(\frac{\partial e(s, x)}{\partial s}\right)^{\mathrm{T}}Z_2\left(\frac{\partial e(s, x)}{\partial s}\right)\mathrm{d}s\mathrm{d}\theta\mathrm{d}x$$

$$V_6(t, e(t, x)) = 2\int_\Omega\sum_{i=1}^{n}\left[\alpha_i\int_{0}^{W_{0i}e(t, x)}(g_i(s) - l_i^- s)\mathrm{d}s + \beta_i\int_{0}^{W_{0i}e(t, x)}(l_i^+ s - g_i(s))\mathrm{d}s\right]\mathrm{d}x$$

式中, $\Lambda_1 = \mathrm{diag}(\alpha_1, \alpha_2, \cdots, \alpha_n)$, $\Lambda_2 = \mathrm{diag}(\beta_1, \beta_2, \cdots, \beta_n)$, W_{0i} 表示矩阵 W_0 的第 i 行.

由不等式 (6.2.3) 可知

$$-\int_\Omega e^{\mathrm{T}}(t, x)M\sum_{k=1}^{l}\frac{\partial}{\partial x_k}\left(D_k\frac{\partial e(t, x)}{\partial x_k}\right)\mathrm{d}x \geqslant \int_\Omega e^{\mathrm{T}}(t, x)MD_\pi e(t, x)\mathrm{d}x$$

因此, $V_1(t, e(t, x))$ 为正定函数, 相应地, $\overline{V}(t, e(t, x))$ 也为正定函数.

$V(t, e(t, x))$ 和 $V_i(t, e(t, x))(i = 1, \cdots, 6)$ 沿误差系统 (6.1.20) 的轨线的导数为

$$\frac{\partial}{\partial t}V(t, e(t, x)) = 2\int_\Omega e^{\mathrm{T}}(t, x)P\left(\frac{\partial e(t, x)}{\partial t}\right)\mathrm{d}x + \int_\Omega e^{\mathrm{T}}(t, x)Q_1e(t, x)\mathrm{d}x$$

$$+ \int_\Omega g^{\mathrm{T}}(W_0e(t, x))Q_2g(W_0e(t, x))\mathrm{d}x$$

$$- (1 - \dot{\tau}(t))\int_\Omega e^{\mathrm{T}}(t - \tau(t), x)Q_1e(t - \tau(t), x)\mathrm{d}x$$

$$- (1 - \dot{\tau}(t))\int_\Omega g^{\mathrm{T}}(W_0e(t - \tau(t), x))Q_2g(W_0e(t - \tau(t), x))\mathrm{d}x \quad (6.3.4)$$

$$\frac{\partial}{\partial t}V_1(t, e(t,x)) = \int_\Omega \sum_{i=1}^n M_i \frac{\partial}{\partial t}\left[\sum_{k=1}^l D_{ik}\left(\frac{\partial e_i(t,x)}{\partial x_k}\right)^2\right]\mathrm{d}x$$

$$= 2\int_\Omega \sum_{i=1}^n M_i \sum_{k=1}^l D_{ik}\left(\frac{\partial e_i(t,x)}{\partial x_k}\right)\frac{\partial}{\partial x_k}\left(\frac{\partial e_i(t,x)}{\partial x_k}\right)\mathrm{d}x$$

$$= 2\int_{\partial\Omega}\sum_{i=1}^n \left(\frac{\partial e_i(t,x)}{\partial t}\right)M_i\sum_{k=1}^l D_{ik}\left(\frac{\partial e_i(t,x)}{\partial x_k}\right)\mathrm{d}x$$

$$\quad - 2\int_\Omega \sum_{i=1}^n \left(\frac{\partial e_i(t,x)}{\partial t}\right)M_i\sum_{k=1}^l \frac{\partial}{\partial x_k}\left(D_{ik}\frac{\partial e_i(t,x)}{\partial x_k}\right)\mathrm{d}x$$

$$= -2\int_\Omega \sum_{i=1}^n \left(\frac{\partial e_i(t,x)}{\partial t}\right)M_i\sum_{k=1}^l \frac{\partial}{\partial x_k}\left(D_{ik}\frac{\partial e_i(t,x)}{\partial x_k}\right)\mathrm{d}x$$

$$= -2\int_\Omega \left(\frac{\partial e(t,x)}{\partial t}\right)^{\mathrm{T}}M\sum_{k=1}^l \frac{\partial}{\partial x_k}\left(D_k\frac{\partial e(t,x)}{\partial x_k}\right)\mathrm{d}x \qquad (6.3.5)$$

$$\frac{\partial}{\partial t}V_2(t, e(t,x)) = \int_\Omega e^{\mathrm{T}}(t,x)R_1 e(t,x)\mathrm{d}x - \int_\Omega e^{\mathrm{T}}(t-\tau_1,x)R_1 e(t-\tau_1,x)\mathrm{d}x$$

$$\quad + \int_\Omega e^{\mathrm{T}}(t-\tau_1,x)R_2 e(t-\tau_1,x)\mathrm{d}x$$

$$\quad - \int_\Omega e^{\mathrm{T}}(t-\tau_2,x)R_2 e(t-\tau_2,x)\mathrm{d}x \qquad (6.3.6)$$

$$\frac{\partial}{\partial t}V_3(t, e(t,x)) \leqslant \tau_1^2\int_\Omega e^{\mathrm{T}}(t,x)S_1 e(t,x)\mathrm{d}x$$

$$\quad - \int_\Omega \left[\int_{t-\tau_1}^t e(s,x)\mathrm{d}s\right]^{\mathrm{T}}S_1\left[\int_{t-\tau_1}^t e(s,x)\mathrm{d}s\right]\mathrm{d}x$$

$$\quad + (\tau_2-\tau_1)^2\int_\Omega e^{\mathrm{T}}(t,x)S_2 e(t,x)\mathrm{d}x$$

$$\quad - \int_\Omega \left[\int_{t-\tau_2}^{t-\tau_1} e(s,x)\mathrm{d}s\right]^{\mathrm{T}}S_2\left[\int_{t-\tau_2}^{t-\tau_1} e(s,x)\mathrm{d}s\right]\mathrm{d}x \qquad (6.3.7)$$

$$\frac{\partial}{\partial t}V_4(t, e(t,x)) = 2\int_\Omega \left[\left(e^{\mathrm{T}}(t,x) - e^{\mathrm{T}}(t-\tau_1,x)\right)T_1\int_{t-\tau_1}^t e(s,x)\mathrm{d}s\right]\mathrm{d}x$$

$$\quad + 2\int_\Omega \left[\left(e^{\mathrm{T}}(t-\tau_1,x) - e^{\mathrm{T}}(t-\tau_2,x)\right)T_2\int_{t-\tau_2}^{t-\tau_1} e(s,x)\mathrm{d}s\right]\mathrm{d}x \quad (6.3.8)$$

$$\frac{\partial}{\partial t}V_5(t, e(t,x)) \leqslant \int_\Omega \left(\frac{\partial e(t,x)}{\partial t}\right)^{\mathrm{T}}\left[\tau_1^2 Z_1 + (\tau_2-\tau_1)^2 Z_2\right]\left(\frac{\partial e(t,x)}{\partial t}\right)\mathrm{d}x$$

$$\quad - \int_\Omega \left[e(t,x) - e(t-\tau_1,x)\right]^{\mathrm{T}}Z_1\left[e(t,x) - e(t-\tau_1,x)\right]\mathrm{d}x$$

$$- \int_{\Omega} [e(t-\tau_1,x) - e(t-\tau(t),x)]^{\mathrm{T}} Z_2 [e(t-\tau_1,x) - e(t-\tau(t),x)] \mathrm{d}x$$

$$- \int_{\Omega} [e(t-\tau(t),x) - e(t-\tau_2,x)]^{\mathrm{T}}$$

$$\cdot Z_2 [e(t-\tau(t),x) - e(t-\tau_2,x)] \, \mathrm{d}x \tag{6.3.9}$$

$$\frac{\partial}{\partial t} V_6(t,e(t,x)) = 2 \int_{\Omega} [g^{\mathrm{T}}(W_0 e(t,x))\Lambda_1 - e^{\mathrm{T}}(t,x)W_0^{\mathrm{T}}\Lambda_1 L^{-}]W_0\left(\frac{\partial e(t,x)}{\partial t}\right)\mathrm{d}x$$

$$+ 2 \int_{\Omega} [e^{\mathrm{T}}(t,x)W_0^{\mathrm{T}}\Lambda_2 L^{+} - g^{\mathrm{T}}(W_0 e(t,x))\Lambda_2]W_0\left(\frac{\partial e(t,x)}{\partial t}\right)\mathrm{d}x \tag{6.3.10}$$

定义

$$\zeta(t,x) = \left[e^{\mathrm{T}}(t,x), \left(\frac{\partial e(t,x)}{\partial t}\right)^{\mathrm{T}}\right]^{\mathrm{T}}$$

及松弛矩阵

$$\varGamma = \left[M^{\mathrm{T}}, M^{\mathrm{T}}\right]^{\mathrm{T}}$$

因此, 根据自由权矩阵方法可得

$$0 = 2 \int_{\Omega} \zeta^{\mathrm{T}}(t,x)\varGamma \left[\sum_{k=1}^{l} \frac{\partial}{\partial x_k}\left(D_k \frac{\partial e(t,x)}{\partial x_k}\right) - A e(t,x) + W_1 g(W_0 e(t,x))\right.$$

$$\left. + W_2 g(W_0 e(t-\tau(t),x)) + K_1 e(t,x) + K_2 e(t-\tau(t),x) - \frac{\partial e(t,x)}{\partial t}\right]\mathrm{d}x \tag{6.3.11}$$

类似于 (6.2.5) 可得

$$2 \int_{\Omega} e^{\mathrm{T}}(t,x)M \sum_{k=1}^{l} \frac{\partial}{\partial x_k}\left(D_k \frac{\partial e(t,x)}{\partial x_k}\right)\mathrm{d}x \leqslant -2 \int_{\Omega} e^{\mathrm{T}}(t,x)M D_{\pi} e(t,x)\mathrm{d}x \tag{6.3.12}$$

将不等式 (6.3.4)–(6.3.10) 代入 $\frac{\partial}{\partial t}\bar{V}(t,e(t,x))$, 并运用假设 (H6.1.1), (6.3.6), (6.3.7), (6.3.11) 及 (6.3.12) 可得

$$\frac{\partial}{\partial t}\bar{V}(t,e(t,x)) \leqslant \xi^{\mathrm{T}}(t)\varXi\xi(t) \tag{6.3.13}$$

其中

$$\xi(t) = \left[e^{\mathrm{T}}(t,x), \left(\frac{\partial e(t,x)}{\partial t}\right)^{\mathrm{T}}, e^{\mathrm{T}}(t-\tau(t),x), g^{\mathrm{T}}(W_0 e(t,x)), g^{\mathrm{T}}(W_0 e(t-\tau(t),x)),\right.$$

$$\left. e^{\mathrm{T}}(t-\tau_1,x), e^{\mathrm{T}}(t-\tau_2,x), \left(\int_{t-\tau_1}^{t} e(s,x)\mathrm{d}s\right)^{\mathrm{T}}, \left(\int_{t-\tau_2}^{t-\tau_1} e(s,x)\mathrm{d}s\right)^{\mathrm{T}}\right]^{\mathrm{T}}$$

由 Lyapunov 稳定性理论可知, 误差系统 (6.1.20) 的平凡稳态解是全局渐近稳定的, 即在 Dirichlet 边界条件 (6.1.12), (6.1.17) 以及线性误差反馈控制器 (6.1.16) 下, 系统 (6.1.10) 和 (6.1.15) 是全局渐近同步的. 证毕.

注释 6.3.1 与定理 6.2.1 相比, Lyapunov-Krasovskii 泛函 (6.3.3) 引入了一些新的积分项, 它们的引入具有如下优势:

(1) $V_6(t, e(t,x))$ 中引入了 l_i^- 和 l_i^+, 这使得所构建的 Lyapunov-Krasovskii 泛函能够充分利用激励函数的信息, 进一步降低了所得结论的保守性.

(2) 为了提高线性矩阵不等式的可行性, 降低对时变区间时滞变化率的要求, Lyapunov-Krasovskii 泛函 (6.3.3) 引入了自由权矩阵 $\varGamma = \left[M^{\mathrm{T}}, M^{\mathrm{T}}\right]^{\mathrm{T}}$, 这将产生新的难于处理的积分项:

$$\int_{\Omega} \left(\frac{\partial e(t,x)}{\partial x_k}\right)^{\mathrm{T}} M \sum_{k=1}^{l} \frac{\partial}{\partial x_k}\left(D_k \frac{\partial e(t,x)}{\partial x_k}\right) \mathrm{d}x$$

它必须通过 $V_1(t, e(t,x))$ 进行处理.

注释 6.3.2 分布时滞可以分为有限分布时滞和无穷分布时滞. 对于具有有限分布时滞的广义反应扩散神经网络:

$$\frac{\partial e(t,x)}{\partial t} = \sum_{k=1}^{l} \frac{\partial}{\partial x_k}\left(D_k \frac{\partial e(t,x)}{\partial x_k}\right) - Ae(t,x) + W_1 g(W_0 e(t,x)) + W_2 g(W_0 e(t-\tau(t), x))$$

$$+ W_3 \int_{t-\sigma(t)}^{t} g(W_0 e(s,x))\mathrm{d}s$$

可以在 Lyapunov-Krasovskii 泛函 (6.3.3) 中引入新的积分项

$$V_7(t, e(t,x)) = \int_{\Omega} \int_{-\sigma(t)}^{0} \int_{t+\theta}^{t} g^{\mathrm{T}}(W_0 e(s,x)) Y g(W_0 e(s,x)) \mathrm{d}s \mathrm{d}\theta \mathrm{d}x$$

由引理 1.4.5 可得

$$\frac{\partial}{\partial t} V_7(t, e(t,x)) = \sigma(t) g^{\mathrm{T}}(W_0 e(t,x)) Y g(W_0 e(t,x))$$

$$- \int_{\Omega} \int_{t-\sigma(t)}^{t} g^{\mathrm{T}}(W_0 e(s,x)) Y g(W_0 e(s,x)) \mathrm{d}s \mathrm{d}x$$

$$\leqslant \sigma g^{\mathrm{T}}(W_0 e(t,x)) Y g(W_0 e(t,x))$$

$$- \frac{1}{\sigma} \int_{\Omega} \left[\int_{t-\sigma(t)}^{t} g(W_0 e(s,x))\mathrm{d}s\right]^{\mathrm{T}} Y \left[\int_{t-\sigma(t)}^{t} g(W_0 e(s,x))\mathrm{d}s\right] \mathrm{d}x$$

由此可见, 本节提出的方法同样适用于分析具有有限分布时滞的广义反应扩散神经网络的混沌同步控制问题.

利用庞加莱积分不等式, 按照定理 6.3.1 的证明方法, 可以得到在 Neumann 边界条件下广义反应扩散神经网络依赖于时滞的混沌同步条件.

定理 6.3.2 对于常数 τ_1, τ_2 以及 μ, 如果存在正定矩阵 P, Q_1, Q_2, R_1, R_2, S_1, S_2, T_1, T_2, Z_1 和 Z_2, 正定对角矩阵 H_1, H_2, Λ_1, Λ_2 和 M, 实矩阵 X_1 和 X_2 满足如下线性矩阵不等式

$$\begin{bmatrix} \Xi_{11}^* & \Xi_{12} & X_2 & \Xi_{14} & MW_2 & \Sigma_1 & 0 & T_1 & 0 \\ * & \Xi_{22} & X_2 & \Xi_{24} & MW_2 & 0 & 0 & 0 & 0 \\ * & * & \Xi_{33} & 0 & \Xi_{35} & \Sigma_2 & \Sigma_2 & 0 & 0 \\ * & * & * & Q_2 - 2H_1 & 0 & 0 & 0 & 0 & 0 \\ * & * & * & * & \Xi_{55} & 0 & 0 & 0 & 0 \\ * & * & * & * & * & \Xi_{66} & 0 & -T_1 & T_2 \\ * & * & * & * & * & * & -R_2 - Z_2 & 0 & -T_2 \\ * & * & * & * & * & * & * & -S_1 & 0 \\ * & * & * & * & * & * & * & * & -S_2 \end{bmatrix} < 0 \quad (6.3.14)$$

其中

$$\Xi_{11}^* = Q_1 + R_1 + \tau_1^2 S_1 + (\tau_2 - \tau_1)^2 S_2 - 2W_0^{\mathrm{T}} L^- H_1 L^+ W_0 - Z_1 - 2MA + 2X_1 - 2M\lambda_1$$

则在 Neumann 边界条件 (6.1.13), (6.1.18) 以及线性误差反馈控制器 (6.1.16) 下, 系统 (6.1.10) 和 (6.1.15) 是全局渐近同步的. 同时, 线性误差反馈控制器 (6.1.16) 的增益矩阵可以设计为

$$K_1 = M^{-1} X_1, \quad K_2 = M^{-1} X_2 \quad (6.3.15)$$

注释 6.3.3 对于 Neumann 边界条件下广义反应扩散神经网络, 所得结论定理 6.3.2 不仅包含时滞信息, 而且包含扩散信息, 相对于文献 [30], [32], [33] 的不依赖于扩散的混沌同步条件而言具备较低的保守性.

6.4 数 值 模 拟

例 6.4.1 令 $y(t, x) = [y_1(t, x), y_2(t, x)]^{\mathrm{T}}$. 考虑如下反应扩散神经网络:

$$\frac{\partial y(t, x)}{\partial t} = \frac{\partial}{\partial x}\left(D \frac{\partial y(t, x)}{\partial x}\right) - Ay(t, x) + W_1 f(W_0 y(t, x)) + W_2 f(W_0 y(t - \tau(t), x)) \quad (6.4.1)$$

其中

$$D = \begin{bmatrix} 0.2 & 0 \\ 0 & 0.2 \end{bmatrix}, \quad A = \begin{bmatrix} 1.5 & 0 \\ 0 & 1.5 \end{bmatrix}, \quad W_0 = \begin{bmatrix} -2 & -5 \\ 1 & -3 \end{bmatrix}$$

$$W_1 = I, \quad W_2 = 0, \quad f(u) = \tanh u - 0.025u, \quad -5 \leqslant x \leqslant 5 \tag{6.4.2}$$

系统 (6.4.1) 为反应扩散静态神经网络模型, 其初始条件为

$$y_1(0, x) = 0.5 \sin(x/\pi), \quad y_2(0, x) = 0.3 \sin(x/\pi) \tag{6.4.3}$$

如图 6-1 所示, 系统 (6.4.1) 呈现出典型的混沌现象; 图 6-2 则描述了当 x 分别取 -2 和 4 时系统的混沌特性.

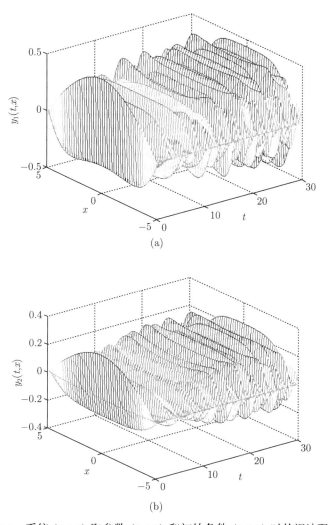

图 6-1　系统 (6.4.1) 取参数 (6.4.2) 和初始条件 (6.4.3) 时的混沌现象

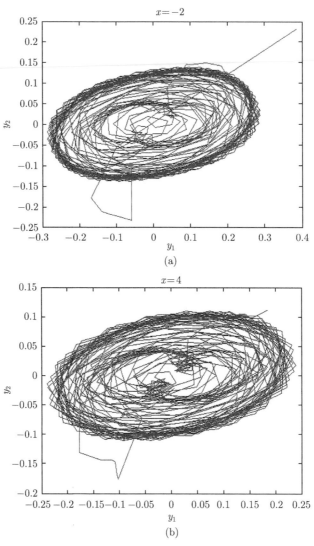

$$x=-2$$

(a)

$$x=4$$

(b)

图 6-2　系统 (6.4.1) 取参数 (6.4.2) 和初始条件 (6.4.3) 时分别在
$x = -2$ 和 $x = 4$ 的混沌现象

响应系统为

$$\frac{\partial z(t,x)}{\partial t} = \frac{\partial}{\partial x}\left(D\frac{\partial z(t,x)}{\partial x}\right) - Az(t,x) + W_1 f(W_0 z(t,x)) + W_2 f(W_0 z(t-\tau(t),x))$$

$$+ K_1\left(z(t,x) - y(t,x)\right) + K_2\left(z(t-\tau(t),x) - y(t-\tau(t),x)\right) \tag{6.4.4}$$

初始条件为

$$z_1(0,x) = -0.1\cos(x/\pi), \quad z_2(0,x) = 0.6\cos(x/\pi) \tag{6.4.5}$$

通过计算易知 $\tau_i = \mu = 0$, $l_i^- = -0.025$, $l_i^+ = 0.975$, $i = 1, 2$. 利用 Matlab 线性矩阵不等式工具箱求解定理 6.2.1 的线性矩阵不等式 (6.2.1), 找到的一组可行解为

$$P = \begin{bmatrix} 0.2408 & 0.2408 \\ 0.2408 & 0.3611 \end{bmatrix}, \quad Q_1 = \begin{bmatrix} 1.2287 & 0.0200 \\ 0.0200 & 1.3114 \end{bmatrix}, \quad Q_2 = \begin{bmatrix} 0.0682 & 0 \\ 0 & 0.0682 \end{bmatrix}$$

$$H_1 = \begin{bmatrix} 0.1267 & 0 \\ 0 & 0.1267 \end{bmatrix}, \quad H_2 = \begin{bmatrix} 0.0585 & 0 \\ 0 & 0.0585 \end{bmatrix}, \quad X_1 = \begin{bmatrix} -0.8711 & 0.3343 \\ 0.3343 & -0.8191 \end{bmatrix}$$

由定理 6.2.1 可知: 在 Dirichlet 边界条件 (6.1.12), (6.1.17) 以及线性误差反馈控制器 (6.1.16) 下, 神经网络 (6.4.1) 和 (6.4.4) 是全局渐近同步的. 同时, 线性误差反馈控制器 (6.1.16) 的增益矩阵可以设计为

$$K_1 = \begin{bmatrix} -13.6317 & 10.9697 \\ 10.0135 & -9.5812 \end{bmatrix}$$

图 6-3 描述了误差系统的收敛行为, 数值模拟说明了线性误差反馈控制设计, 应用于具有区间时变时滞的广义反应扩散神经网络的同步问题的有效性.

例 6.4.2 考虑具有如下参数和函数的反应扩散神经网络 (6.4.1) 和 (6.4.4):

$$D = \begin{bmatrix} 0.1 & 0 \\ 0 & 0.1 \end{bmatrix}, \quad A = \begin{bmatrix} 2 & 0 \\ 0 & 2 \end{bmatrix}, \quad W_1 = \begin{bmatrix} 2 & 1 \\ -3 & 1.5 \end{bmatrix}, \quad W_2 = \begin{bmatrix} 2.5 & 1 \\ -1 & 2 \end{bmatrix}$$

$$W_0 = I, \quad f(u) = \tanh u - 0.025u, \quad \tau(t) = 3.5 + 0.1\sin 11t, \quad -3 \leqslant x \leqslant 5 \quad (6.4.6)$$

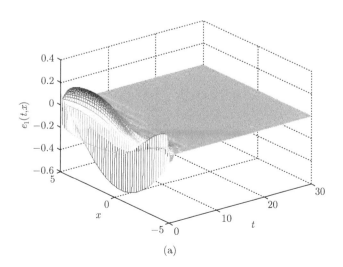

(a)

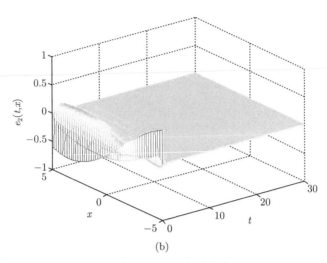

(b)

图 6-3　系统 (6.4.1), (6.4.4) 取参数 (6.4.2) 和初始条件 (6.4.3), (6.4.5) 时的同步误差
$e_1(t,x)$ 和 $e_2(t,x)$

系统 (6.4.1) 和 (6.4.4) 的初始条件分别为

$$y_1(s,x) = 0.5(1 + (s - \tau(s))/\pi)\sin(x/\pi)$$
$$y_2(s,x) = 0.3(1 + (s - \tau(s))/\pi)\sin(x/\pi) \tag{6.4.7}$$

和

$$z_1(s,x) = -0.1(1 + (s - \tau(s))/\pi)\cos(x/\pi)$$
$$z_2(s,x) = 0.6(1 + (s - \tau(s))/\pi)\cos(x/\pi) \tag{6.4.8}$$

其中 $(s,x) \in [-3.6, 0] \times \Omega$. 如图 6-4 所示, 系统 (6.4.1) 呈现出典型的混沌现象.

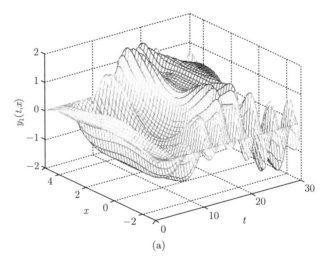

(a)

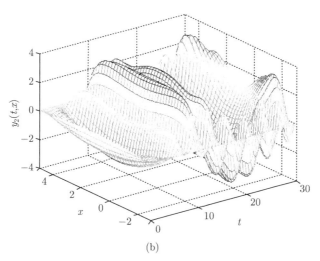

图 6-4 系统 (6.4.1) 取参数 (6.4.6) 和初始条件 (6.4.7) 时的混沌现象

通过计算可得, $\tau_1 = 3.4$, $\tau_2 = 3.6$, $\mu = 1.1$, $l_i^- = -0.025$, $l_i^+ = 0.975$, $i = 1, 2$. 利用 Matlab 线性矩阵不等式工具箱求解定理 6.3.1 的线性矩阵不等式 (6.3.1), 找到的一组可行解为

$$P = \begin{bmatrix} 23.4555 & -0.0067 \\ -0.0067 & 23.5818 \end{bmatrix}, \quad Q_1 = \begin{bmatrix} 2.2553 & 0.0072 \\ 0.0072 & 2.2406 \end{bmatrix}, \quad Q_2 = \begin{bmatrix} 2.3249 & -0.0750 \\ -0.0750 & 2.9069 \end{bmatrix}$$

$$R_1 = \begin{bmatrix} 20.8343 & -0.0248 \\ -0.0248 & 20.9263 \end{bmatrix}, \quad R_2 = \begin{bmatrix} 9.4746 & -0.0122 \\ -0.0122 & 9.5344 \end{bmatrix}, \quad S_1 = \begin{bmatrix} 3.0644 & 0.0039 \\ 0.0039 & 3.0555 \end{bmatrix}$$

$$S_2 = \begin{bmatrix} 8.6649 & -0.0007 \\ -0.0007 & 8.6497 \end{bmatrix}, \quad T_1 = \begin{bmatrix} 1.6758 & 0.0002 \\ 0.0002 & 1.6703 \end{bmatrix}, \quad T_2 = \begin{bmatrix} 3.5292 & 0.0014 \\ 0.0014 & 3.5381 \end{bmatrix}$$

$$Z_1 = \begin{bmatrix} 0.0143 & 0.0005 \\ 0.0005 & 0.0138 \end{bmatrix}, \quad Z_2 = \begin{bmatrix} 3.5478 & 0.0002 \\ 0.0002 & 3.5710 \end{bmatrix}, \quad H_1 = \begin{bmatrix} 6.2054 & 0 \\ 0 & 6.2054 \end{bmatrix}$$

$$H_2 = \begin{bmatrix} 1.9071 & 0 \\ 0 & 1.9071 \end{bmatrix}, \quad \Lambda_1 = \begin{bmatrix} 11.5858 & 0 \\ 0 & 11.5858 \end{bmatrix}, \quad \Lambda_2 = \begin{bmatrix} 12.1590 & 0 \\ 0 & 12.1590 \end{bmatrix}$$

$$M = \begin{bmatrix} 0.3438 & 0 \\ 0 & 0.3438 \end{bmatrix}, \quad X_1 = \begin{bmatrix} -35.0176 & 0.2354 \\ 0.2364 & -35.0030 \end{bmatrix}, \quad X_2 = \begin{bmatrix} -0.4309 & -0.0005 \\ -0.0005 & -0.3367 \end{bmatrix}$$

由定理 6.3.1 可知: 在 Dirichlet 边界条件 (6.1.12), (6.1.17) 以及线性误差反馈控制器 (6.1.16) 下, 系统 (6.4.1) 和 (6.4.4) 是全局渐近同步的. 同时, 线性误差反馈

控制器 (6.1.16) 的增益矩阵可以设计为

$$K_1 = \begin{bmatrix} -101.8484 & 0.6876 \\ 0.6876 & -101.8060 \end{bmatrix}, \quad K_2 = \begin{bmatrix} -1.2533 & -0.0014 \\ -0.0014 & -0.9793 \end{bmatrix}$$

图 6-5 描述了误差系统的收敛行为, 数值模拟说明了线性误差反馈控制设计应用于具有区间时变时滞的广义反应扩散神经网络的同步问题的有效性.

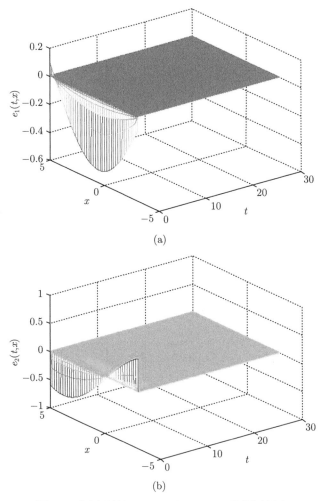

图 6-5　同步误差 $e_1(t,x)$ 和 $e_2(t,x)$ 的渐近行为

除了线性误差反馈控制, 也可对系统的同步控制策略进行改进, 如结合牵制控制技术, 仅对网络中尽量少的神经元进行控制, 以进一步提高控制效率、降低控制成本, 并从反馈能量、节点数和控制时间等方面探讨控制与同步的优化问题.

参 考 文 献

[1] Qiao H, Peng J, Xu Z, Zhang B. A reference model approach to stability analysis of networks [J]. IEEE Transactions on Systems, Man, and Cybernetics-Part B: Cybernetics, 2003, 33: 925–936.

[2] Huang Z, Li X, Mohamad S, Lu Z. Robust stability analysis of static neural network with S-type distributed delays [J]. Applied Mathematical Modelling, 2009, 33: 760–769.

[3] Xu Z, Qiao H, Peng J. A comparative study on two modeling approaches in neural networks [J]. Neural Networks, 2004, 17: 73–85.

[4] Zheng C, Zhang H, Wang Z. Delay-dependent globally exponential stability criteria for static neural networks: an LMI approach [J]. IEEE Transactions on Circuits and Systems II: Express Briefs, 2009, 56: 605–609.

[5] Pineda F J. Generalization of back-propagation to recurrent neural networks [J]. Physical Review Letters, 1987, 59: 2229–2232.

[6] Li J, Michel A N, Porod W. Analysis and synthesis of a class of neural networks: linear systems operating on a closed hypercube [J]. IEEE Transactions on Circuits and Systems, 1989, 36: 1406–1422.

[7] Varga I, Elek G, Zak H. On the brain-state-in-a-convex-domain neural models [J]. Neural Networks, 1997, 9(7): 1173–1184.

[8] Bouzerdoum A, Pattison T R. Neural networks for quadratic optimization with bound constraints [J]. IEEE Transactions on Neural Networks, 1993, 4: 293–303.

[9] Friesz T L, Bernstein D H, Mehta N J. Day-to-day dynamic network disequilibrium and idealized traveler information systems [J]. Operations Research, 1994, 42: 1120–1136.

[10] Xia Y. An extended projection neural network for constrained optimization [J]. Neural Computation, 2014, 16: 863–883.

[11] Xia Y, Wang J. On the stability of globally projected dynamical systems [J]. Journal of Optimization Theory and Applications, 2000, 106: 129–150.

[12] 王林山. 时滞递归神经网络 [M]. 北京: 科学出版社, 2008.

[13] 黄鹤. 时滞递归神经网络的状态估计理论与应用 [M]. 北京: 科学出版社, 2014.

[14] Bao S. Global exponential robust stability of static reaction-diffusion neural networks with S-type distributed delays [C]. The Sixth International Symposium on Neural Networks, 2009, 56: 69–79.

[15] 赵永昌. 一类时滞静态递归神经网络的动力学行为研究 [D]. 中国海洋大学博士学位论文, 2010.

[16] Zhang X, Han Q. Global asymptotic stability for a class of generalized neural networks with interval time-varying delays [J]. IEEE Transactions on Neural Networks, 2011, 22:

1180–1192.

[17] Cao J, Alofi A, Al-Mazrooei A, Elaiw A. Synchronization of switched interval networks and applications to chaotic neural networks [J]. Abstract and Applied Analysis, 2013: 940573.

[18] Cao J, Wan Y. Matrix measure strategies for stability and synchronization of inertial BAM neural network with time delays [J]. Neural Networks, 2014, 53: 165–172.

[19] Hu C, Yu J, Jiang H. Finite-time synchronization of delayed neural networks with Cohen-Grossberg type based on delayed feedback control [J]. Neurocomputing, 2014, 143: 90–96.

[20] Wang Y, Cao J. Synchronization of a class of delayed neural networks with reaction-diffusion terms [J]. Physics Letters A, 2007, 369: 201–211.

[21] Yang X, Cao J, Yang Z. Synchronization of coupled reaction-diffusion neural networks with time-varying delays via pinning-impulsive controller [J]. SIAM Journal on Control and Optimization, 2013, 51: 3486–3510.

[22] Zhou J, Xu S, Shen H, Zhang B. Passivity analysis for uncertain BAM neural networks with time delays and reaction-diffusions [J]. International Journal of Systems Science, 2013, 44: 1494–1503.

[23] Pan J, Zhong S. Delay-dependent stability criteria for reaction-diffusion neural networks with time-varying delays [J]. Neurocomputing, 2010, 73: 1344–1351.

[24] Pan J, Liu X, Zhong S. Stability criteria for impulsive reaction-diffusion Cohen-Grossberg neural networks with time-varying delays [J]. Mathematical and Computer Modelling, 2010, 51: 1037–1050.

[25] Zhou C, Zhang H, Zhang H, Dang C. Global exponential stability of impulsive fuzzy Cohen-Grossberg neural networks with mixed delays and reaction-diffusion terms [J]. Neurocomputing, 2012, 91: 67–76.

[26] Evans L C. Partial Differential Equations [M]. American Mathematical Society: Providence, RI: USA, 1998.

[27] Lu J. Global exponential stability and periodicity of reaction-diffusion delayed recurrent neural networks with Dirichlet boundary conditions [J]. Chaos, Solitons & Fractals, 2008, 35: 116–125.

[28] Lu J. Robust global exponential stability for interval reaction-diffusion Hopfield neural networks with distributed delays [J]. IEEE Transactions on Circuits and Systems II: Express Briefs, 2007, 54: 1115–1119.

[29] Ma Q, Xu S, Zou Y, Shi G. Synchronization of stochastic chaotic neural networks with reaction-diffusion terms [J]. Nonlinear Dynamics, 2012, 67: 2183–2196.

[30] Ma Q, Feng G, Xu S. Delay-dependent stability criteria for reaction-diffusion neural networks with time-varying delays [J]. IEEE Transactions on Cybernetics, 2013, 43: 1913–1920.

[31] Wang J, Lu J. Global exponential stability of fuzzy cellular neural networks with delays and reaction-diffusion terms [J]. Chaos, Solitons & Fractals, 2008, 38: 878–885.

[32] Lou X, Cui B. Asymptotic synchronization of a class of neural networks with reaction-diffusion terms and time-varying delays [J]. Computers & Mathematics with Applications, 2006, 52: 897–904.

[33] Qiu J, Cao J. Delay-dependent exponential stability for a class of neural networks with time delays and reaction-diffusion terms [J]. Journal of the Franklin Institute, 2009, 346: 301–314.

《生物数学丛书》已出版书目

1. 单种群生物动力系统. 唐三一, 肖艳妮著. 2008. 7
2. 生物数学前沿. 陆征一, 王稳地主编. 2008. 7
3. 竞争数学模型的理论基础. 陆志奇著. 2008.8
4. 计算生物学导论. [美]M.S.Waterman 著. 黄国泰, 王天明译. 2009.7
5. 非线性生物动力系统. 陈兰荪著. 2009.7
6. 阶段结构种群生物学模型与研究. 刘胜强, 陈兰荪著. 2010.7
7. 随机生物数学模型. 王克著. 2010.7
8. 脉冲微分方程理论及其应用. 宋新宇, 郭红建, 师向云编著. 2012.5
9. 数学生态学导引. 林支桂编著. 2013.5
10. 时滞微分方程——泛函微分方程引论. [日]内藤敏机, 原惟行, 日野义之, 宫崎伦子著. 马万彪, 陆征一译. 2013.7
11. 生物控制系统的分析与综合. 张庆灵, 赵立纯, 张翼著. 2013.9
12. 生命科学中的动力学模型. 张春蕊, 郑宝东著. 2013.9
13. Stochastic Age-Structured Population Systems(随机年龄结构种群系统). Zhang Qimin, Li Xining, Yue Hongge. 2013.10
14. 病虫害防治的数学理论与计算. 桂占吉, 王凯华, 陈兰荪著. 2014.3
15. 网络传染病动力学建模与分析. 靳祯, 孙桂全, 刘茂省著. 2014.6
16. 合作种群模型动力学研究. 陈凤德, 谢向东著. 2014.6
17. 时滞神经网络的稳定性与同步控制. 甘勤涛, 徐瑞著. 2016.2

彩　　图

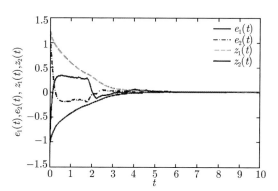

图 4-6　系统 (4.2.27) 和 (4.2.28) 之间误差的收敛行为

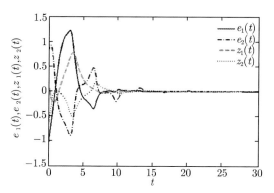

图 4-9　误差系统 (4.3.4) 的收敛行为

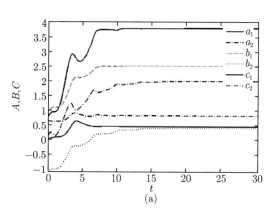

(a)

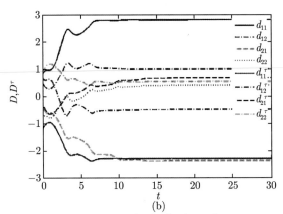

图 4-10　自适应参数 $\hat{A}$, $\hat{B}$, $\hat{C}$, $\hat{D}$ 及 $\hat{D}^\tau$ 的估计

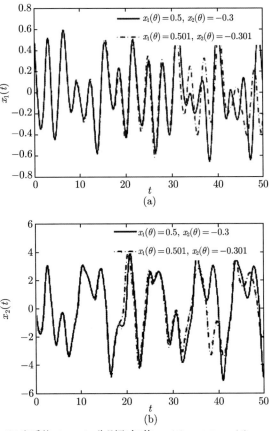

图 5-8　驱动系统 (5.2.1) 分别取初值 $x_1(\theta) = 0.5, x_2(\theta) = -0.3$ 和

$x_1(\theta) = 0.501, x_2(\theta) = -0.301$ 时间的状态曲线

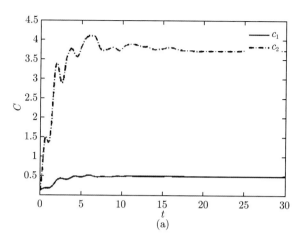

(a)

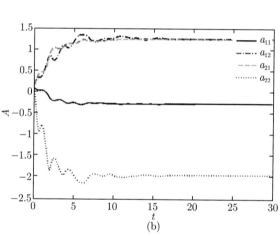

(b)

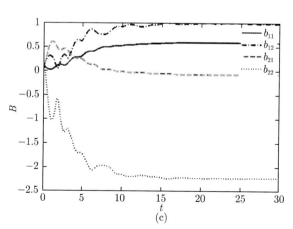

(c)

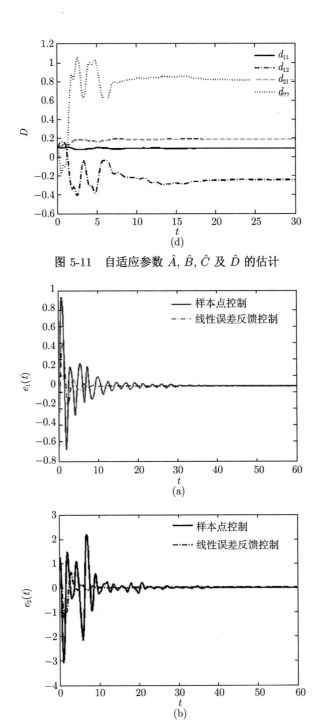

图 5-11 自适应参数 $\hat{A},\hat{B},\hat{C}$ 及 $\hat{D}$ 的估计

图 5-18 当控制器分别为样本点控制器 (5.3.7) 和线性误差反馈控制器 (5.3.26) 时, 驱动系统 (5.3.24) 和响应系统 (5.3.25) 之间误差的比较图